普通高等学校"十四五"规划建筑学-

# 建筑施工图设计

## （第三版）

## Construction Drawing Design for Architecture



**本书主审**　陈衍庆

**主　　编**　黄　鹢

**副 主 编**　林新峰　万煜敏

**华中科技大学出版社**

**中国·武汉**

## 内 容 提 要

本书与黄鹍主编的《建筑施工图设计实例集》配套使用，全书从建筑学科的分类出发，根据建筑师业务实践（设计院实习）的需要，系统地介绍了建筑施工图设计的内容与方法、表达方式与深度；建筑施工图审查制度与重点和建筑节能审查要点等，并详细介绍了建筑施工图设计的要点和相关规范与标准。

本书可作为高等院校建筑学专业及相关专业的教材和参考书，也可供建筑师业务实践（设计院实习）课程使用；还可供即将或刚刚走上工作岗位的建筑工作者以及建筑从业人士作参考之用。

**图书在版编目（CIP）数据**

建筑施工图设计/黄鹍主编．—3版．—武汉：华中科技大学出版社，2024.1
ISBN 978-7-5772-0491-8

Ⅰ．①建…　Ⅱ．①黄…　Ⅲ．①建筑制图-高等学校-教材　Ⅳ．①TU204

中国国家版本馆CIP数据核字（2024）第017018号

**建筑施工图设计**（第三版）　　　　黄　鹍　主编
Jianzhu Shigongtu Sheji (Di-san Ban)

责任编辑：王炳伦
封面设计：原色设计
责任校对：刘　竣
责任监印：朱　玢
出版发行：华中科技大学出版社（中国·武汉）　　电话：(027)81321913
　　　　　武汉市东湖新技术开发区华工科技园　　邮编：430223
录　　排：武汉楚海文化传播有限公司
印　　刷：武汉科源印刷设计有限公司
开　　本：850mm×1065mm　1/16
印　　张：12
字　　数：266千字
版　　次：2024年1月第3版第1次印刷
定　　价：38.00元

# 总　　序

《管子·权修》篇中有这样一段话："一年之计，莫如树谷；十年之计，莫如树木；终身之计，莫如树人。一树一获者，谷也；一树十获者，木也；一树百获者，人也。"这是管仲为富国强兵而重视培养人才的名言。

"十年树木，百年树人"即源于此。它的意思是说，培养人才是国家的百年大计，既十分重要，又不是短期内可以奏效的事。"百年树人"并不是非得100年才能培养出人才，而是比喻培养人才的远大意义，要重视这方面的工作，并且要预先规划，长期、不间断地进行。

当前我国建筑业发展形势迅猛，急缺大量的建筑建工类应用型人才。全国各地建筑类学校以及设有建筑规划专业的学校众多，但能够做到既符合当前改革形势又适用于目前教学形式的优秀教材却很少。针对这种现状，急需推出一系列切合当前教育改革需要的高质量优秀专业教材，以推动应用型本科教育办学体制和运作机制的改革，提高教育的整体水平，并且有助于加快改进应用型本科办学模式、课程体系和教学方法，形成具有多元化特色的教育体系。

这套系列教材整体导向正确，科学精练，编排合理，指导性、学术性、实用性和可读性强。符合学校、学科的课程设置要求。以建筑学科专业指导委员会的专业培养目标为依据，注重教材的科学性、实用性、普适性，尽量满足同类专业院校的需求。教材内容大力补充新知识、新技能、新工艺、新成果。注意理论教学与实践教学的搭配比例，结合目前教学课时减少的趋势适当调整了篇幅。根据教学大纲、学时、教学内容的要求，突出重点、难点，体现建设"立体化"精品教材的宗旨。

教材作者以发展社会主义教育事业，振兴建筑类高等院校教育教学改革，促进建筑类高校教育教学质量的提高为己任，为发展我国高等建筑教育的理论、思想，对办学方针、体制，教育教学内容改革等进行了广泛深入的探讨，以提出新的理论、观点和主张。希望这套教材能够真实地体现我们的初衷，真正能够成为精品教材，受到大家的认可。

中国工程院院士 何镜堂

2007年5月

# 第三版前言

本书与黄鹂主编的《建筑施工图实例集》配套使用，全书自2009年第一版以来，许多高等院校建筑学专业及相关专业将其作为建筑师业务实践（设计院实习）的教材或参考书，得到了广大读者的好评，普遍认为该书通俗易懂，对实践性教学环节的学习具有较强的指导性，有利于建筑施工图表达的技能掌握与提高。

在第三版中，笔者作了下列修订与补充：第一，针对相关建筑设计规范与标准的更新，对相应内容作了调整与完善；第二，对第二版的部分插图进行了更换；第三，增加了高层住宅楼设计实例和高校图书馆设计实例，将第10章建筑施工图设计实例另行出版发行，使其表达更清楚，便于阅读与理解，具体见《建筑施工图设计实例集》；第四，对整体内容作了进一步梳理、修订和补充，使书的质量有与时俱进的全面提升。

本书着重阐述了建筑施工图设计的内容与方法，并根据住房城乡建设部颁布实施的《建筑工程设计文件编制深度规定》（2016年版），结合工程实例，侧重介绍了建筑施工图设计的表达方式与深度要求，以及我国现行的建筑施工图设计文件审查制度与审查重点和建筑节能审查要点等内容，力求使学生通过本课程的学习，对建筑施工图设计的表达建立起比较系统和完整的概念，掌握建筑施工图设计的表达模式。

全书共分为10章，第0章建筑施工图设计概述，简单介绍了建筑施工图设计的概念、程序和基本知识，阐述了建筑施工图设计的作用与原则。第1章总平面图，结合实例介绍了总平面图的设计要求与要点。第2章图纸目录，主要介绍了图纸目录的编排方法和要求。第3章施工图设计说明，对设计说明的主要内容、工程做法、门窗表的格式和建筑节能设计的基本知识作了详细的介绍。第4章至第6章建筑平面图、建筑立面图和建筑剖面图，结合实例分述了建筑平面图、建筑立面图和建筑剖面图的设计要求、设计方法及要点，并对常见问题进行了分析。第7章建筑详图设计，结合实例介绍了建筑详图设计的特点、分类及设计要求，详细叙述了墙身大样图、局部放大平面大样图和门窗与幕墙大样图的设计内容与深度。第8章建筑设计计算书，介绍了建筑专业计算书的类型和夏热冬冷地区的建筑节能计算书的格式与内容过程。第9章建筑施工图设计审查，介绍了我国现行的建筑施工图设计文件审查制度与审查重点。

本书由华东交通大学黄鹂主编并统稿，华东交通大学林新峰、万煜敏担任副主编。华东交通大学的沈硕果同学、深圳市粤鹏建筑设计有限公司南昌分公司黄勇、唐崇乐、刘江华同志参与了图文整理工作。

编写工作分工如下：

第0章由黄鹂编写；第1章、第2章、第3章由万煜敏编写；第4章由林新峰编写;第 5 章、第 6 章、第 7 章由黄鹞编写;第 8 章由万煜敏编写;第 9 章由黄鹞编写。

本书由清华大学建筑学院陈衍庆教授主审。

最后,衷心感谢参与本书编写以及为本书编写提供过帮助的所有朋友!

鉴于编者水平有限,书中难免存在错误和不足之处,恳请读者批评指正!

编　者

2024 年 01 月

# 目　　录

# 0　建筑施工图设计概述

## 0.1　建筑施工图设计的概念、内容及要求

### 0.1.1　建筑施工图设计的概念

建筑施工图是表达建筑物的外部形状、内部布置、内外装修、构造及施工要求的工程图样，是依据正投影原理和国家有关建筑制图标准以及建筑行业的习惯表达方法绘制，是房屋施工时定位放线、砌筑墙身、制作楼梯、安装门窗、固定设施以及室内外装饰的主要依据，也是编制建筑工程概预算、施工组织设计和工程验收等的重要技术依据。

### 0.1.2　建筑施工图设计的内容

建筑施工图简称“建施”。一个工程的建筑施工图要按内容的主次关系依次编排成册，通常以建筑施工图的简称加图纸的顺序号作为建筑施工图的图号，如建施-1、建施-2……（不同地区、不同设计单位的叫法不尽相同）。一套完整的建筑施工图包括以下主要内容。

（1）图纸首页。它包括图纸目录、设计说明、经济技术指标以及选用的标准图集列表等。

（2）建筑总平面图。它反映建筑物的规划位置、用地环境。

（3）建筑平面图。它反映建筑物某层的平面形状、布局。

（4）建筑立面图。它反映建筑物的外部形状。

（5）建筑剖面图。它反映建筑物内部的竖向布置。

（6）建筑详图。它反映建筑局部的工程做法。

### 0.1.3　建筑施工图设计的要求

建筑施工图设计主要有下列要求。

（1）建筑施工图设计应当以初步设计方案为基础，扩充设计方案为依据，保持原方案建筑风格。

（2）在建筑装修标准和建筑构造处理上除满足行业规范外，还应满足建设单位对材料供应、施工技术、设备选型、工程造价等技术与经济指标的要求。

（3）建筑施工图设计文件的编制和深度要求，遵照中华人民共和国住房和城乡

建设部颁发的《建筑工程设计文件编制深度规定》(2016 年版)(以下简称《深度规定》)及《民用建筑工程建筑施工图设计深度图样》(09J801)执行。

## 0.2 建筑施工图设计的作用

建筑设计方案一旦被批准,就可进入建筑施工图设计阶段,其设计质量的好坏,直接关系到建设单位的投资效益、建筑空间使用的舒适性、管理的方便与安全、建筑环境的优劣、建筑物使用寿命的长短等。因此,建筑施工图设计对于建造一个好的建筑空间环境有着重要的作用。

### 0.2.1 完善建筑方案设计

建筑设计就其设计程序而言,划分成若干阶段,而各个阶段的设计任务、目标以及设计手段和方法均有所不同。其中,方案设计是整个建筑设计链中的第一环,它所关注的问题是依据设计条件寻找一个最佳的构思方案。其特点是抓大放小,着重解决方案性问题,而不必拘泥于对细部的考虑。但建筑设计的最终目的是要获得一项优秀的工程,这就不能不考虑方案如何能成为现实。这就需要把方案设计阶段未曾考虑的细节,按照使用要求、艺术要求逐一解决。

一般来说,建筑设计方案进入施工图设计阶段后,建筑师所要做的设计和深化完善工作包括以下两方面。

**1)调整平面关系**

(1)建筑师在方案设计阶段仅仅就平面功能布局而言,把握了大的功能关系。但是,就每一功能分区的各个房间相互之间是什么样的协调关系,还来不及仔细推敲。在施工图设计阶段建筑师要在设计方案的基础上,不但要推敲一个个房间与左邻右舍的功能关系,而且还要弥补设计方案中可能遗漏的使用房间。因为,任何一个被忽略的房间都将给今后的使用带来不便。

(2)上述这种对每一个房间的推敲有可能影响到设计方案原来的布局,原因可能是方案设计中对设计条件不可能面面俱到,有疏忽的地方,这就需要在施工图设计阶段及时纠正。施工图设计阶段并不是被动地将方案拿来就开始工作,它也有一个再创作的过程,施工图设计对方案也有能动的反作用。当然,如果对平面功能关系有较大的调整,说明方案设计阶段对设计问题确有考虑不周的地方,或者说在施工图设计阶段,如果换个思路重新审视原设计方案,有可能寻找到一个更优秀的方案。

(3)施工图设计阶段更多的时候是对建筑设计方案各个房间的补缺或完善工作。因为,建筑空间是靠一个个房间组成的,缺了哪一个房间都会影响正常的使用。即使房间都齐全,但对房间的形状、比例,甚至门窗位置等考虑不周,也会带来不便。当施工图设计时,先要检查一下方案是否设计到位了,特别是方案设计与施工图设计不是同一设计人时，更应抱着对建设方负责的态度，认真审视方案图纸，有疑问就应提出解决办法，为施工图设计奠定基础。

**2）推敲形式构成**

（1）方案设计中对形式考虑的许多情况通过立面图来表达，而且往往仅关注大的形式效果，即使有一些关于建筑形式表达的效果图，也不是作为设计研究的手段。这就带来极大的片面效果，甚至误导。首先以二维空间的立面形式表达三维空间的体型本身就有局限性。因为，现实中是不会有立面这种形式效果的，我们观察建筑时总是从透视的角度进行评价，何况建筑空间是有层次的，正常的视角绝不会看到正立面的投影效果。其次，即使透视图也只是一种机械制图效果，而人观察到的建筑是两只眼睛经过视觉矫正以后得到，何况人需要身临其境去体验一种气氛，而这些感觉方案图都不能准确表达。因此，一位真正成熟的建筑师在施工图设计时，要从实际效果出发去推敲造型变化，而不能只停留在立面上。所以，建筑的造型设计不是简单地在立面上贴些符号，标注一下材料、颜色就可以了，而是需要推敲每一个细部凹凸效果，甚至立面上每一根线条是通过什么材料，以及运用怎样的施工手段才能做出预想的效果。这种辅助一些小透视效果的研究在施工图阶段是必不可少的过程。设计方案中的每一根线条都是画出来的，而施工图设计中每一根线条都应该是用材料做出来的，这是两者最大的区别之一。

（2）方案立面图上每一根线条是不是都要做出来，或者都能做出来？不尽然，正如平面关系在方案设计中是“抓大放小”，同样，立面形式在方案设计中也是注重总体把握，不可能推敲到每一个细部。那么，建筑师对建筑造型以及立面的形式效果的构思，最终要靠建筑施工图设计去进一步推敲和完善。

（3）整合室内设计要素。建筑师在方案设计时很少有时间和精力去关注建成后的室内效果。但是，施工图设计就不一样了，它考虑的问题要比方案设计细致和深入得多，比如家具布置与卫生洁具布置等许多细节问题应该在施工图设计阶段尽量解决。建筑师只有在施工图设计中的精心推敲，才可以把设计做得更深入细致。

### 0.2.2　协调各专业之间的设计矛盾

任何一个建筑设计都需要其他专业设计与之相配合，才能使施工图设计成为完整意义上的设计。尽管一般建筑的技术设计并不复杂，但是，这种协调达到何种默契程度将直接关系到工程施工进展是否顺利以及竣工后使用是否满意。因此，在施工图设计阶段各专业密切配合至关重要。

在方案设计阶段，建筑师往往只关注建筑设计，对于结构专业也只能从造型上提出方案，对于给排水专业最多也只能做到卫生间上下层尽可能对齐，而对于电气专业几乎考虑不到。这并不奇怪，因为，不能要求建筑师将设计程序后一阶段的任务提前加以仔细认真的研究。毕竟方案设计阶段的主要矛盾是方案性问题，只要不出现明显技术性错误，方案总可以在施工图设计阶段加以完善的。事实上，施工图设计阶段的再创作对于方案的完善是相当重要的。

例如,结构柱网与建筑空间使用的关系对家具布置的影响,就需要与结构工程师商量,一旦建筑与结构协调一致,就可以进一步完善平面方案。又如卫生间的设计,结构工程师从技术上考虑楼面采用现浇平板最省事,但是,从建筑专业上考虑,在楼板上再做大便槽势必要增加两个踏步,这就带来两个问题:一是踏步占据了一定的使用面积,造成卫生间拥挤;二是上下踏步不便,有摔倒的隐患。因此,从建筑上考虑最好减少踏步数,这就需要与结构工程师协调。虽然这样一来结构设计复杂了一点,施工也麻烦了,但是人们使用卫生间方便了。

反之,当结构工程师认为方案有结构缺点时,建筑师应认真听取,在不影响使用和美观的情况下,要为结构设计的合理性和经济性考虑,尽可能使方案完善合理。

电气设计也会影响建筑施工图设计。诸如方案中如果遗漏了配电室,必须在施工图中补上,大门两边若是玻璃窗将无法安置开关,这类问题需要在建筑施工图设计中解决。有时由于电气工程师识图的问题,误将台度当作墙面而布置了插座、开关或者将电扇布置在梁下造成净空太低等。建筑与电气双方的设计矛盾都需要通过施工图设计阶段加以协调以取得共识。

给排水设计有时也会对建筑施工图设计提出要求,如高层建筑需要做消防水箱,安放在屋顶什么位置,这是设计方案想不到的问题,如果施工图设计阶段中不注意各工种间的配合,而在工程竣工后添置屋顶消防水箱,将大大影响建筑造型和立面效果。建筑师只有及时与给排水工程师沟通,妥善将消防水箱与建筑造型结合起来加以考虑,才能成为有机的整体。有时,给排水工种设计的消火栓位置也会促使建筑师重新考虑墙体的方案。

总之,施工图设计是各工种之间互动的过程,在这个过程中建筑师娴熟的施工图设计能力对于抉择方案是相当重要的。

### 0.2.3 为施工准备齐全的设计文件

为使宏伟蓝图成为现实,建筑师必须考虑方案图中的每一根线条怎样通过施工手段建造起来。这就需要以施工图纸的形式从建筑的总体框架到每一个细部处理都标注尺寸和工程做法,并一一交代清楚,以指导按图施工。因此,施工图纸是施工的必要设计文件。有了施工图纸,施工单位才能编制施工预算、安排施工进度、备料进场;才能依据施工图纸放线挖槽;才能按施工程序逐项完成主体结构、水电安装、内外装修;直至室外工程等。施工过程中的每一步骤无一不是在施工图纸的规定下完成,任何违背施工图设计的施工作业使建筑设计方案被篡改,造成返工而使施工单位遭受经济损失和延误工期,最终导致建设方利益受损,当出现严重后果时,甚至要承担法律责任。因此,施工图纸应视为法律文件,是一项工程实施的准则。

一个建筑项目质量的好坏很大程度上取决于施工图纸设计质量的好坏:是几张粗糙的图纸,还是一整套详尽的设计图纸,对于施工来说差别就很大了。当施工图纸寥寥几张，许多节点做法又交代不清时，就给施工造成大难题。要么施工难以进行，只有不断地等待设计人三番五次到现场处理问题；要么任由施工单位随意更改。这样的建筑项目不要说难以出精品，恐怕还会问题百出。一个有责任心的建筑师除用心致力于建筑创作外，还应在施工图设计阶段设身处地为施工着想，是不是所有问题都在图纸中交代清楚了？支模板好不好操作？短墙垛尺寸符不符合砌块模数？梁的结构高度是否影响窗高的统一性等。对这些问题的思考不同于方案设计阶段的构思，完全是一种实实在在的推敲，是一种非常细致周全的考虑，不能有半点尺寸差错。从这一点可以检验出一位建筑师施工图设计的经验是否丰富，解决实际问题的能力是否过硬。从职业的角度来讲，建筑师应对设计中的各个环节、每个细部进行细致入微的考虑，这样才能出精品并承担起社会的责任。

当然，施工图纸不可能绝对地解决一切施工中的问题，总会出现一些小错误或者遗漏问题，这些问题在施工中迟早会暴露出来。一旦施工过程中发现图纸的问题，建筑师应立即赴现场进行处理。如果是图纸交代不清或出现错误的，应补发修改通知或办理工程洽商。因此，施工图设计并不是交付了图纸就算完成任务，实际上它要贯穿整个建造过程，施工图设计对于建筑的全过程始终是要负责到底的。

总之，施工图纸达到何种深度直接关系到整个施工过程的开展和最终工程质量的好坏。

## 0.3 建筑施工图设计的原则

### 0.3.1 坚持设计规范的原则

设计规范是建筑设计的准则，每一类建筑设计都有其特殊的设计要求，这在建筑设计规范中都有明确规定，特别是与施工图设计有关的“防火与疏散”“建筑构造”等章节对各个细部处理都做了明确规定，这些都是必须严格执行的，不能因为主观的原因而违背规范原则。例如不能因为造型的需要而将防护栏杆降低，不能疏忽疏散楼梯宽度的计算等。诸如此类细节看似小问题，一旦不认真对待，可能带来严重后果。

针对不同地区的气候条件和文化背景，各省市还制定了一些地方法令和法规，如层高的限制、屋顶的形式、色彩的选择等规定，同样要认真执行。

### 0.3.2 再创作的原则

建筑施工图设计不是将设计方案机械地变成施工图纸，在这过程中仍然有再创作的问题，包括完善平面设计和完善空间形式。需要特别提醒的是，施工图设计阶段大量涉及对室内设计诸要素的考虑。因为，室内设计是建筑设计的继续和深化，后者在方案设计过程中已做了大量研究和设计工作，而室内设计正是要在施工图设计阶段来完成。从完整设计概念的意义上来说,这也是不可缺少的部分。对一般的建筑工程而言,不可能也没有必要像许多大中型公共建筑那样完成土建工程后,室内装饰可以另行招标和单独进行室内设计与装修。因此,尊重室内设计的创作原则,建筑施工图设计也要像做室内设计一样,完成相应的建筑装饰施工图纸。

### 0.3.3 为使用者服务的原则

建筑设计是一种创作行为,其目的是为人服务和以人为本的。因此,人性化的设计是对使用者的最好尊重,建筑师的设计作品应考虑不同的使用对象,根据人体工程学原理和环境心理学原理来设计细部构造和确定细部尺寸。例如,幼儿用房的门把手,如果不做特殊设计,施工就有可能按常规把它安装在距地90~100 cm处,而且常常用圆把手。这种门把手的安装位置与形式对于幼儿使用来说就会带来两个问题:一是幼儿身材较矮,使用这种高度的门把手势必要高抬手臂;二是幼儿手掌较小,力气也小,拧圆把手将感到困难。这两点说明,门把手安装、造型都不符合人体工程学原理,如果对此缺乏研究,就谈不上设计是真正为人服务和以人为本。

### 0.3.4 为施工着想的原则

建筑师的设计作品总希望能不走样地成为现实,这需要两个条件:一是精心设计;二是精心施工。而且两者要密切配合。

就建筑师精心设计而言,不仅体现在对作品的精益求精,而且要懂得“三分设计,七分做工”,会设身处地为施工着想,就会把所有应该表达的设计细节尽可能交代清楚,尺寸标注准确。只有设计工作做得深入仔细,施工人员才能充分看懂图纸,理解意图。如果图纸质量高,又能按图施工,那么,现场问题就会大大减少。反之,如果由于种种原因施工图设计深度不够,寥寥几张平面图、立面图、剖面图外加施工说明就交付施工,造成大量施工交底问题,施工过程问题百出,其工程质量就可想而知了。

为施工着想的另一方面是施工图纸的编排问题。因为,施工过程是有程序的,什么工种施工在前,什么工种施工在后,又如何交叉进行,都是由施工进度控制,而不同的工种只需要与己有关的图纸。这样,施工图纸的编排就要考虑施工程序的需要,不能把所有设计内容毫无秩序地胡乱编排在一起,这就会造成一个工种只需要一张施工图纸的某一部分内容,其他部分与己无关,而与己有关的内容又分别放在其他几张图纸上,使用起来很不方便,会造成施工图纸数量不够分配。例如,有关几个楼梯的施工图应放在一张或几张相近图号的图纸上,而不要分散放在其他内容的图纸上。家具图纸应集中放在几张相近图号的图纸上,而不要混在土建施工图上,这样,木工和瓦工就会各取自己所需的图纸按图施工。因此,只要在施工图纸编排上考虑施工程序的要求,就会大大方便施工。

## 0.4 建筑施工图设计的程序

建筑施工图设计在程序上具有两个特点：一是建筑专业的平面图、立面图、剖面图、详图等施工图设计是互动进行的。尽管首先是进行平面的施工图设计，但其全部完成设计内容还有待各节点详图确定之后，将相关内容与尺寸返回到各层平面图中。而各节点详图的设计必须在平面图、立面图、剖面图的技术设计基础上进行。二是建筑、结构、给排水、电气各专业的施工图设计是交叉进行的，互相提条件，逐步达到对解决设计问题的共识。

### 0.4.1 向各专业提供设计条件图

在建筑施工图绘制之前，建筑设计方案必须要得到结构、给排水、电气各专业的认可。如果各专业与建筑专业在设计上存在矛盾，必须尽快沟通，协调解决带有方案性变动的问题。为了完成上述工作，首先要求建筑师拿出扩初图纸，即要有完整的各层平面图(包括屋顶平面图)、剖面图和所有立面图。这些图纸要求标明相关的数据，如各层平面图要标注两道尺寸线，并将轴线编号，另外需要做详图设计的各楼梯、卫生间等也需编索引号。在剖面图中要标明各层及室内外高差标高，以及外墙洞口上下皮标高和洞口、实墙尺寸，达到《民用建筑工程设计互提资料深度及图样(建筑专业)》05SJ806 的规定。

### 0.4.2 要尽快为结构专业提供主要的详图

当结构专业在进行梁板结构计算时，必定涉及与墙体搭接的问题，从而影响梁截面形状、位置的确定。在进行楼梯等设施的结构设计时，也需要建筑师提供相关建筑图纸作为依据。此时，建筑师就要尽快提供结构专业所需的建筑图纸，这些图纸包括以下 5 种。

**1）楼梯施工详图**

(1) 楼梯各层平面图，标明各部分平面详细尺寸。

(2) 楼梯完整剖面图，表示清楚各梯段形状，标明各楼面、休息平台标高、各梯段踏步数、栏杆形状与高度尺寸。

(3) 附属于楼梯的小品构造详图。

**2）卫生间施工详图**

(1) 卫生间平面图。标明大便器、小便器、盥洗台、拖布池等设施的平面尺寸，以及毛巾架等必备品的做法与尺寸。

(2) 卫生间各设施的构造详图。标明各部分详细尺寸与做法，这些构造详图有可能需要结构专业配合设计。例如为了不在楼面上做大便器(会导致抬高两步台阶)，就需要对楼面进行特殊处理。因此，尽早做出卫生间的施工图设计，有利于结构专业提前考虑结构的特殊设计。

**3) 外墙节点施工详图**

凡外墙面与楼地面交接的节点处以及门窗洞口处由于造型要求有不同变化时,均要求做出施工节点详图,以便作为结构构件设计时的依据,其节点详图须按照剖面图索引的节点位置依次画出,主要内容如下。

(1) 外墙与地面交接的构造做法。

(2) 标明各节点的梁截面形状与尺寸。

(3) 标明外墙厚度及其与轴线定位的尺寸关系。

(4) 屋顶檐口或女儿墙及其与屋面交接的构造做法和尺寸。

就某些工程项目而言,视其工程规模大小,设计复杂程度可有多个这样完整的外墙节点详图,以便把设计问题说得尽可能清楚。

**4) 内墙节点施工详图**

当考虑室内空间效果而涉及结构问题时,不能不进行如同外墙节点施工详图那样的施工图设计工作。如当有中庭空间时,楼面在中庭空间边缘处的构造详图;楼面有高差时,其交界处的构造详图;室内墙体平面位置有变化时,其承墙梁的断面形状与尺寸详图等,这些建筑上的空间处理必须得到结构专业的施工图设计的支持方能成立。

**5) 屋顶建筑小品节点详图**

建筑的平屋顶一般都要充分利用,作为观景或者作为其他目的之用(例如作为晒衣场、采光口等),这就不可避免出现一些屋顶小品,而这些屋顶小品必然与结构施工图设计有关,因此也需给出建筑详图,要求结构专业与之配合。

### 0.4.3 完成建筑施工图

在为各专业提供建筑条件图的同时,实际上也是在深化建筑施工图设计的过程,一些重要节点详图基本已给出,此后,建筑师的主要精力要放在建筑施工图的内容充实和完善上。其主要设计内容如下。

**1) 室内装修设计**

一般建筑的室内装修不应追求像宾馆、商场、餐馆建筑之类那样的高档次、高标准的豪华装修,但也不能毫无考虑。必要的、适度的室内装修还是需要精心设计的。其主要内容如下。

(1) 地面装修设计。地面装修主要以安全、美观、易清洁为原则,选择合适的材料。

(2) 天棚装修设计。一般建筑大部分房间不需吊顶,只要求表面平整再加上涂料即可。但某些局部公共空间为了某种效果需要做吊顶时,应做出吊顶平面设计及其构造详图。

(3) 其他局部室内设计详图。

**2) 绘制门窗图**

当平面图、立面图、剖面图施工图设计完成后,根据门窗洞口尺寸和立面门窗形式绘制所有门窗立面式样图，标明分格尺寸，对应于平面图的门窗应逐一标注上相应编号，并编制门窗型号与数量统计表。

**3）绘制总平面图**

绘制总平面图，并标明拟建筑的定位尺寸。

**4）编制设计说明**

最后须编制设计说明。

### 0.4.4 核对结构、给排水、电气施工图纸

当各专业施工图纸全部完成后，建筑师要全面审查各专业施工图纸的设计质量，核对相互间设计是否匹配，尺寸标注是否有误。若发现问题应根据具体情况，经过协调及时修正或补图，以使所有设计问题解决在图纸上。同时，建筑师经过全面核对工作，应将建筑工程的施工图纸内容全装入脑中，以便对施工过程中可能出现的问题做到心中有数。

### 0.4.5 施工图设计审批

设计单位完成施工图设计文件后，应由建设单位报送县级以上人民政府建设行政主管部门审批。一般县级以上人民政府建设行政主管部门委托具有审图资质的审图机构对设计单位完成的施工图文件进行审查，经审查合格并通过的施工图方可用于施工建设。

有关建筑施工图设计审查的内容在第9章详述。

## 0.5 建筑施工图设计的基本知识

### 0.5.1 图纸索引

绘图比例比较小的图纸中，有些构造节点表达不清楚时，可以用索引和局部详图来表示。索引符号和详图符号一一对应，即有索引符号，就有详图符号。

（1）被索引的详图在同一张图纸内，如图0-1所示。

**图0-1 被索引的详图在同一张图纸内**

（2）被索引的详图不在同一张图纸内，如图0-2所示。

（3）被索引的详图在标准图中，如图0-3所示。

图 0-2　被索引的详图不在同一张图纸内

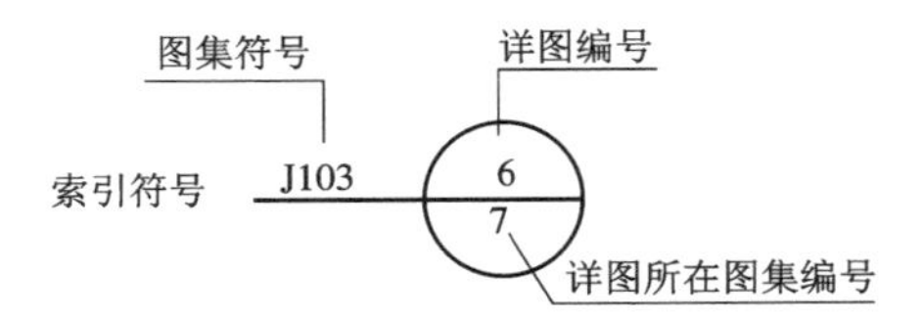


图 0-3　被索引的详图在标准图中

(4) 被索引的剖视详图在同一张图纸内,如图 0-4 所示。

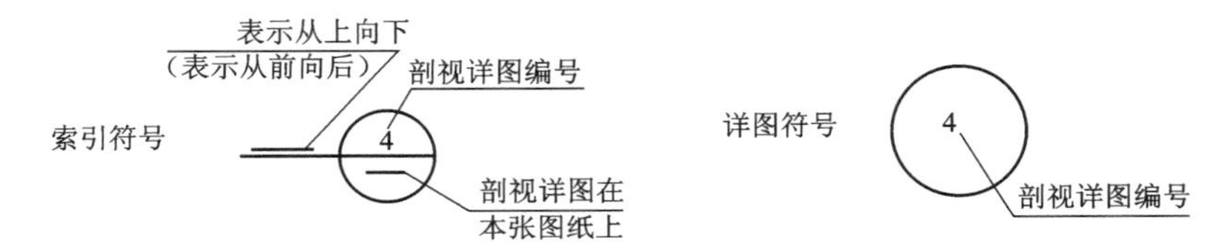


图 0-4　被索引的剖视详图在同一张图纸内

(5) 被索引的剖视详图不在同一张图纸内,如图 0-5 所示。

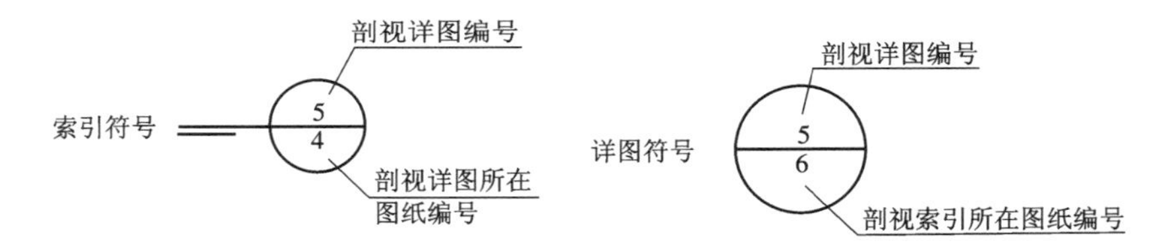


图 0-5　被索引的剖视详图不在同一张图纸内

## 0.5.2　图纸中常用的符号和记号

### 1) 定位轴线

定位轴线是用来确定建筑物承重构件位置的基准线,用细单点长画线表示,并在线的端头画直径为 8 mm(详图上为 10 mm)的圆圈,在圆圈内编号。平面图上定位轴线应编号,宜标注在图样的下方与左侧。横向定位轴线编号采用阿拉伯数字,从左向右依次编写,竖向定位轴线编号采用大写拉丁字母,从下至上依次编写,其中字母 I、O、Z 不得采用,以免与数字 1、0、2 相混淆。

对于一些与主要构件相联系的次要构件,它的定位一般采用附加定位轴线。编号可用分数表示，分母表示前一轴线的编号，分子表示附加轴线的编号，用阿拉伯数字依次编号，如图 0-6(a)所示。如有一个详图适用于几个轴线，应同时将各有关轴线的编号注明，如图 0-6(b)～(e)所示。

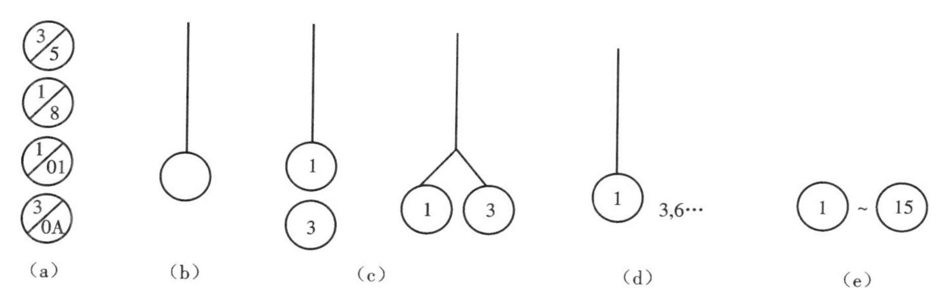


**图 0-6　定位轴线**

(a) 附加轴线；(b)通用详图；(c)用于 2 根轴线；
(d)用于 3 根或 3 根以上轴线；(e)用于 3 根以上连续编号的轴线

圆形平面图中定位轴线编号和折线形平面图中定位轴线编号如图 0-7 所示。

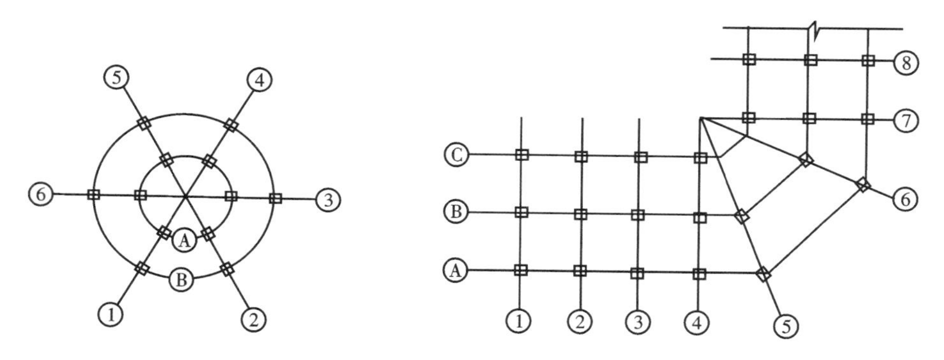


**图 0-7　圆形平面图中定位轴线编号和折线形平面图中定位轴线编号**

**2）标高符号**

建筑物都要表达长、宽、高的尺寸。建筑施工图纸中高度方向的尺度用标高来表示。各图中所用标高符号按图 0-8 所示的细实线绘制。标高数值以 m 为单位，一般注写至小数点后三位(总平面为两位数)。零点标高应注写成±0.000，零点以上取“＋”，但不注“＋”符号。零点以下取“－”，应注“－”符号。同一位置表示几个不同标高时，可重复注写。标高箭头可向上或向下，如图 0-9 所示。

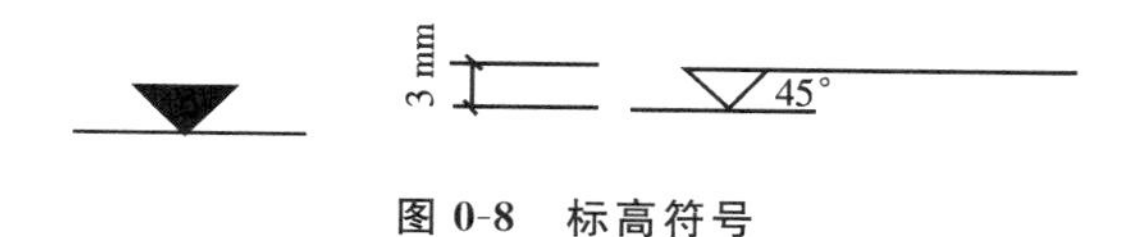


**图 0-8　标高符号**

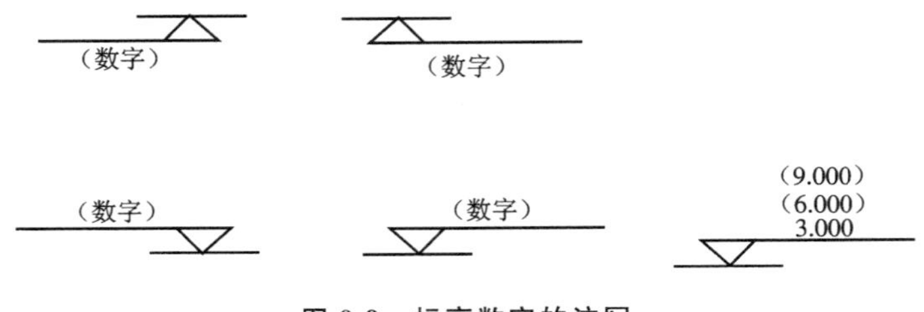


图 0-9 标高数字的注写

**3) 引出线**

图样中某些部位的具体内容或要求无法标注时,常用引出线注出文字说明或详图索引符号。

引出线采用细实线绘制,应为与水平方向成 30°、45°、60°、90°的直线,或经上述角度再折为水平线,如图 0-10 所示。文字说明宜注写在横线上方或横线的端部。

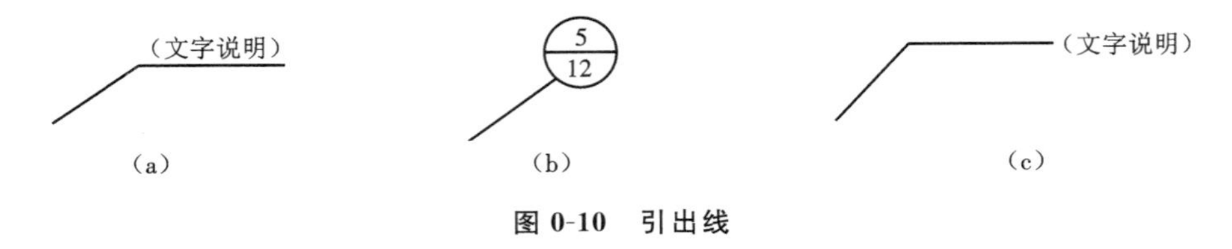


图 0-10 引出线

同时引出几个相同部分的引出线,宜相互平行,也可以画成集中于一点的放射线,如图 0-11 所示。

图 0-11 共同引出线

多层构造或管道共用引出线时,引出线应通过被引的各层,且文字说明编排顺序应与构造层次相一致,如图 0-12 所示。

**4) 对称符号**

对称的图形,可以只画出一半,并画出对称符号。对称符号是在细点画线的两端,画出长度为 6 mm 至 10 mm 的平行线,平行线间距 2 mm 至 3 mm,如图 0-13 所示。

**5) 指北针**

为了表明建筑物的朝向,常在总平面图及一层建筑平面图上画出指北针。细实线圆的直径为 24 mm,指针尾端宽度为 3 mm;当采用更大直径的圆时,指针尾宽应为直径的 1/8,如图 0-14 所示。

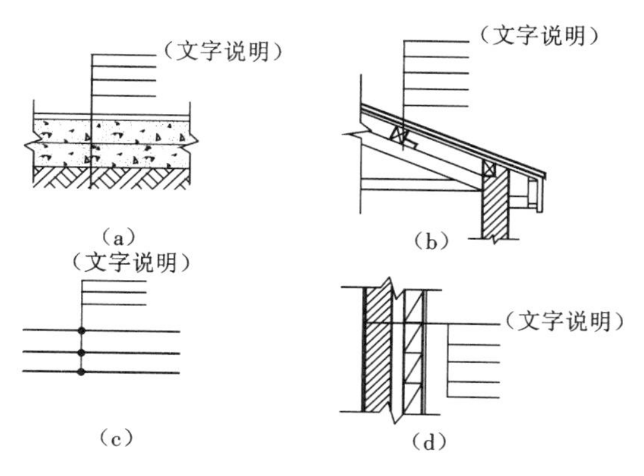


图 0-12 多层构造引出线

图 0-13 对称符号

图 0-14 指北针

## 0.5.3 标准图

**1）标准图**

为了适应大规模建设的需要，加快设计施工速度、提高质量、降低成本，将各种大量常用的建筑物及其构、配件按国家标准规定的模数协调，并根据不同的规格标准，设计编绘成套的施工图，以供设计和施工时选用。这种图样称为标准图或通用图。将其装订成册即为标准图集或通用图集。

**2）标准图的分类**

我国标准图有两种分类方法：一是按使用范围分类；二是按工种分类。

(1) 按照使用范围分类可分为以下三种。

① 经国家部、委批准的，可在全国范围内使用。

② 经各省、市、自治区有关部门批准的，在各地区使用。

③ 各设计单位编制的图集，供各设计单位内部使用。

(2) 按工种分类可分为以下两种。

① 建筑配件标准图，一般用“建”或“J”表示。

② 建筑构件标准图，一般用“结”或“G”表示。

# 1 总 平 面 图

## 1.1 概述

建筑总平面图是表达建设工程总体布局的图样，它是在建设地域上空向地面一定范围投影所形成的水平投影图。建筑总平面图主要表明建筑地域一定范围内的自然环境和规划设计状况，它是新建工程施工定位、土方施工及施工平面布局的依据，也是绘制规划设计、给排水、暖通、电气等专业工程总平面图的依据。建筑总平面图简称为总平面图。

总平面图是假想人站在建好的建筑物上空，用正投影的原理画出的地形图，把已有的建筑物、新建的建筑物、将来拟建的建筑物以及道路、绿化等内容按与地形图同样的比例画出来的平面图。

总平面图是新建房屋施工定位、土方施工以及其他专业管线总平面图和施工总平面设计布置的依据。房屋定位的方法有两种：一是根据原有建筑物定位放线；二是根据坐标系统进行定位放线。

## 1.2 总平面图的设计要求

### 1.2.1 总平面图的组成

《深度规定》4.2.1节中规定在施工图设计阶段，总平面专业设计文件应包括图纸目录、设计说明、设计图纸、计算书。

总平面作为工程项目一个子项时，应单独编目录、设计说明。就设计任务而言，大型、成片、完整的建筑群体项目毕竟较少，更多的是在不大的用地内新建、扩建、改建少量建筑。此时，其总平面设计也相对简单，往往无须由规划师或总图专业人员进行设计，而由从事单体设计的建筑师一并完成。

**1）图纸目录**

图纸目录应先列出新绘制的图纸，后列出选用的标准图和重复利用图。各设计单位应采用统一格式的图纸目录，其主要内容一般包括设计项目名称、建筑面积、工程造价、序号、图号、图名、图幅、图纸页数、附注等。

**2）设计说明书**

一般工程设计说明书分别写在有关的图纸上。如重复利用某工程的施工图纸及其说明时，应详细注明其编制单位、工程名称、设计编号和编制日期；并列出主要技术经济指标表(此表可列在总平面图上)、说明地形图、初步设计批复文件等设计依据、基础资料。对于一般工程，设计依据等主要设计说明附于总平面图中，其他说明分别写在有关的图纸上，如需要(指总平面设计特别复杂或有特殊要求的工程)也可单独编写。设计说明的主要内容详见下列各条的有关内容。图纸的绘制应遵守《房屋建筑制图统一标准》(GB/T 50001—2017)和《总图制图标准》(GB/T 50103—2010)对画法和图例的相应规定要求。

**3）设计图纸**

设计图纸包括总平面图、竖向布置图、土石方图、管道综合图、绿化及建筑小品布置图及详图。对于一些简单的工程项目，可不做管网综合图和土方平衡图、绿化布置图，总平面图与竖向布置图合为一体时，合成后的图可编入建筑施工图内，道路详图、小品、室外工程也可引用标准图集。

各设计图纸的具体设计要点将在接下来的章节详细讲解。

**4）计算书**

设计依据及基础资料、计算公式、计算过程、有关满足日照要求的分析资料及成果资料均作为技术文件归档。

### 1.2.2 总平面图的内容

**1）表明建筑物的总体布局**

新建、改建、扩建建筑物所处的位置，根据规划红线了解拨地范围、各建筑物及构筑物的位置、道路、管网的布置等情况，以及周围道路、绿化和给水、排水、供电条件等情况。

**2）确定新建建筑物定位方法**

为了给施工建设提供准确的依据，大型复杂建筑物或新开发的建筑群用坐标系统定位，中小型建筑物根据原有建筑物定位。

**3）确定新建建筑物竖向设计**

表明建筑物首层地面的绝对标高、室外地坪标高、道路绝对标高，了解土方填挖情况及地面位置。

**4）确定新建建筑物朝向**

用风玫瑰图表示当地风向和建筑朝向。中小型建筑也可用指北针。

**5）确定新建建筑物地形、地物**

了解地形(坡、坎、坑)、地物(树木、线干、井、坟等)。

# 1.3 总平面图的设计要点

## 1.3.1 主要设计内容

### 1) 总平面图

(1) 保留的地形和地物。

建设地域的环境状况,包括地理位置,用地范围及建筑物占地界限、地形等高线,原有建筑物、构筑物、道路、水、暖、电等基础设施干线等。一般将现状地形图作为总平面图的图底背衬,保留部分按现状用细实线表示,扩建、预留建筑物用虚线表示,拆除建筑用最细实线表示,其余部分按《总图制图标准》(GB/T 50103—2010)绘制,如图 1-1 所示。

(2) 测量坐标网、坐标值。

坐标网分测量坐标网和施工坐标网两种。

测量坐标网是由测绘部门在大地上测设的,一般为城市坐标系统(国家坐标系统)。测量坐标网的直角坐标轴用 $x$、$y$ 表示,$x$ 轴为南北方向,$y$ 轴为东西方向,一般以 100 m×100 m 为一个测设方格网,在总平面图上方格网的交点用十字线表示,这样新建工程都可以用其坐标定位。建筑物常用其两个角点的坐标进行定位,如图1-2所示。

另一种坐标网是施工坐标网,当建筑物与南北方向存在一定角度时,往往根据项目需要建立场地建筑坐标网(也称施工坐标网),其轴线用 A、B 表示,分别与建筑物的长向、宽向平行(见图 1-3)。在总平面图中,施工坐标网用细实线方网格表示,在施工坐标网中仍用建筑物的角点定位。

总平面图上有测量和建筑两种坐标系统时,应在附注中注明建筑坐标与城市坐标(测量坐标)的换算关系。

(3) 场地四界的测量坐标(或定位尺寸)、道路红线和建筑红线或用地界线的位置。

场地范围的坐标由城市规划部门提供,一般是以现场定桩坐标结果通知单为准。一般定位均需用坐标表示,当无坐标或工程较简单时可用定位尺寸表示(下同),如图 1-4 所示。

建筑红线指城市规划管理中,控制城市道路两侧沿街建筑物或构筑物(如外墙、台阶等)靠临街面的界线。任何临街建筑物或构筑物不得超过建筑红线。建筑红线由道路红线和建筑控制线组成。道路红线是城市道路(含居住区级道路)用地的规划控制线;建筑控制线是建筑物基底位置的控制线。基底与道路邻近一侧,一般以道路红线为建筑控制线,如果因城市规划需要,主管部门可在道路红线以外另定建筑控制线,一般称后退道路红线建造。

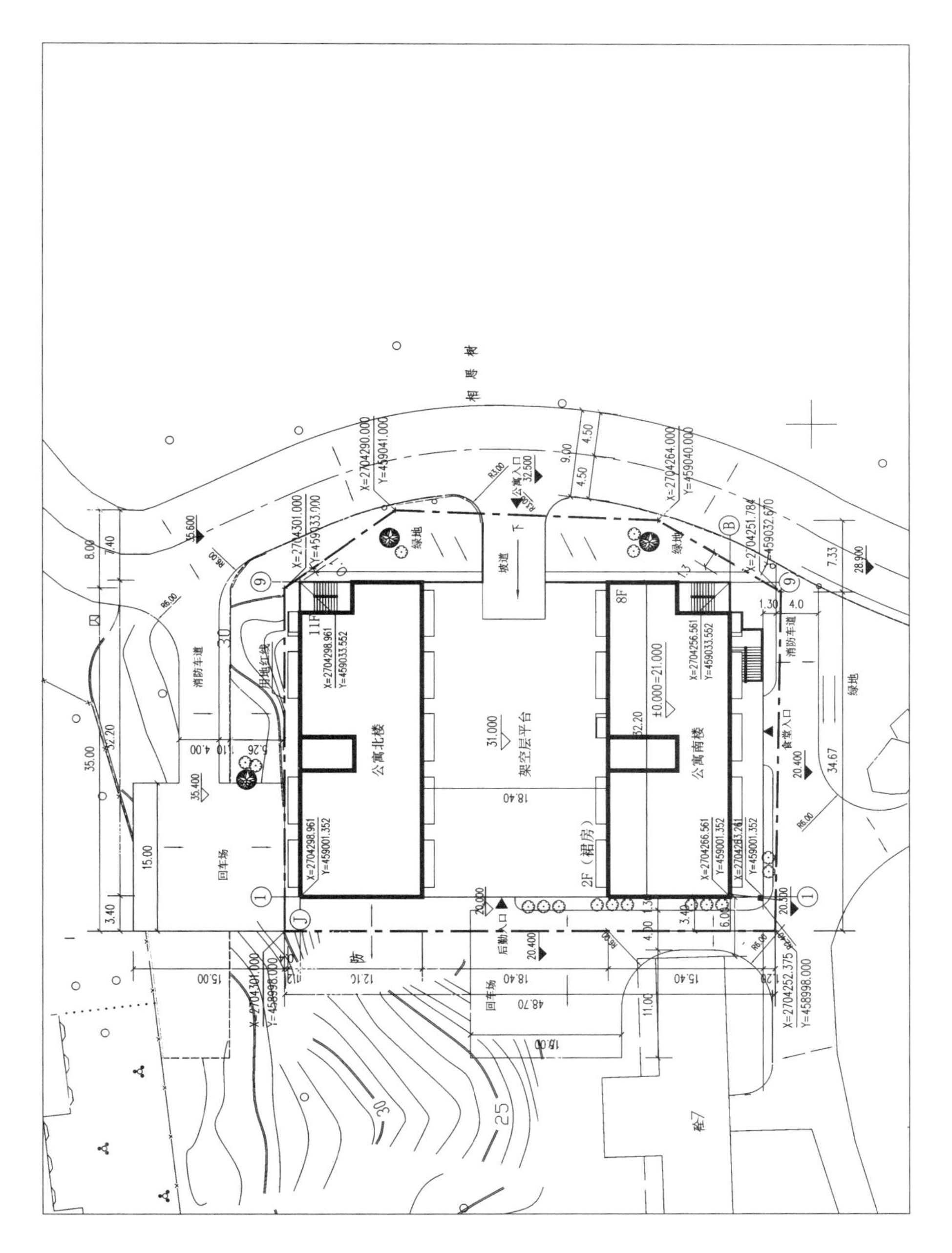


图 1-1 某工程总平面图保留的地形、地物

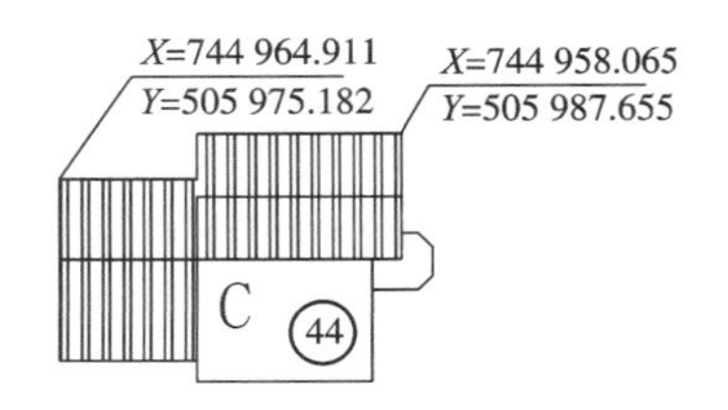


图 1-2　城市坐标示意图

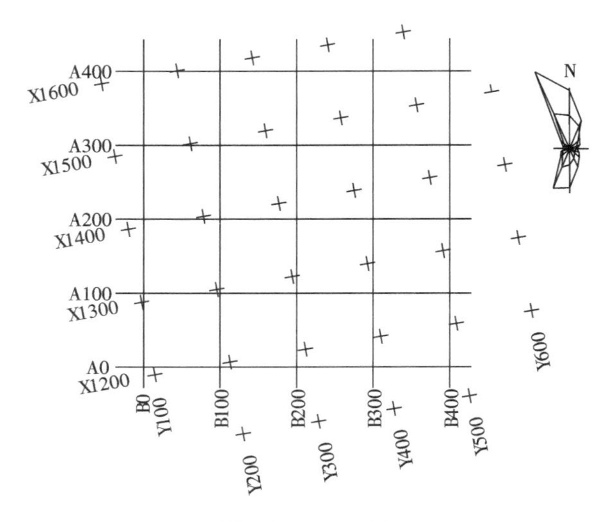


图 1-3　坐标网络

用地界线指相邻不同权属地块之间的分界线。

总平面图中应清楚用地外围及各个角点的测量坐标、建筑红线、道路红线等设计指标，并用不同线型加以区分，另外在图例中加以说明。

(4) 场地四邻原有及规划道路的位置(主要坐标值或定位尺寸)，绿化带等的位置(主要坐标或定位坐标)，以及主要建筑物和构筑物及地下建筑物的位置、名称、层数。

应对场地周围的道路、建筑物及构筑物的情况加以说明。

道路位置用中心线、路边线、道路红线等表示；已有道路可在道路中部标注道路名称，规划道路应写明“规划道路”字样，并在两条道路的中心线交叉点处用坐标表示，如图 1-5 所示。

周边的建筑物和构筑物用其底层±0.000 标高处的外轮廓线表示，层数用阿拉伯数字或黑圆点的数目表示，并可在建筑物、构筑物上的空白处注明建筑名称。

(5) 建筑物、构筑物(人防工程、地下车库、油库、储水池等隐蔽工程以虚线表示)的名称或编号、层数、定位(坐标或相互关系尺寸)。

建筑物用粗实线(在总平面图中为最粗的实线)表示其地上底层±0.000 标高处

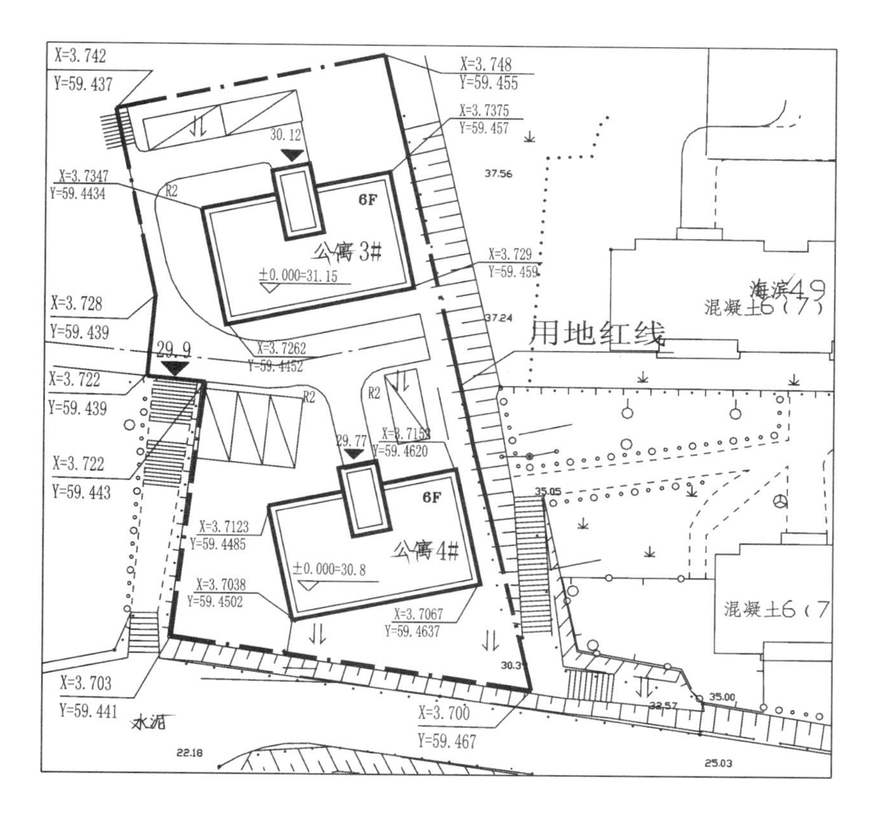


图 1-4　场地四界测量坐标及建筑红线

的外轮廓线，构筑物用细实线表示其地上部分的外轮廓线，地下建筑用虚线表示其外轮廓线。在建筑物、构筑物的空白处必须注明其名称或编号（当新建建筑物、构筑物数量较多时可以使用编号的方法以方便读图）。

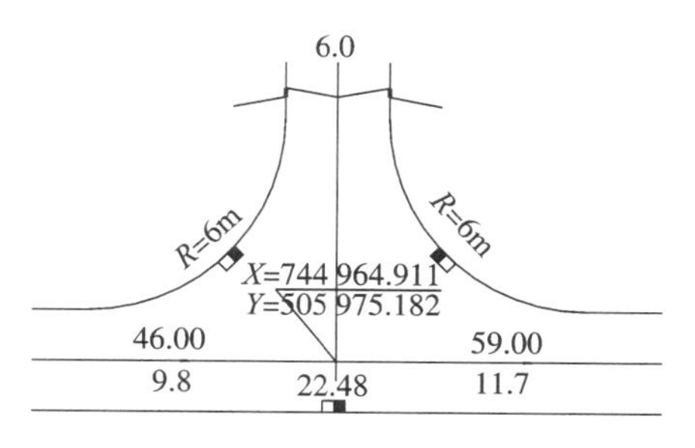


图 1-5　道路中心点坐标

定位坐标应以建筑物外墙、外柱轴线的交点或建筑物外墙线交点为坐标标注点（设计说明中应说明交点的选择），定位相互关系尺寸应以建筑外墙、外柱轴线或建筑物外墙线之间的相对距离为标注值（设计说明中应说明相对部位的选择）。另外还需标注建筑物总控制尺寸、建筑物退红线的控制距离、与周边原有建筑之间的距离等必要数据。建筑的层数在其图形内右上角用黑圆点或数字表示。

（6）广场、停车场、运动场地、道路、无障碍设施、排水沟、挡土墙、护坡的定位（坐标或相互关系）尺寸。

此部分设施(包括围墙、大门)的定位坐标,一般标注其中心线控制点的坐标或其外边线交点的坐标,相互关系尺寸标注控制尺寸和相互间的距离。

(7) 风玫瑰图或指北针。

风玫瑰图用来表明建筑地域方位和建筑物朝向以及当地常年风向频率。风玫瑰图是根据当地的风向资料将一年中的16种风向的吹风频率用一定的比例画在16方位线上连接而成的。图中实线的多边形距中心点最远的顶点表示该风向的刮风频率最高,称为常年主导风向,图中虚线表示当地夏季六、七、八三个月的风向频率。

指北针一般指向图的正上方,也可向左右偏转,但偏转角度不宜大于90°。在图纸绘制时应注意建筑物在图中的位置与指北针的关系。

(8) 建筑物、构筑物使用编号时,应列出建筑物和构筑物名称编号表。

编号表的主要内容有:序号、编号、建筑物或构筑物名称、附注等。对于简单的工程可直接标注于建筑物、构筑物之上,即可省略编号表。编号可根据工程的复杂程度选择编号方式,若建筑物、构筑物为同一类型建筑可直接用数字或字母进行编号,若工程复杂,有多类型建筑且数量较多,可选用“1-1,1-2……”的形式编写。

(9) 注明尺寸单位、比例、坐标及高程系统(如为场地建筑坐标网,应注明与测量坐标网的相互关系)、补充图例等。

设计说明一般包括:设计依据、设计重点或难点、存在的主要问题及建议、提醒施工单位要特别注意的地方等。设计依据主要内容有:地形图的依据、平面图的依据、高程系统的名称等,必要时可注明有关批文,设计说明可附在图中。

总平面图的比例比较小,常用比例有1∶500、1∶1000、1∶2000等。

在建筑总平面图中,许多内容均用图例表示。国家有关的制图标准规定了一些常用的图例。对于国家标准未规定的图例,设计人可以自行规定,但是要有图例说明。

**2) 竖向设计图**

竖向设计是对建设场地,按其自然状况、工程特点和使用要求所作的规划,包括:场地与道路标高的设计,建筑物室内、外地坪的高差等,以便在尽量少地改变原有地形及自然景色的情况下满足日后居住者的要求,并为良好的排水条件和坚固耐久的建筑物提供基础。竖向设计合理与否,不仅影响着整个基地的景观和建成后的事业管理,而且直接影响着土方工程量。它与原地的基建费用息息相关。一项好的竖向设计应该是以能充分体现设计意图为前提,而土方工程量最少(或较少)的设计。

竖向设计图的设计包含以下几方面的内容。

(1) 场地建筑坐标网、坐标值。

同本节1)中第(2)条。

(2) 场地四邻的道路、铁路、河渠或地面的关键性标高。

道路标高为现有的和规划的道路中心点控制标高,特别是与本工程入口连接处的道路控制标高。

水面标高一般包括常年平均水位、最高洪水位、最低枯水位等。

(3) 建筑物、构筑物的名称(或编号)及室内外地面设计标高(包括铁路专用线设计标高)。

室内地面标高为建筑物底层±0.000的设计标高,室外地面标高为建筑物室外散水坡坡脚处的地面设计标高。建筑物在竖向布置图中一般用细实线表示。

(4) 广场、停车场、运动场地的设计标高,以及景观设计中水景、地形、台地、院落的控制性标高。

一般需标示出场地中心和周边的控制标高。

(5) 道路、排水沟的起点、变坡点、转折点和终点的设计标高(路面中心和排水沟顶及沟底)及其纵坡度、纵坡距、关键性坐标,道路标明双面坡或单面坡、立道牙或平道牙,必要时标明道路平曲线及竖曲线要素。

道路平曲线要素包括曲线半径、曲线长度、切线长度等;道路竖曲线要素包括曲线半径、曲线长度等。道路横坡形式一般用横断面表示在平面图上,重要地段还需表示相邻道路的横断面形式。

(6) 挡土墙、护坡或土坎顶部和底部的主要设计标高及护坡坡度。

护坡顶部和护坡底部的标高一般指此处地面的设计标高,护坡坡度用比值或百分数表示。

(7) 用坡向箭头表明地面坡向,当对场地平整要求严格或地形起伏较大时,可用设计等高线表示。

设计等高线根据竖向高差的大小选用合适的等高线间距,竖向高差较大时选用较大的等高线间距,竖向高差较小时选用较小的等高线间距,但等高线间距最小不宜小于0.20 m,用间距0.10~0.50 m的设计等高线表示设计地面起伏状况,或用坡向箭头表明设计地面坡向。

(8) 指北针或风玫瑰图。

同本节1)中第(7)条。

(9) 注明尺寸单位、比例、补充图例等。

设计说明一般包括:设计依据、设计重点或难点、存在的主要问题及建议、提醒施工单位要特别注意的地方、建筑坐标与城市坐标关系、设计标高与绝对标高关系等。

设计依据主要内容有:场地四邻的道路、水面、地面的关键性标高及市政排水管接入点控制标高等资料的名称与提供单位,设计任务书中相关的竖向布置的设计要求。设计说明可附在图中。

当工程简单,竖向设计图与总平面布置图可合并绘制。当路网复杂时,可按上述有关技术条件等内容,单独绘制道路平面图。

**3) 土方图**

利用竖向布置图计算土方量,为施工平整场地提供依据。

(1) 场地范围的施工坐标。

同本节1)中第(2)条。

(2) 建筑物、构筑物、挡土墙、台地、下沉广场、水系、土丘等位置(用细虚线表示)。

只需保留总平面图中的建筑物、构筑物、道路等图形部分,而将其文字及数字部分省略。建筑物、构筑物位置用细虚线表示。

(3) 20 m×20 m或40 m×40 m方格网及其定位,各方格点的原地面标高、设计标高、填挖高度、填区和挖区的分界线,各方格土方量、总土方量。

当现状地面高差较大或地势起伏变化较多时,选用20 m×20 m的方格网,当原地面高差较小或地势起伏变化较少时,选用40 m×40 m的方格网;填方高度及填方量用"+"数表示,挖方高度及挖方量用"-"数表示;填方区和挖方区的分界线又叫填挖"零"线。

(4) 土方工程平衡表(见表1-1)。

**表1-1　土方工程平衡表**

| 序号 | 项　目 | 土方量/$m^3$ | | 说　明 |
|---|---|---|---|---|
| | | 填方 | 挖方 | |
| 1 | 场地平整 | | | |
| 2 | 室内地坪填土和地下建筑物、构筑物挖土,房屋及构筑物基础 | | | |
| 3 | 道路、管线地沟、排水沟 | | | 包括路堤填土、路堑和路槽挖土 |
| 4 | 土方损益 | | | 指土壤经过挖填后的损益数 |
| 5 | 合计 | | | |

注:表列项目随工程内容增减。

设计说明一般包括:设计依据、设计重点或难点、存在的主要问题及建议、提醒施工单位要特别注意的地方等。设计依据主要指现状地形图的名称、比例及测绘单位等。大多情况下总平面土方图只计算场地平整土方工程量,建筑物、构筑物基础土方量及道路、管线地沟、排水沟土方量的计算归到其他相应的专业计算。当场地不进行初平时可不出图,但在竖向设计图上须说明土方工程数量。当场地需进行机械或人工初平时,须正式出图。

**4) 管线综合图**

管线综合设计指的是确定道路横断面范围内各种管线的布设位置及与道路平面布置和竖向高程相协调的工作。为方便施工必须以图纸的形式呈现其设计内容,合理、全面表达其设计必须包含以下几方面的内容。

（1）总平面布置。

只需保留总平面图中的建筑物、构筑物、道路等图形部分，而将其文字及数字部分省略。

（2）场地范围的测量坐标（或定位尺寸）、道路红线及建筑控制线或用地红线等的位置。

同本节1）中第（2）条。

（3）保留、新建的各管线（管沟）、检查井、化粪池、储罐等的平面位置，注明各管线（管沟）、检查井、化粪池、储罐等与建筑物、构筑物的距离和管线间距。

管线的平面位置用定位坐标或以其到建筑物、构筑物、道路的相对距离表示，相对距离和管线间距都应以建筑物的轴线、管中心线之间的距离为准。

（4）场外管线接入点的位置。用定位坐标或相对距离表示。

（5）管线密集的地段宜适当增加断面图，表明管线与建筑物、构筑物、绿化之间及管线之间的距离，并注明主要交叉点上下管线的标高和间距。

管线标高除排水管为管内底标高外，其余一般为管中心标高。断面图应表示出各种管线的管径、标高、定位尺寸和间距等。

（6）指北针。

同本节1）中第（7）条。

设计说明一般包括：设计依据、设计重点或难点、存在的主要问题及建议、提醒施工单位要特别注意的地方等。并注明本图仅为各管线的汇总，管线施工要以各管线专业的施工图为准。

设计依据主要内容有：市政管线接入点的位置、标高、管径等资料的名称与提供单位，设计任务书中有关管线设计的要求。设计说明可附在图中。

**5）绿化布置图**

（1）平面布置。

只需保留总平面图中的建筑物、构筑物、道路等图形部分，有古树、古迹的应表示出其保护范围，而将其文字及数字部分省略。

（2）绿地（含水面）、人行步道及硬质铺地的定位。

植物种类及名称、行距和株距尺寸，群栽位置范围，与建筑物、构筑物、道路或地上管线的距离尺寸，各类植物数量（列表或旁注）。

（3）建筑小品的位置（坐标或定位尺寸）、设计标高、详图索引。

参照本节1）中第（5）条。如图1-6、图1-7所示。

（4）指北针。

同本节1）中第（7）条。

（5）注明尺寸单位、比例、图例、施工要求等。

参照本节1）中有关内容和施工要求等。

**6）详图**

包括道路标准横断面、路面结构、挡土墙、护坡、排水沟、池壁、广场、运动场地、停车场地面、围墙等详图。另外还有道路纵断面、人行道、建筑小品等详图。横断面应表示路面尺寸构造,路面结构图可采用标准图。

5100
300 2100 300 2100 300
灰色广场砖
浅蓝广场砖

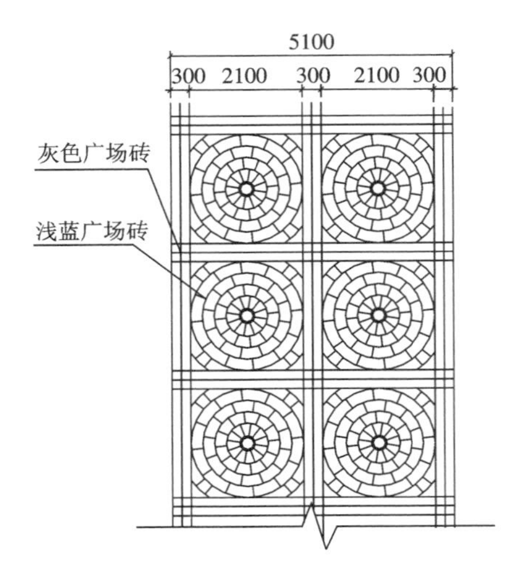

图 1-6 地面铺砌大样图(单位:mm)

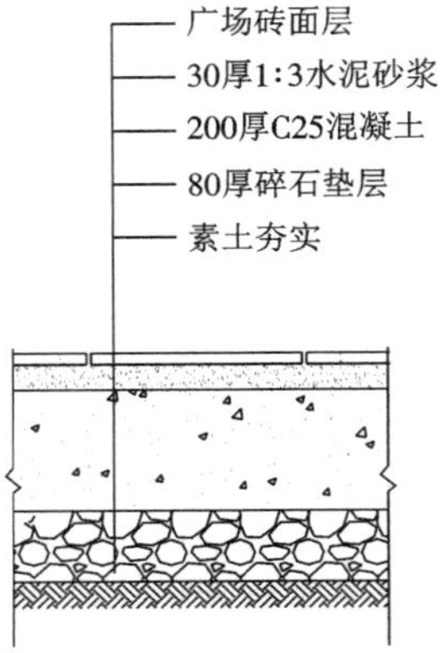

广场砖面层
30厚1:3水泥砂浆
200厚C25混凝土
80厚碎石垫层
素土夯实

图 1-7 可通车广场砖路构造图(单位:mm)

**7）设计图纸的增减**

(1) 当工程设计内容简单时,竖向设计图可与总平面图合并。

(2) 当路网复杂时,可增绘道路平面图。

(3) 土方图和管线综合图可根据设计需要确定是否出图。

当场地竖向高差较大或起伏变化较多时出土方图。除管网不设在设计场地内,大多情况都要出管线综合图。

(4) 当绿化或景观环境另行委托设计时,可根据需要绘制绿化及建筑小品的示意性和控制性布置图。

绿化部署图深度可参照初步设计深度的相关要求。

## 1.3.2 表达方式

由于总平面设计图纸中涉及的相关专业最多,因此采用统一、规范的表达方式是各专业高效率协作的前提条件,在此,简要介绍一些在总平面设计中的统一标识方法。

**1）风向频率玫瑰图**

同 1.3.1 节介绍,如图 1-8(a)所示。

**2）指北针**

指北针的外圆用细实线绘制,直径为 24 mm,指针尾部的宽度为 3 mm,如图 1-8

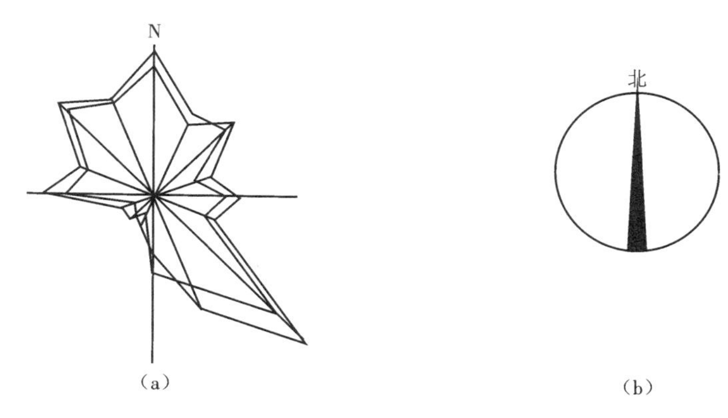


**图 1-8 风玫瑰图和指北针**

(a)风玫瑰图;(b)指北针

(b)所示。

**3)坐标系统**

测量坐标系统和建筑坐标系统与地形图采用同一比例尺,1.3.1 节已详细介绍,在此不再累述。

**4)规划红线**

在城市建设的规划地形图上划分建筑用地和道路用地的界线,一般都以红色线条表示。它是建造临街房屋和地下管线时,决定其位置的标准线,不能超越。

**5)绝对标高、相对标高**

绝对标高:我国把黄海平均海平面高度定为绝对标高的零点,其他各地标高以它作为基准。

相对标高:在房屋建筑设计与施工图中一般都采用假定的标高,并且把房屋的首层室内地面的标高定为该工程相对标高的零点。在总平面图上,常标注出相对标高零点对应的绝对标高值,如 $\underline{\pm 0.000=89.79}$▽,即房屋首层室内地面的相对标高±0.000等于绝对标高 89.79 m。

**6)等高线**

地面上高低起伏的形状称为地形,用等高线来表示。等高线是一定高度的水平面与所表示表面的截交线。

为了表明地表起伏变化状态,仍可假想用一组高差相等的水平面去截切地形表面,画出的一圈一圈截交线就是等高线。

阅读地形图是土方工程设计的前提。地形图的阅读主要是根据地面等高线的疏密变化大致判断出地面地势的变化。等高线的间距越大,说明地面越平缓;相反等高线的间距越小,说明地面越陡峭。从等高线上标注的数值可以判断出地形是上凸还是下凹。数值由外圈向内圈逐渐增大,说明此处地形是往上凸;相反,数值由外圈向内圈减小,则此处地形为下凹(见图 1-9)。

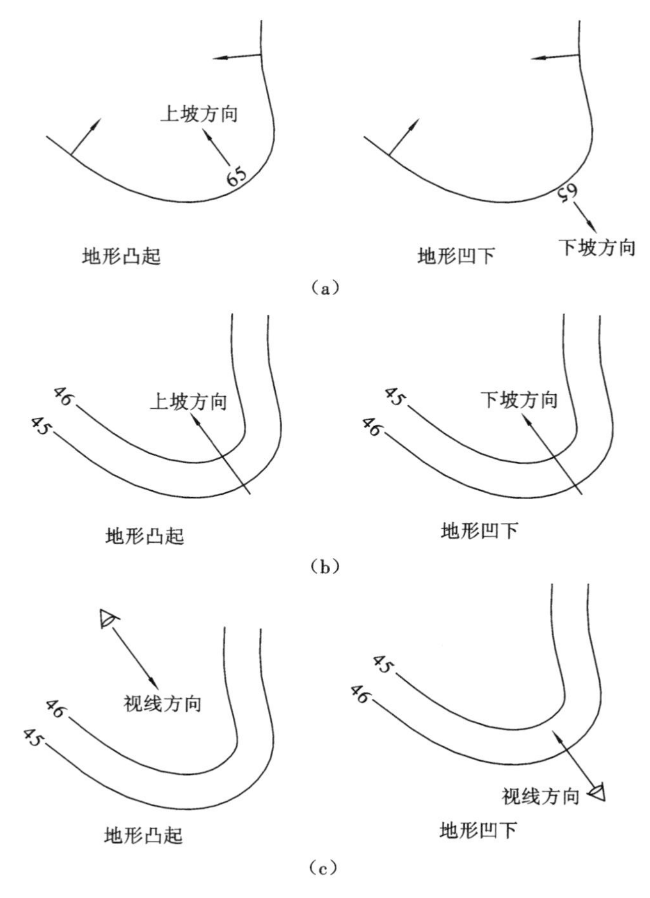


**图 1-9 等高线识别法**

(a)当等高线环围的方向和字头朝向一致时,表现的是地形凸起状态,当等高线环围的方向和字头朝向相反时,表现的是地形凹下状态;

(b)当等高线环围的是下坡方向,表现的是地形凹下状态,当等高线环围的是上坡方向,表现的是地形凸起状态;

(c)将等高线置于眼前,等高线的曲线形态就好比竖向的剖断图

## 1.4 总平面图的设计实例

总平面图设计实例如图 1-10 所示。

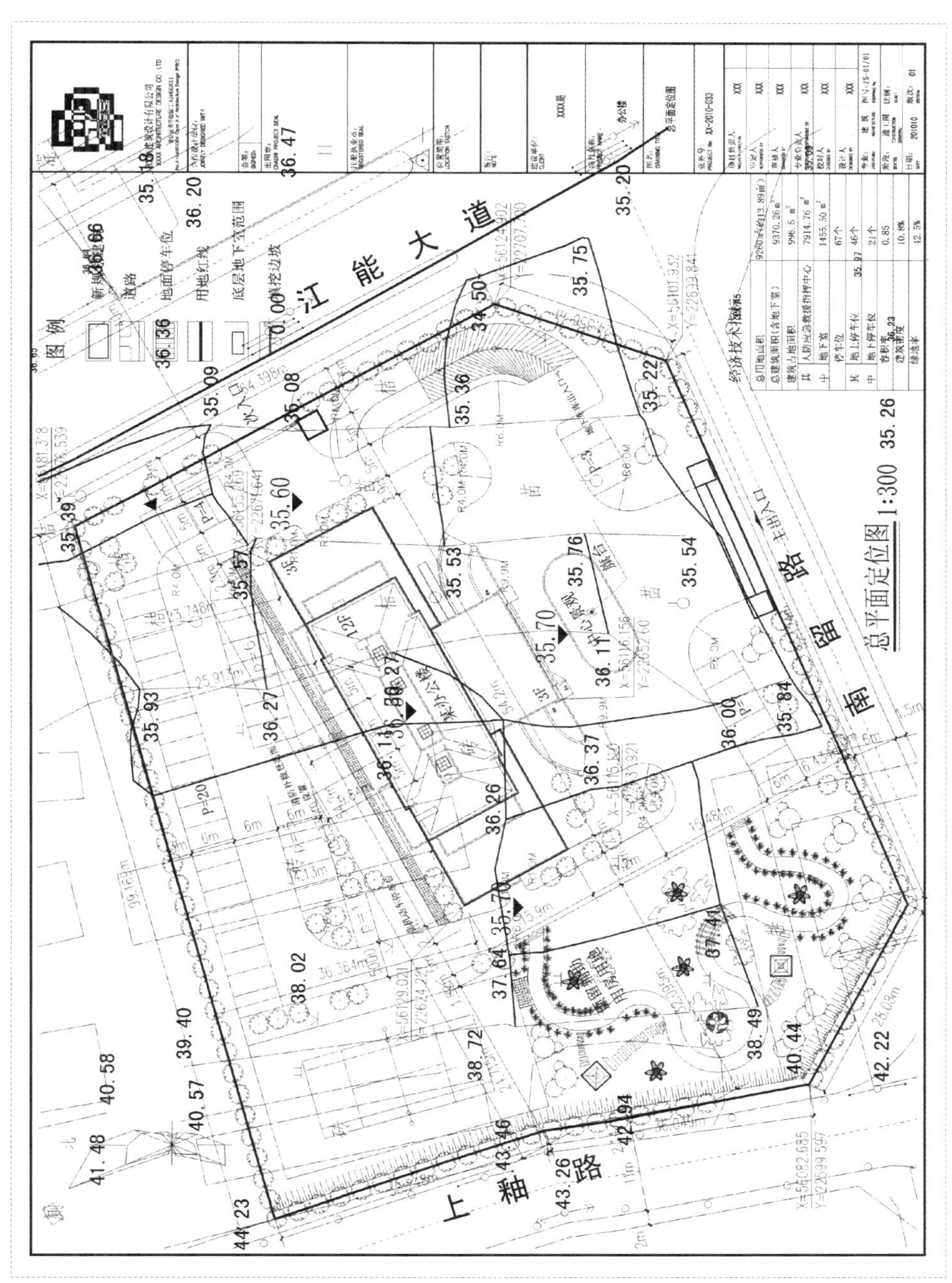


图 1-10 某办公楼总平面图

# 2 图纸目录

## 2.1 图纸目录的设计要求

编制图纸目录是为了说明该工程由哪些专业图纸组成，其目的在于方便图纸的归档、查阅及修改。图纸目录是施工图纸的明细和索引。

图纸目录应分专业编写，建筑、结构、水电和暖通等专业应分别编制各自的图纸目录。若项目中有其他子项，应首先编写子项目录，只有特大子项分段出图时才可以按段书写目录，但仍需要分专业编写。

## 2.2 图纸目录的设计方法及要点

### 2.2.1 设计方法

图纸目录应排列在该专业施工图纸的最前面，且不编入图纸的序号中，通常以列表的形式表达，图纸目录表的图幅大小常用 A4(297 mm×210 mm)，且页边距也应相同。

图纸目录表的格式可按各单位格式编制，编制内容一般由上至少由三大部分表格组成(详见图纸目录设计实例)。

**1) 设计概况**

这一部分内容一般位于表头，其格式可按各单位格式编制，常规情况下包含工程名称、子项名称、设计编号、日期等几项主要内容，各设计单位可根据实际情况增减项目。

**2) 图纸编制**

这一部分是图纸目录表的主要部分，由序号、图纸编号、图纸名称、图纸数量和图幅等内容组成。目录内图纸应先列出新绘图纸，后列出选用的标准图集或重复利用图纸。利用本设计单位其他工程项目的部分图纸，应随新绘图纸出图。

**3) 签字栏**

表尾部分由项目负责人、专业负责人、审定人、制表人、接收人及日期等组成，设计单位可根据自身情况增减项目。签字区一定要包含实名列和签名列，否则一旦签名潦草难以识别时，会因找不到责任人而影响工作。

### 2.2.2 设计要点

**1）图纸编排顺序**

先列新绘制图纸，后列选用的标准图或重复利用图。

（1）图纸编排顺序：新图、标准图、重复使用图，在新绘图纸、标准图集及重复利用图三部分之间应留有空格，以方便日后补图或图纸变更时的加填。

（2）建筑专业新绘图纸应按首页（建筑设计说明、工程作法、门窗表）、基本图（平面图、立面图、剖面图）和详图（楼梯大样、局部构造详图、门窗详图）三大部分依次排列。

（3）总平面定位图或简单的总平面图可编入图纸内，但遇到复杂者必须另立子项，按总平面施工图自行编号出图，不能将建筑施工图与总施工图混编在一份目录内。

**2）标准图目录**

（1）选用的标准图集一般应写图册号及图册名称，数量多时可只写图册号。

（2）重复利用图必须在目录中注明项目的设计编号、项目名称、图纸编号等信息，以便查找。

**3）图纸编号**

（1）图纸编号应为自然数的流水号，从“1”开始，不得从“0”开始；不得空缺或重号加注脚码，目的在于表示本子项图纸的实际自然张数。

（2）图纸编号可由各设计院自行规定，可用“建施一（图纸序号）”表示，也可由工程项目代号、子项和专业代号、图纸单张顺序号组成图纸编号；图纸编号应表示出版次。

（3）当遇见图纸名称相同的多张图纸时，图纸编号可以重号加注脚码，如门窗表有多张时，可编为“3a”“3b”……图号一般不能空缺跳号，以免混乱。

（4）变更图或修改图的图号应加注字码，以示与原设计图纸有所区别。如图纸局部变更时，可按“变-1”“变-2”……顺序编排，并在变更图内注明。变更的原图号、原因、内容和日期。若整张图纸变更时，可将原图声明作废，在原图号后加注字码“G”和第几次变更作为新图号，如原图号为“19”，在第一次变更时新图号为“19G1”，第二次变更时为“19G2”，以此类推。

（5）图纸目录如有多页应注明图纸的本页数及总页数，如“第 1 页，共 3 页”。

## 2.3 图纸目录的设计实例

下面以某设计院统一的图纸目录为例，让大家对图纸目录的编制形式有一个大概的了解，当然，这种模式并不是一成不变的，日后工作中设计院的不同图纸目录也会有差别。见图 2-1（a）、（b）。

XXXX建筑设计有限公司
XXXX ARCHITECTURE DESIGN CO., 5-LTD.
设计证书甲级编号 A144000001
No.A144000001 C5-Lass A of Architecture Design (PRC)

## 图纸目录

| 工程名称 | XXXX | | |
|---|---|---|---|
| 业务号 | XX-2011-023 | 专业 | 建 筑 |
| 项目名称 | XX综合楼 | 阶段 | 施工图 |
| 专业负责人 | XXX | 日期 | 2011.03 |
| 填 表 人 | XXX | 日期 | 2011.03 |

| 序号 | 图 号 | 修改版次 | 图纸名称 | 图幅 | 备 注 |
|---|---|---|---|---|---|
| 1 | JS-01 | | 建筑说明、室内装修表 | A1 | |
| 2 | JS-02 | | 公共建筑节能说明 | A1 | |
| 3 | JS-03 | | 主楼地下室平面图,2－2剖面图,3－3剖面图 | A1 | |
| 4 | JS-04 | | 一层平面图 | A0 | |
| 5 | JS-05 | | 二层平面图 | A0 | |
| 6 | JS-06 | | 三层平面图 | A0 | |
| 7 | JS-07 | | 四层平面图 | A0 | |
| 8 | JS-08 | | 五层平面图 | A0 | |
| 9 | JS-09 | | 六层平面图 | A0 | |
| 10 | JS-10 | | 七层平面图 | A0 | |
| 11 | JS-11 | | 八——十四平面图、十五——十八平面图 | A1 | |
| 12 | JS-12 | | 十九层平面图、屋顶层平面图 | A0 | |
| 13 | JS-13 | | 1-1——0A里面展开图 | A0 | |
| 14 | JS-14 | | 2——2剖立面图 | A0 | |
| 15 | JS-15 | | 1-G——1-A立面图、2——2剖立面图、0——7立面图 | A0 | |
| 16 | JS-16 | | 0A——1-1立面图 | A0 | |
| 17 | JS-17 | | 1——1剖面图 | A0 | |
| 18 | JS-18 | | 墙身大样 | A0 | |
| 19 | JS-19 | | 墙身大样、电梯井道剖面图 | A0 | |
| 20 | JS-20 | | 卫生间大样 | A0 | |
| 21 | JS-21 | | 卫生间大样、残疾人坡道大样 | A0 | |
| 22 | JS-22 | | 幕墙大样 | A0 | |
| 23 | JS-23 | | 幕墙大样 | A0 | |
| 24 | JS-24 | | 雨棚详图 | A0 | |
| 25 | JS-25 | | 楼梯大样详图 | A1 | |
| 26 | JS-26 | | 楼梯大样详图、楼梯大样详图 | A1 | |

(a)

图 2-1 某设计公司图纸目录

XXXX建筑设计有限公司
XXXX ARCHITECTURE DESIGN CO., 5-LTD.
设计证书甲级编号 A144000001
No.A144000001 C5-Lass A of Architecture Design (PRC)

| 图纸目录 | | | |
|---|---|---|---|
| 工程名称 | XXXX | | |
| 业务号 | XX-2011-023 | 专业 | 建 筑 |
| 项目名称 | XX综合楼 | 阶段 | 施工图 |
| 专业负责人 | XXX | 日期 | 2011.03 |
| 填 表 人 | XXX | 日期 | 2011.03 |

| 序号 | 图 号 | 修改版次 | 图纸名称 | 图幅 | 备 注 |
|---|---|---|---|---|---|
| 27 | JS-27 | | 楼梯大样详图 1 | A1 | |
| 28 | JS-28 | | 楼梯大样详图 2 | A1 | |
| 29 | JS-29 | | 大样详图 | A1 | |
| 30 | JS-30 | | 大样详图 | A1 | |
| | | | | | |
| | | | | | |
| | | | | | |
| | | | | | |
| | | | | | |
| | | | | | |
| | | | | | |
| | | | | | |
| | | | | | |
| | | | | | |
| | | | | | |
| | | | | | |
| | | | | | |
| | | | | | |
| | | | | | |
| | | | | | |
| | | | | | |
| | | | | | |
| | | | | | |
| | | | | | |
| | | | | | |
| | | | | | |

(b)

续图 2-1

# 3　施工图设计说明

施工图设计说明是对图样中无法表达清楚的内容用文字加以详细的说明，它是建筑施工图设计的纲要，不仅对设计本身起着控制和指导作用，更为施工、审查（特别是施工图审查）、建设单位了解设计意图提供了依据。同时，还是建筑师维护自身权益的需要。

《深度规定》中将设计总说明、工程做法、门窗表三类内容统称为“施工图设计说明”。由于节能设计被日益重视，凡是送审图机构审查的设计图纸必须要有节能设计计算说明书和计算表格，因此节能设计计算书也成为施工图设计说明中不可缺少的部分。

## 3.1　设计总说明

### 3.1.1　设计总说明的主要内容

各专业设计总说明包括建筑、结构、给排水、暖通、强电、弱电等；设计总说明包括消防、环保、人防、节能、劳动保护（安保、交通、建筑智通化）等。工程简单或规模较小时，设计总说明和各专业的说明可合并编写，有关内容可以简化，各专业内容也可以简化。

建筑设计总说明对结构设计非常重要，因为建筑设计总说明中会提到很多做法及许多结构设计中要使用的数据，如建筑物所处位置（结构专业用来确定设防烈度及风载、雪载）、绝对标高（用以计算基础大小及埋深桩顶标高等，没有绝对标高根本无法施工）、墙体、地面、楼面等做法（用以确定各部分荷载），总之阅读建筑设计总说明时不能草率，这是决定结构设计正确与否的非常重要的一个环节。

对于民用建筑而言，建筑设计总说明的主要内容可归纳为如下四类。

**1）工程介绍**

工程介绍包括该工程的概况、设计依据及主要指标、数据。

（1）工程概况。

一般应包括建筑名称、建设地点、建设单位、建筑面积、建筑基底面积、项目设计规模等级、设计使用年限、建筑层数和建筑高度、建筑防火分类和耐火等级、人防工程类别和防护等级、人防建筑面积、屋面防水等级、地下室防水等级、主要结构类型、抗震设防烈度等，以及能反映建筑规模的主要技术经济指标，如住宅的套型和套数

(包括每套的建筑面积、使用面积)、旅馆的客房间数和床位数、医院的门诊人次和住院部的床位数、车库的停车泊位数等(见《深度规定》4.3.3中2项目概况)。

① 应说明本工程为建设单位的新、扩、改建的何种类型建筑项目;应简要描述建设地点、周边环境、用地尺寸和形状后,再说明占地面积(单体建筑基底面积)、总建筑面积,并分别列出其地上、地下面积(含构筑物面积)。

② 设计标高:本子项的相对标高与总图绝对标高的关系,主要说明±0.000标高相当于绝对标高的值,并说明室内外高差。

③ 工程设计等级指医院、旅馆、体育馆、博物馆、陆海空交通场馆、法院、银行等有等级划分标准的工程分级,详见《民用建筑设计统一标准》(GB 50352—2019)第3.1.3条及其说明,其他民用建筑可按工程设计等级分类表来分级。

④ 设计使用年限根据建筑物性质及使用者要求,结合结构设计,按《建筑结构可靠性设计统一标准》(GB 50068—2018)确定,抗震设防烈度按《建筑抗震设计规范》(GB 50011—2010)和《建筑工程抗震设防分类标准》(GB 50223—2008)确定,并应与结构设计说明一致。

⑤ 防火设计建筑分类、耐火等级均根据建筑物使用性质、火灾危险性、疏散和扑救难度,按《建筑设计防火规范》(GB 50016—2014)进行分类和定级。

⑥ 民用建筑的人防等级一般为六级,依据人防部门有关审批文件确定,概况中应明确人防工程等级(包括防化等级)、建筑中所在部位、平时战时用途、防护面积、室内外出入口及进、排风口位置。

⑦ 屋面防水等级、地下室防水等级根据建筑物使用性质、重要程度、使用要求以及防水层合理使用年限,根据《屋面工程技术规范》(GB 50345—2012)、《屋面工程质量验收规范》(GB 50207—2012)、《地下工程防水技术规范》(GB 50108—2008)和《地下防水工程质量验收规范》(GB 50208—2011)确定。

⑧ 主要技术经济指标应根据建筑物使用性质,列举反映其基本特性和规模的指标,如:医院门诊和急诊人次/日、病床数;旅馆的客房间数、床位数;学校的总人数、班级数、每班人数;住宅单元组合数、每单元套数、总计套数、不同类型套数、每套建筑面积;图书馆藏书数、阅览人数;礼堂、影院、体育场馆观众席位;客、货运站吞吐量等;停车场(库)应列出停车泊位数,并应分别列出地上、地下停车泊位数。

⑨ 项目概况还应有简要的建筑设计构思:a. 分析场地环境特征包括建筑硬环境和建筑软环境;b. 主次入口与道路的关系,人、车、物流线的设计,功能分区的设计原则;c. 平面形式、体形、建筑体量的关系;d. 立面造型、建筑性格、历史文脉的地域特色。

(2)设计依据。

依据性文件名称和文号,如批文、本专业设计所执行的主要法规和所采用的主要标准(包括标准名称、编号、年号和版本号)及设计合同。

施工图作为工程项目最后实施的图纸,它是初步设计或方案(不进行初步设计的简单项目)的延伸,各有关部门对初步设计或方案的确认意见是施工图能否成立的依据,因此本项作为设计依据应包括以下内容。

① 批准的可行性报告(包括选址报告及环境评价报告)、经有关规划部门和建筑管理部门批准的方案文件、甲方有关会议纪要等文件。

② 建设场地的气象、地理条件,工程地质条件。

③ 建设管理、消防、人防、园林、交通等有关部门对初步设计审批意见(文号或日期)。

④ 建设单位提供的有关使用要求或生产工艺资料。

⑤ 规划、用地、交通、消防、环保、劳动、环卫、绿化、卫生、人防、抗震等要求和依据资料。

⑥ 现行设计规范、标准(列出本项目所依据的主要规范名称)。

(3) 主要指标、数据。

① 总指标:总用地面积、总建筑面积、总建筑占地面积等指标。

② 总概算及单项建筑工程概算、三大材料的总消耗量。

③ 水、电、蒸汽、燃料等能源总消耗量与单位消耗量。

④ 其他相关的技术经济指标及分析。

**2) 设计分工**

包括承担的专业名称,与相关单位的分工与责任:必须明确各项工程的施工及验收标准的执行;一些委托设计、制作和安装的部件(如门窗、幕墙、电梯、特殊钢结构等)对其生产厂家、施工资质等必须提出明确的要求;对于各专业之间的责任关系及进度配合进行分工指导。

**3) 设计要旨**

涵盖建筑防火、防水、节能、人防等设计内容的说明。

① 设计中贯彻国家政策、法令和有关规定的情况。

② 采用新技术、新材料、新设备和新结构的情况。

③ 环境保护、防火安全、交通组织、用地分配、能源消耗、安保、人防设置以及抗震设防等主要原则。

④ 根据使用功能要求,对总体布局和选用标准的综合叙述。

**4) 专项说明**

包括门窗、幕墙、墙体、地沟和留洞等构造部分的说明。

### 3.1.2 设计总说明的方法及要点

设计总说明中的条目与工程做法看似相同,但二者却有本质的区别,设计总说明是针对整个工程而言进行“定性”,而工程做法则需针对个别特例进行“定量”。例如:关于建筑防水条目中的屋面与地下室防水设计,设计总说明只需明确“防水等级”和“防水要求”(定性),具体构造和用料(定量)则可在工程做法中表述。同理,对于“室内地沟”,设计总说明中只需交代根据什么选用何种地沟,以及构建选用的荷载等级,具体做法可索引通用详图或另绘图纸表示。

编写完善的框架。在编写设计说明过程中,由于建筑类型的千差万别,设计的建筑材料、技术、法规繁杂,致使“设计总说明”应表示的内容广泛却缺乏共性规律。为了提高工作效率,许多设计院都编制了各具特色的“提纲型”模式的“设计总说明”,如有的设计院将设计总说明分列为以下各项:总述、建筑防火、建筑防水、人防工程、建筑节能、无障碍设计、安全防范设计、环保设计、墙体、室内地沟、门窗、玻璃幕墙、金属及石材幕墙、电梯、室内二次装修和其他等内容。使用时首先根据工程实际选择有关项目,然后对其下的条文分别进行填写、编写和取舍。

## 3.2 工程做法

下面以某工程的建筑设计总说明为例(见图 3-1)。

### 3.2.1 设计要求

设计要求包括墙体、墙身防潮层、地下室防水、屋面、外墙面、勒脚、散水、台阶、坡道、油漆、涂料等的材料和做法,可用文字说明或部分文字说明,部分在图上引注或索引;在设计说明中只对上述提到各工程部位统一的材料做法做出说明,详细做法和说明见图纸或装修做法表。

**1) 墙体工程**

分别说明地上部分、地下部分、外墙、内墙、承重墙、填充墙、防火墙、管道竖井处墙体等不同部位的墙体采用的材料名称、厚度。采用钢筋混凝土墙体,应说明详见结构图。墙体内、外或特殊部位有保温时,应分别说明采用的保温材料名称、厚度,对表观密度、导热系数、密度等级、抗压强度等的要求,并在装修做法表及相关图纸上应有详细表达,应说明按照材料有关规范、规定、构造图集执行。

(1) 外墙构造柱及拉筋、圈梁、门窗洞过梁,除建筑图有说明者外,做法均按结构图纸施工,并应说明内墙除注明者外均应砌至楼板底,并挤实。

(2) 墙体留洞,除钢筋混凝土墙留洞见结构图外,均应有说明或说明见相关图纸。墙体留洞、设备或管道安装后墙体的处理、空心和轻质墙体上固定设备的安装措施、竖井内表面的处理、管道井、检修门位置等以及与有关专业的配合,均应在统一说明中明确。

(3) 特殊墙体做法应说明详见具体节点详图或施工承包商的深化设计图。

# 建筑设计总说明

一、工程概况：

1、工程名称：××酒店式独立客房

建设单位：××置业有限公司　　建设地点：××市××区

本工程施工图设计内容包括“××酒店式独立客房”的建筑，结构，给排水，电气，暖通，不包括建筑精装修和室外景观设计。

2、建筑面积：单体建筑面积 1442.64 $m^2$，地下建筑面积 497.56 $m^2$，基底建筑面积 424.20 $m^2$；

3、建筑层数：地上 3 层，地下 1 层，建筑高度：11.40 米

4、建筑结构形式：框架结构，使用年限为50年

5、抗震设防烈度：6度

6、建筑耐火等级：二 级。

二、设计依据：

1、××置业有限公司提供的设计任务书

2、项目立项报告

3、用地现状图，红线图及规控指标文本

4、本工程的建设审批单位对初步设计或方案设计的批复；

5、现行国家，地方有关规范，规定和标准

《民用建筑统一标准》GB50352-2005

《建筑工程建筑面积计算规范》GB/T50353-2005

《住宅设计规范》GB50096-1999

《夏热冬冷地区居住建筑节能设计标准》JGJ134-2010

《城市道路和建筑物无障碍设计规范》GB 50673-2001

《建筑外窗气密、水密、抗风压性能检测方法》GB/T 7106-2008

《民用建筑热工设计规范》GB50176-93

《建筑设计防火规范》GB50016-2006

《住宅建筑规范》GB50368-2005

《全国民用建筑工程设计技术措施--规划建筑》

××省建筑标准设计图集：详建施02表-1“引用标准图集表”

国家建筑标准设计图集：详建施02表-1“引用标准图集表”

三、设计标高及建筑定位

1、本工程设计标高和建筑定位应根据红线图以及方案进行准确定位，详见总平面图

2、建筑平、立、剖面图上所注标高，均为建筑完成面标高，单位为米（m）。

3、设计标高±0.000相对于绝对标高，详见总平面图

4、本工程设计标高除特殊注明外，建筑标高按结构标高+0.030的关系来确定。

四、墙体工程

1、墙体砌筑构造和技术要求见相关技术规范和结构总说明；墙体材料除平面图中特别标明外，外墙采用190厚复合自保温砌块，分户墙采用190厚加气混凝土砌块，卫生间、厨房隔墙采用90厚烧结多孔砖，其余隔墙采用90厚加气混凝土砌块。具体详建施02表-2“建筑墙体材料表”。

2、墙体的基础部分、承重钢筋混凝土墙体见结施，建筑图仅做示意。

3、墙身防潮层：

a)在室内地坪下约60处做20厚1:2水泥砂浆内加3~5%防水剂的墙身防潮层(在此标高为钢筋混凝土构造，或下为砌石构造时可不做)。

b)室内地坪变化处防潮层应重叠，并在高低差埋土一侧墙身做20mm厚1:2水泥砂浆防潮层，如埋土侧为室外，还应刷1.5厚聚氨酯防水涂料；

4、填充墙在不同材料连接处，均应按构造配置拉接钢筋，具体详见结构施工图；两种材料的墙体交接处，应根据饰面材料的材质，在做饰面前加钉金属网或再施工中加贴玻璃纤维布，防止裂缝；

5、门洞和经常易碰撞部位的阳角，除图注和装修采取保护措施外，一律用1:2水泥砂浆做护角，其高度不小于2m，每侧宽度不小于50mm，面粉刷同附近墙面；

6、卫生间楼面结构层四周支承处（除门洞外），均应设置150mm高C20混凝土翻边，宽同墙厚，与梁（或板）整浇；

7、凡与屋面相交的外墙（门洞除外），若室外屋面完成面高于室内，均应增设150mm高C20混凝土翻边，宽同墙厚，与梁（或板）整浇；

8、墙体预留洞及封堵：

(1)钢筋混凝土墙上的留洞，砌筑墙上的预留洞详见建施、结施和设施。

(2)门窗预留洞及其它墙体预留洞过梁见结施。

(3)砼墙留洞的封堵见结施，其余墙留洞待管道安装完毕后，用C15细石混凝土填实。

五、楼地面工程：

1、所有楼地面面层做法（各房间，各部位）均详建施02表-3“室内外工程做法表”；

2、所有卫生间地面均需做地面蓄水试验，经检查无渗漏、无积水为合格；

3、有水楼地面应低于相邻楼地面或做门槛，并做1%~2%坡坡向地漏或者地沟。

4、阳台、露台、外廊、室内回廊、内天井、上人屋面及室外楼梯等临空处应设置防护栏杆，栏杆应能承受荷载规范规定的水平荷载并应符合下列规定：

1)栏杆应以坚固、耐久的材料制作，并能承受荷载规范规定的水平荷载；

2)栏杆净高设≥1.05m；（栏杆净高从楼地面或屋面至栏杆扶手顶面垂直高度计算，如底部有宽度完成面尺寸大于或等于0.22m，且高度低于或等于0.45m的可踏部位，则从可踏部位顶面起计算。）

3)栏杆离楼面或屋面0.10m高度内不宜留空。

5、凡设有地漏的房间均应做防水层，采用1.5厚SPU聚氨酯防水涂料一道；

6、楼板预留洞详见建施、结施和设施，除特别注明外管井待设备管线安装完毕后，用C20细石砼封堵密实，管道井的封堵采用层层封堵，并按规范要求进行防水和防火处理；

7、住宅厨房、卫生间排烟（气）道参照赣04ZJ905第6页；排气道安装详04ZJ905第12页；

8、阳台有组织排水（坡度为1%），阳台水落详图集赣04J401

六、屋面工程：

1、本工程屋面防水等级为III级，防水层使用年限为10年。

2、屋面采用岩棉保温材料，找坡材料采用憎水型泡沫混凝土找坡2%。

3、屋面均采用有组织排水，排水坡度不小于2%。当相邻高屋面往低屋面有组织排水时，低屋面上受冲淋部位须加铺一层防水并在出口处加铺C20(400x400x40)细石混凝土防护板，内配5ø6双向配筋；水落管采用øPVC管明（暗）敷设，接口严密，具体位置及屋面排水组织见建施平面图；天沟、檐沟排水不得流经变形缝；

4、屋面天沟纵坡按1%设计排向雨水口，在水落斗周围1平方范围内坡度不小于5%，并应涂防水涂料或密实材料。

5、凡防水屋面基层与突出屋面的构件（女儿墙、变形缝、烟囱、管道等）与屋面连接处，以及天沟、屋脊等转角处，均做半径为50mm的圆角或钝角，再做泛水；内排水的水落口周围做成略低的凹坑；

6、屋面细石混凝土或水泥砂浆保护层应设分格缝，分格缝纵横间距细石混凝土保护层不大于6000，水泥砂浆保护层不大于1000，缝宽20，并用防水油膏嵌密实；

7、保温屋面所用材料具有吸水性的要求设排气管道，排气管道纵横向间距不大于6000mm，排气孔每36平方米至少一个；

8、屋面所用防水、保温隔热材料应采用经有效检测认证的合格产品，施工现场应进行取样复试并提出试验报告，严禁使用不合格材料；屋面保温隔热材料导热系数、蓄热系数及容重详建筑节能设计

9、屋面工程防水应由经资质审查合格的防水专业队伍进行施工，屋面工程施工前应通过图纸会审，掌握施工图中的细部构造及有关技术要求；施工单位应编制屋面工程的施工方案或技术措施并满足《屋面工程技术规范》GB50345-2004

10、屋面具体做法：

(1)女儿墙泛水详赣06ZJ203，女儿墙压顶详赣06ZJ203

(2)内天沟穿女儿墙屋面水落口详赣06ZJ203第25页

(3)平屋面内天沟泛水赣06ZJ203

(4)透气管穿屋面详赣06ZJ203；管道穿屋面详赣06ZJ203

(5)屋面分格缝做法：II级防水屋面详赣06ZJ203

(6)排气屋面做法详赣06ZJ203

(7)平屋面变形缝详赣06ZJ203，坡屋面变形缝详赣06J202

(8)屋面墙身泛水详赣06ZJ203

(9)铁爬梯详赣06J201

(10)屋面厨房卫生间排烟（气）道出屋面做法参照赣04J905做法，排烟(气)口高出屋面完成面高度见屋顶平面。

(11)屋面1：不上人平屋面详建施　屋面2：上人平屋面详建施　屋面3 坡屋面详建施

七、门窗工程：

1、门窗玻璃的选用应遵照《建筑玻璃应用技术规程》JGJ113和《建筑安全玻璃管理规定》发改运行[2003]2116号及地方主管部门的有关规定。

2、建筑物的外窗及阳台的气密性等级，不应低于现行国家标准《建筑外窗空气渗透性能分级及其检测方法》GB7107规定的3级。建筑门窗的抗风压性能等级为 5 级；保温性能等级为 6 级；水密性能等级为 3 级；

3、建筑物外窗面积大于1.5平方米，窗台低于0.5m的外窗玻璃以及门用玻璃均采用夹层玻璃；玻璃颜色详门窗表，厚度由专业公司经计算后确定(不得低于节能设计要求)；全玻璃门及落地玻璃窗应设防撞提示标志；卫生间窗玻璃采用磨砂玻璃。

4、门窗平、立面均表示洞口尺寸，门窗加工尺寸要按照装修面厚度予以调整。

5、门窗立樘：外门窗立樘详墙身节点图，内门窗立樘除图中另有注明者外，双向平开门立樘墙中，单向平开门立樘开启方向墙面平，管道竖井门设门槛高100mm；

6、窗台净高低于900mm的外墙窗，应设≥1050mm净高（高度从可踏面算起）防护栏杆，做法详赣04J402，竖杆间净距110mm。

7、木门框靠墙、入墙木砖须进行防腐处理。

8、底层窗户均设置防盗栅栏，具体甲方自理；外门均应满足防盗要求。

八、室内外装修工程

1、根据《建筑装饰装修工程质量验收规范》GB 50210-2001进行；

2、外装修设计和做法索引见"立面图"，外墙详图以及装修表；

3、进行二次设计轻钢结构、装饰物等，经确认后，向建筑设计单位提供预埋的要求；

4、设有外墙保温的建筑构造详见建筑节能篇

5、外装修选用的各项材料其材质、规格、颜色等，均由施工单位提供样板，经建设和设计单位确认后进行封样，并据此验收。

6、内装修工程执行《建筑内部装修设计防火规范》GB50222，楼地面部分执行《建筑地面设计规范》GB50037.

7、楼地面构造交接处和地坪高度变化处，除注明者外均位于齐平门扇开启面处；

8、内装修选用的材料，由施工单位制作和选样，经确认后封样，并据此进行验收；

9、凡设有地漏的房间应做防水层，图中未注明整个房间做坡度者，均在地漏周围1m范围内做1%~2%坡度坡向地漏；

10、装修设计和做法见建施2表-3“装修材料及用法明细表”

| | |
|---|---|
| XXXX建筑设计有限公司<br>XXXX ARCHITECTURE DESIGN CO., LTD.<br>设计证书甲级编号 A144000001<br>No.A144000001 Class A of Architecture Design (PRC) | |
| 合作设计单位：JOINTLY DESIGNED WITH | |
| 会签：SIGNED. | |
| 出图章：CNADRI PROJECT SEAL | |
| 注册执业章：REGISTERED SEAL | |
| 位置简图：LOCATION SKETCH | |
| 备注：NOTE | |
| 建设单位：CLIENT | XX置业有限公司 |
| 项目名称：PROJECT NAME | XX酒店式独立客房 |
| 图名：DRAWING TITLE | 建筑设计说明1 |
| 业务号：PROJECT No. | XX-2011-013-4 |
| 项目负责人 PROJECT DIRECTOR | XXX |
| 审定人 AUTHORIZED BY | XXX |
| 审核人 EXAMINED BY | XXX |
| 专业负责人 DISCIPLINE RESPONSIBLE BY | XXX |
| 校对人 CHECKED BY | XXX |
| 设计人 DESIGNED BY | XXX |
| 专业：DISCIPLINE 建筑 ARCHITECTURE | 图号：DRAWING No. JS-01/22 |
| 阶段：STATUS 施工图 CONSTRUCTION DRAWING | 比例：SCALE |
| 日期：DATE 201115 | 版次：EDITION 01 |

图 3-1　建筑设计总说明

# 建筑设计总说明(续)

九、油漆工程

1、油漆工程的基层含水率，混凝土和抹灰不得大于80%

2、所有外露铁件均需清除铁锈及焊接残渣后，刷防锈漆二道后再做同室内外部位相同颜色的漆；不露明铁件除锈后刷二度防锈漆；

3、木门窗、木扶手油调和漆，油漆颜色和档次会同业主确定

4、各项油漆均由施工单位制作样板，经确认后进行封样，并据此进行验收。

5、室内装修所采用的油漆涂料见建施2表-3“装修材料及用法明细表”。

十、楼梯

1、楼梯详见大样，楼梯水平段栏杆长度大于0.5m时，其扶手净高度应为1.05m.

2、卫生洁具、成品隔断由建设单位与设计单位商定，并应与施工图配合。

3、灯具影响美观的器具须经建设单位与设计单位确认样品后，方可批量加工、安装。

十一、建筑节能设计：

1、节能设计目标：节约能耗50%

2、建筑节能设计详节能计算设计说明及节能计算书

3、本工程外墙采用30厚玻化微珠外保温体系

十二、建筑无障碍设计

1、设计依据：《城市道路和建筑物无障碍设计规范》JGJ50-2001；

2、实施范围：总图

十三、其它

1、分层面积表见建施3表-6。

2、防水材料及防水等级用表见建施3表-7。

3、图中所选用标准图中有对结构工种的预埋件、预留洞，如楼梯、平台钢栏杆、门窗、建筑配件等，本图所标注的各种留洞与预埋件应与各工种密切配合，确认无误方可施工。

4、预埋木砖及贴邻墙体的木质面均做防腐处理，露明铁件均做防锈处理。

5、所有防护栏杆均应满足安全和牢固要求，门窗过梁见结施。

6、建筑物四周设800宽散水，见底层平面图，做法详建施(㊄)。

7、所有女儿墙压顶板、窗台、线脚、雨蓬等突出部位，均向外坡2%并做滴水。

8、所有装饰花盆、GRC成品浮雕、EPS成品线脚等与建筑物间的固定必须牢固可靠；

9、住宅阳台凉衣架由业主统一采购、安装；底层门厅处设信报箱，由二次装修定。

10、雨水管采用ø100彩色铝合金，空调冷凝水管采用 ø50PVC 管，颜色与墙面相同，具体见平面标注。

# 建筑构造做法

## 一、地面

▲ 地面1：1）装饰面层（业主自理）

2）15厚1：3水泥砂浆找平找坡层（最薄处）

3）S6自防水钢筋混凝土板

4）40厚C20细石混凝土保护层，平面内间距≤4000设纵横分格缝，用切割机切深15，缝宽5~10，缝内嵌密封膏；

5）3厚BAC双面自粘性防水卷材；

6）100厚C15混凝土垫层；

7）素土夯实（压实密度》90%）

▲ 地面2：1）铺8~10厚防滑防潮地砖面层，干水泥擦缝（用户自理）

2）刷素水泥浆一道

3）20厚1：2水泥砂浆结合层

4）刷素水泥浆一道

5）60厚（最高处）C20细石砼从门口处向有地漏方向泛水，最低处不小于30厚

6）煤渣回填（厚度按实计）

7）S6自防水钢筋混凝土板

8）40厚C20细石混凝土保护层，平面内间距≤4000设纵横分格缝，用切割机切深15，缝宽5~10，缝内嵌密封膏

9）3厚BAC双面自粘性防水卷材

10）C15混凝土垫层100厚

11）素土夯实（压实密度≥95%）

## 二、楼面

▲ 楼面1：1）装饰面层（业主自理）

2）刷素水泥浆一道

3）15厚1：3水泥砂浆找平层

4）现浇钢筋混凝土楼板

▲ 楼面2：1）铺8~10厚防滑防潮地砖面层，干水泥擦缝（业主自理）

2）刷素水泥浆一道

3）20厚1：2水泥砂浆结合层

4）刷素水泥浆一道

5）60厚（最高处）C20细石砼从门口处披向地漏方向，最低处不小于30厚

6）1.5厚SPU防水涂料，四周上翻至踢脚板上沿

7）回填松散陶粒至高出沉箱排水管10mm

8）15厚1：3水泥砂浆找平层

9）现浇钢筋混凝土楼板

▲ 楼面3：1）面层（业主自理）

2）刷素水泥浆一道

3）20厚1：2水泥砂浆结合层

4）刷素水泥浆一道

5）15厚1：3水泥砂浆找平层

6）20~40厚1：4干硬性水泥砂浆向地漏方向泛水，最薄处20厚

7）现浇钢筋混凝土楼板

▲ 楼面4：1）铺8~10厚彩色防滑釉面砖面层，干水泥擦缝（业主自理）

2）刷素水泥浆一道

3）20厚1：2水泥砂浆结合层

4）刷素水泥浆一道

5）15厚1：3水泥砂浆找平层

6）现浇钢筋混凝土楼板

## 三、踢脚

▲ 踢脚1：1）120高8-13厚地砖（同地面），干水泥擦缝

2）10厚1：2水泥砂浆结合层

3）10~15厚1：3水泥砂浆找平层拉毛或划出纹道

4）将基体用水湿透

5）砖墙基体

▲ 踢脚2：1）120高8-13厚地砖（同地面），干水泥擦缝

2）10~15厚1：2水泥砂浆结合层

3）刷一道聚合物水泥浆或用砼界面处理剂作毛化处理

4）钢筋混凝土柱墙基体

▲ 踢脚3：1）120高8-13厚地砖（同地面），干水泥擦缝

2）10~15厚1．2水泥砂浆结合层

3）刷一道聚合物水泥浆或用砼界面处理剂作毛化处理

4）钢筋混凝土柱墙基体

▲ 踢脚4：1）120高5厚1：2水泥砂浆面层压实抹光

2）13~15厚1：3水泥砂浆找平层拉毛或划出纹道

3）5厚1：3水泥砂浆打底拉毛

4）将基体用水湿透

5）砖墙基体

▲ 踢脚5：1）120高10厚1：2水泥砂浆面层压实抹光

2）15厚1：3水泥砂浆找平层拉毛或划出纹道

3）刷一道聚合物水泥浆或用砼界面处理剂作毛化处理

4）钢筋混凝土梁柱基体

## 四、内墙

▲ 内墙1：1）刷内墙涂料（业主自理）

2）6厚1：2.5水泥砂浆

3）12厚1：3水泥砂浆打底扫毛

4）喷（刷）混凝土界面处理剂一遍

5）混凝土内墙

▲ 内墙2：1）6厚1：2水泥砂浆压实抹光

2）6厚1：3水泥砂浆（内掺5%的防水剂）拉毛

3）6厚1：3水泥砂浆拉毛打底拉毛

4）喷（刷）混凝土界面处理剂一遍

5）混凝土内墙

▲ 内墙3：1）内墙乳胶漆3~5遍

2）6厚1：0.3：3水泥石灰膏砂浆压实抹光

3）12厚1：1：6水泥石灰膏砂浆打底拉毛

4）砖墙基体

▲ 内墙4：1）抛光砖，干水泥擦缝或1：1水泥细砂浆勾缝

2）6厚1：0.3：3水泥石灰膏砂浆压实抹光

3）12厚1：1：6水泥石灰膏砂浆打底拉毛

4）喷（刷）混凝土界面处理剂一遍

5）基层墙体

## 五、顶棚

▲ 顶棚1：1）现浇钢筋混凝土板底用水加10%火碱清洗油腻

2）刷素水泥浆一道

3）腻子刮平

4）面层或吊顶（住户自理）

▲ 顶棚2：1）现浇钢筋混凝土板

2）刷素水泥浆一道

3）12厚1：0.3：3水泥石灰膏砂浆打底扫毛

4）6厚1：0.3：2.5水泥石灰膏砂浆找平

5）喷乳胶漆涂料二道饰面

XXXX建筑设计有限公司
XXXX ARCHITECTURE DESIGN CO., LTD
设计证书甲级编号 A144000001
No.A144000001 Class A of Architecture Design (PRC)

| 合作设计单位： JOINTLY DESIGNED WITH | |
|---|---|
| 会签： SIGNED | |
| 出图章： CNADRI PROJECT SEAL | |
| 注册执业章： REGISTERED SEAL | |
| 位置简图： LOCATION SKETCH | |
| 备注： NOTE | |
| 建设单位： CLIENT | XX置业有限公司 |
| 项目名称： PROJECT NAME | XX酒店式独立客房 |
| 图名： DRAWING TITLE | 建筑设计说明2 建筑构造做法1 |
| 业务号： PROJECT No. | XX-2011-013-4 |
| 项目负责人 PROJECT DIRECTOR | XXX |
| 审定人 AUTHORIZED BY | XXX |
| 审核人 EXAMINED BY | XXX |
| 专业负责人 DISCIPLINE RESPONSIBLE BY | XXX |
| 校对人 CHECKED BY | XXX |
| 设计人 DESIGNED BY | XXX |
| 专业： DISCIPLINE 建筑 ARCHITECTURE | 图号： DRAWING No. JS-02/22 |
| 阶段： STATUS 施工图 CONSTRUCTION DRAWING | 比例： SCALE |
| 日期： DATE 201115 | 版次： EDITION 01 |

续图 3-1

# 建筑构造做法(续)

## 六、屋面

▲ 屋面1(不上人保温屋面):

1)憎水型泡沫砼找坡2%兼找平,最薄处30mm厚
2)2厚BAC双面自粘防水卷材一道
3)1.5厚SPU防水涂料一道
4)基层处理剂
5)20厚1:3水泥砂浆
6)40厚岩棉保温板
7)1:8水泥陶粒混凝土最薄处30
8)100厚现浇钢筋砼屋面板
5)20厚水泥砂浆

▲ 屋面2(上人保温平屋面):

1) 面层(业主自理)
2) 40厚C15细石砼找平层(内配Ø6@500X500钢筋网)
3) 干铺塑料膜一道
4) 2厚BAC双面自粘防水卷材一道
5) 1.5厚SPU防水涂料一道
6) 基层处理剂
7) 20厚1:3水泥砂浆
8) 40厚岩棉保温板
9) 1:8水泥陶粒混凝土最薄处30
10)100厚现浇钢筋砼屋面板
11)20厚水泥砂浆

▲ 屋面3(保温坡屋面):

1) 水泥块瓦
2) 1:3水泥砂浆卧瓦层最薄处20厚(内配Ø6.5@500X500)钢筋网
3) 20厚1:3水泥砂浆
4) 干铺聚酯无纺布一层
5) 40厚岩棉保温板
6) 1.5厚SPU防水涂料
7) 15厚1:3 水泥砂浆
8) 现浇钢筋混凝土屋面板
(不保温坡屋面为该做法取消保温层)

## 七、外墙

▲ 外墙1:(涂料外墙)

1)喷外墙涂料三~五遍
2)6厚1:2.5水泥砂浆罩面压光水刷带出小麻面
3)12厚1:2.5水泥砂浆(掺水泥重量5%的防水剂)打底扫毛
4)砖墙

外墙1':(涂料外墙)

1)喷外墙涂料三~五遍
2)4厚抗裂砂浆+耐碱网格布
3)20厚玻化微珠无机保温砂浆
4)界面砂浆
5)钢筋混凝土梁柱

▲ 外墙2:(面砖、石材外墙)

1)1:1水泥砂浆(细砂色缝)
2)贴6~12厚墙面砖(在面砖背面随贴随涂4~6厚粘结剂)
3)6厚1:0.15:2水泥石灰膏砂浆结合层
4)刷素水泥浆一遍
5)6厚1:3水泥砂浆(掺水泥重量5%的防水剂)打底扫毛
6)砖墙

▲ 外墙2':(面砖、石材外墙)

1)1:1水泥砂浆(细砂色缝)
2)贴6~12厚墙面砖(在面砖背面随贴随涂4~6厚粘结剂)
3)6厚1:0.15:2水泥石灰膏砂浆结合层
4)4厚抗裂砂浆+镀锌铁丝网
5)20厚玻化微珠无机保温砂浆
6)钢筋混凝土梁柱

▲ 外墙3:(地下室外墙)

1)回填粘土,分层夯实
2)30厚玻化微珠
3)4厚BAC双面自粘性防水卷材
4)3~5厚素水泥浆
5)自防水钢筋混凝土侧墙
6)20厚耐磨砂浆面层
7)刷内墙涂料

## 八、其它

▲ 台阶:1)10厚防滑地砖,干水泥擦缝
2)8厚1:1水泥细砂浆结合层
3)20厚1:3水泥砂浆找平层
4)素水泥浆结合层一道
5)70厚C15混凝土台阶面向外坡1%
6)200厚碎石灌M2.5水泥砂浆
7)素土夯实

▲ 坡1(Ⅱ级外防水):

1)30厚1:2耐磨水泥砂浆表面,抹60宽6深锯齿形礓礤
2)刷素水泥浆一道
3)3厚BAC自粘防水卷材
4)自防水现浇钢筋混凝土底板
5)100~150厚C15素砼垫层
6)素土夯实

### 引用标准图集表

表-1

| 标准设计 | 名称 | 编号 | 名称 | 编号 |
|---|---|---|---|---|
| 江西省标准设计 | 建筑防水构造 | 赣06ZJ203 | 平屋面建筑构造 | 赣06ZJ203 |
| | 楼地面图集 | 赣01J301 | 住宅集中排气道 | 赣04ZJ905 |
| | 室外构配件 | 赣04J701 | 室内构配件 | 赣04J702 |
| | 阳台栏杆 | 赣04J401 | 楼梯栏杆 | 赣04J402 |
| | 木门窗图集 | 赣98J741 | 建筑做法说明 | 赣03J001 |
| | 外墙变形缝图集 | 赣02SJ102-1 | 内外墙及天棚饰面图集 | 赣02J802 |
| | AJ膨胀玻化微珠图集 | 赣07AJ105 | | |
| 国家标准设计 | 铝合金门窗 | 国标03J603-2 | | |
| | 防火门窗 | 国标03J609 | | |
| | | | | |

建筑墙体材料表　表-2

| 部位 | 墙体材料 | 墙体厚度 | 强度 | 备注 |
|---|---|---|---|---|
| 外墙、防火墙、楼梯间墙 | 烧结空心砖 | 190 | MU10 | |
| 卫生间、厨房隔墙 | 烧结空心砖 | 90 | MU10 | |
| 分户墙 | 加气混凝土砌块 | 190 | MU5 | B06级 |
| 室内隔墙 | 加气混凝土砌块 | 90 | MU5 | B06级 |

装修材料及用法明细表　表-3

| 房间名称 | 楼地面 | 踢脚 | 内墙面 | 顶棚 | 备注 |
|---|---|---|---|---|---|
| 地下室除卫生间外地面 | 地面1 | 踢脚1,2 | 内墙1 | 顶棚1 | |
| 地下室洗衣房地面 | 地面2 | | 内墙2 | 顶棚1 | |
| 卧室、客厅 | 楼面1 | 踢脚1,2 | 内墙1 | 顶棚1 | |
| 卫生间 | 地面2、楼面2 | | 内墙2 | 顶棚1 | |
| 厨房 | 地面2、楼面2 | | 内墙2 | 顶棚1 | |
| 阳台 | 楼面3 | | | 顶棚1 | |
| 门厅 | 地面4 | | 内墙4 | 顶棚2 | |
| 楼梯间 | 楼面4 | 踢脚1,2 | 内墙3 | 顶棚2 | |
| 地下室庭院 | 地面1 | 踢脚3,4 | 内墙1 | 顶棚2 | |
| 坡屋面 | | | | | 屋面1 |
| 不上人屋面 | | | | | 屋面2 |
| 上人屋面 | | | | | 屋面3 |

防水材料及防水等级用表　表-4

| 部位 | 使用年限 | 防水等级 | 防水材料 | 备注 |
|---|---|---|---|---|
| 厨房 | | | 1.5厚SPU防水涂料 | 上翻500mm |
| 卫生间 | | | 1.5厚SPU防水涂料 | 上翻500mm |
| 阳台 | | | 自防水 | |
| 屋面 | 10 | II | BAC双面自粘防水卷材+SPU防水涂料 | |

建筑面积表　表-5

| 楼层 | 建筑面积(m²) | 使用功能 | 备注 |
|---|---|---|---|
| -1F | 497.56 | 储藏 | |
| 1F | 424.20 | 住宅 | 计容积率 |
| 2F | 252.88 | 住宅 | 计容积率 |
| 3F | 268 | 住宅 | 计容积率 |
| 地上建筑面积 | 945.08 | 住宅 | 计容积率 |
| 总建筑面积 | 1442.64 | | |

备注:
1. 单位计算容积率建筑面积系依据《房产测量规范》GB/J1986.1-2000.
2. 设计建筑面积系依据《建筑工程建筑面积计算规范》GB/T50353-2005以及地方规定计算建筑面积.

XXXX建筑设计有限公司
XXXX ARCHITECTURE DESIGN CO., LTD.
设计证书甲级编号:A144000001
No.A144000001 Class A of Architecture Design (PRC)

合作设计单位: JOINTLY DESIGNED WITH
会签: SIGNED
出图章: CNADRI PROJECT SEAL
注册执业章: REGISTERED SEAL
位置简图: LOCATION SKETCH
备注: NOTE
建设单位: CLIENT　XX置业有限公司
项目名称: PROJECT NAME　XX酒店式独立客房
图名: DRAWING TITLE　建筑构造做法2
业务号: PROJECT No. XX-2011-013-4

| | | |
|---|---|---|
| 项目负责人 PROJECT DIRECTOR | XXX | |
| 审定人 AUTHORIZED BY | XXX | |
| 审核人 EXAMINED BY | XXX | |
| 专业负责人 DISCIPLINE RESPONSIBLE BY | XXX | |
| 校对人 CHECKED BY | XXX | |
| 设计人 DESIGNED BY | XXX | |
| 专业: DISCIPLINE 建筑 ARCHITECTURE | 图号: DRAWING No. JS-03/22 | |
| 阶段: STATUS 施工图 CONSTRUCTION DRAWING | 比例: SCALE | |
| 日期: DATE 201115 | 版次: EDITION 01 | |

续图 3-1

**2）屋面工程**

（1）屋面做法应说明详见装修材料做法表或其他说明，并说明所使用的材料、施工工艺、细部构造应符合《屋面工程技术规范》（GB 50345—2012）和《屋面工程质量验收规范》（GB 50207—2012）各章节要求。防水层各层采用材料的名称、性能指标、厚度、层数，刚性防水标号配筋混凝土做法等也应分别说明。

（2）应说明屋面保温层采用材料的名称、厚度，必要时对其物理性能（表观密度、抗压强度、导热系数、重量湿度的允许增量）应按《民用建筑热工设计规范》（GB 50176—2016）中的规定提出要求。

（3）应说明屋面找坡层采用材料的名称，必要时对其表观密度、抗压强度要提出要求；应说明坡度大小、最薄处厚度。

（4）对屋面管道、设备基础、预埋件等应有统一说明。

（5）对坡屋面应说明选用坡度、屋面材料和具体做法，如由供应商深化设计应予以说明。

**3）地下室防水工程**

（1）地下室防水均应说明采用的防水做法，如钢筋混凝土自防水、外（内）贴防水材料，或设空腔内衬墙等，并应详细说明做法或说明见构造详图。

（2）地下室做法应说明见有关材料做法表，使用材料、施工工艺、细部构造应符合《地下防水工程质量验收规范》（GB 50208—2011）各章节要求，防水层各层采用材料的名称、性能指标、厚度，钢筋混凝土自防水的抗渗等级等仍应分别说明。

（3）地下防水工程侧壁外回填土做法除设计图纸注明者外应说明要求，或说明需要按结构图和有关施工验收规范执行。

**4）室外装修工程**

室外装修做法一般详见立面图纸及装修做法表，但应说明材质、颜色的确认方法（如提出需要由施工单位做出样板，供建设单位和设计单位认可后方可施工的要求等）。

**5）室外工程**

（1）室外的散水、勒脚、台阶、坡道、花坛等工程的做法一般详见节点详图，做法简单的工程，可在本说明中作相应统一说明，如做散水坡的部位、宽度，混凝土横向伸缩缝间距、宽度，散水坡与外墙之间伸缩缝的宽度、嵌缝做法，散水坡坡度，散水坡与室外道路广场连接等。

（2）外露雨水管采用的材料、管口距地尺寸、混凝土导水装置加设位置等也应在本说明中作统一说明。

**6）油漆、涂料工程**

（1）应说明木门、木扶手等木制品表面（除图纸有注明者外）油漆（涂料）所采用的材料种类、涂刷遍数、颜色。

（2）应说明金属门窗及金属装饰制品采用的面层材料及颜色。

（3）应说明钢门窗及金属制品露明及不露明部分的防锈处理要求，油漆（涂料）所采用的材料种类、涂刷遍数和颜色。

**7）室内装修部分**

除用文字说明以外亦可用表格形式表达，如表 3-1 所示，在表上填写相应的做法或代号;较复杂或较高级的民用建筑应另行委托室内装修设计;凡属二次装修的部分,可不列装修做法表和进行室内施工图设计,但对原建筑设计、结构和设备设计有较大改动时,应征得原设计单位和设计人员的同意。

表 3-1　室内装修做法表

| | 楼、地面 | 踢脚板 | 墙裙 | 内墙面 | 顶棚 | 备注 |
|---|---|---|---|---|---|---|
| 门　厅 | | | | | | |
| 走　廊 | | | | | | |

注:表列项目可增减。

(1) 室内装修做法一般详见装修做法表,但应说明选材及施工必须符合《建筑装饰装修工程质量验收标准》(GB 50210—2018)、《建筑内部装修设计防火规范》(GB 50222—2017)的要求,应说明金属门窗及金属装饰制品所采用面层材料及颜色。

(2) 装修做法表也可附在设计说明中,内容复杂的应独立编制,所列之装修做法可选用标准图也可各工程自行编制。装修做法表应表示出材料名称、工程做法编号、吊顶标高,有窗台板、窗帘盒等室内装修配件的也应列出,材料的耐火等级最好也能列出。

(3) 具体的装修材料及色彩除文字说明外,设计总说明中必须明确应由施工单位做样板,由建设单位和设计单位确认后方可施工。

(4) 墙体上嵌入箱柜穿透墙体处、不同材料墙体交接处的粉刷、室内阴阳角的特殊要求等在设计说明中应加以说明。

(5) 楼地面工程还应说明以下内容。

① 地面基层、垫层、面层的施工质量对保证地面质量十分重要,应强调必须符合《建筑地面工程施工质量验收规范》(GB 50209—2010)的要求。

② 楼地面防水做法直接影响工程质量,应强调施工必须符合《屋面工程质量验收规范》(GB 50207—2012)和《地下工程防水技术规范》(GB 50108—2008)的要求。同时有水房间楼板四周防水做法,特别是空心和轻质墙体下部的防水做法、穿楼板管道应事先预埋套管,管道安装后穿楼板之管道与套管之间的封堵(有水房间和无水房间)均须分别说明。

③ 有水房间地面应说明坡向地漏或排水沟的排水坡度,且应说明其地面最高点应低于同层地面的高度。

④ 需保温的楼板保温做法、特殊楼地面技术要求和外观要求应有具体说明或详见建筑构造详图。

(6) 设计说明应说明二次装修(精装修)图纸的编制责任和要求。

**8) 新材料、新技术的采用**

对设计中采用新技术、新材料、新产品及特殊建筑造型和必要的建筑物构造,应说明其特性、具体做法,并且必须能满足国家各项有关标准规定要求,必须是经法定部门鉴定合格的准用材料、产品、技术,并具有书面检测报告、准用证明等资料。

### 3.2.2 设计方法及要点

**1）设计方法**

工程做法应涵盖本设计范围内各工程部位的建筑用料及构造做法。应以文字逐层叙述的方法为主，或者引用标准图的做法与编号，否则应另绘构造节点详图。一般将用料说明与室内外装修合并列表编写，工程复杂时仅靠文字说明难以表达完整、明确，最好有“各种材料做法一览表”“各部位装修材料一览表”方能完整地表达清楚，可采用文字与图表结合的方式。

**2）设计要点**

（1）表中的做法名称应与被索引图册的做法名称、内容一致。否则应加注“参见”二字，并在备注中说明变更内容。

（2）详细做法无标准图可引用时，应另行书写交代，并加以索引。

（3）对需二次装修的建筑以及仅做初装修的住宅，其工程做法可以简化。

（4）选用的新材料、新工艺应落实可靠。

（5）应根据确定的屋面防水等级和设计要求，以及当地的气温、日照强度等气候特点，选用防水材料和构造。切忌大而化之，随意索引或选择不当，以致影响质量。

（6）对于地下部分体形复杂、变形缝曲折者，除说明一般用料层次做法外，还应辅以防水节点详图才能交代清楚。

（7）根据《中华人民共和国建筑法》第五十七条的规定：“建筑设计单位对设计文件选用的建筑材料、建筑构配件和设备，不得指定生产厂、供应商。”

### 3.2.3 设计实例

建筑配件表设计实例如表3-2所示，工程做法表设计实例如表3-3所示。

**表3-2 建筑配件表设计实例**

| 配件名称 | 选用图集号 | 配件名称 | 选用图集号 | 配件名称 | 选用图集号 |
|---|---|---|---|---|---|
| 室外台阶 | 98J1 2/105 垫层B | 卫生间排气扇 | 98J12 2/45 | 女儿墙泛水 | 98J5 3.4/7 |
| 散水 | 98J9 4/69 宽800 | 洗面台台板 | 98J12 E/36（距地790） | 平屋面雨水管组件 | 98J5 7/9 |
| 楼梯栏杆扶手 | 98J8 –/8 | 变压式通风道 | 参98J3（一）9~11/23 | 窗台板 | 98J7（四）2/17 |
| 坡道 | 参98J8 –/36 | 变压式排烟道 | 参98J3（一）1~3/23 | 雨篷 | 98J6 1/17 |
| 外墙变形缝 | 98J3（一）1a/18 2a/18 | 出屋面通风道 | 98J5 –/25 | 屋面上人孔 | 98J6 2/22 |
| 屋面变形缝 | 98J5 4/18 | | | | |

**表 3-3　工程做法表设计实例**　　(单位:mm)

| 类别 | 序号 | 工程名称 | 做法说明 | 备注 |
|---|---|---|---|---|
| 屋面 | 1 | 4 厚 SBS 卷材防水屋面〈有保温〉 | 98J1 12/13 | 用于平屋面<br>保温层为 100 厚聚苯乙烯泡沫塑料板 |
| 外墙面 | 2 | 喷(刷) | 98J1 29/33 | 颜色详见立面图 |
| 内墙面 | 3 | 釉面砖〈瓷砖〉墙面 | 98J1 37/45 | 用于卫生间厨房 |
| | 4 | 喷涂料墙面 | 98J1 19/39 | 用于上述墙面之外 |
| 地面 | 5 | 水泥砂浆地面 | 98J1 7/59 | 用于下房,垫层 B |
| 楼面 | 6 | 铺地砖楼面 | 98J1 14/77 | 用于厨房,卫生间(孩滑地砖) |
| | 7 | 水泥砂浆楼面 | 98J1 1/73 | 用于楼梯间<br>做法一改为 50 厚 1∶2 水泥砂浆,压实赶光 |
| | 8 | 铺地砖楼面 | 98J1 14/77 | 用于阳台(取消 5,6 层做法) |
| | 9 | 铺地砖楼面 | 98J1 12/76 | 用于上述以外部分 |
| 顶棚 | 10 | 板底抹水泥砂浆顶棚 | 98J1 6/86 | |
| 踢脚 | 11 | 水泥踢脚 | 98J1 2/54 | 用于楼梯间,高 120 |
| | 12 | 地砖踢脚 | 98J1 8/55 | 用于除釉面砖内墙面房间及楼梯间外,高 120 |

## 3.3　门窗表

门窗表是根据门窗编号以及门窗尺寸与做法将建筑物上所有不同类型的门窗统计后列成表格,是所有门窗的索引与汇总,目的在于方便土建施工、预算和厂家制作,也是结构计算荷载必不可少的数据。门窗表一般单独成图,也可列在设计总说明中(见表 3-4)。

**表 3-4　门窗表**

| 类别 | 设计编号 | 洞口尺寸/mm | | 樘　数 | 采用标准图集及编号 | | 备　注 |
|---|---|---|---|---|---|---|---|
| | | 宽 | 高 | | 图集代号 | 编号 | |
| 门 | | | | | | | |
| | | | | | | | |
| | | | | | | | |
| 窗 | | | | | | | |
| | | | | | | | |

注:1. 采用非标准图集的门窗应绘制门窗立面图及开启方式;
2. 单独的门窗表应加注门窗的性能参数、型材类别、玻璃种类及热工性能。

### 3.3.1 门窗表的格式

《深度规定》4.3.3 施工图设计说明第 6 条：门窗表及门窗性能（防火、隔声、防护、抗风压、保温、气密性、水密性等）、窗框材质和颜色、玻璃品种和规格、五金件等的设计要求。

门窗表的设计应留有空格，便于增补。工程复杂时，门窗樘数除总数外宜增加分层樘数和分段樘数，以便于统计、校核、修改。

门窗表的备注栏中一般书写以下内容。

（1）参照选用标准门窗时，注明变化更改的内容。

（2）进一步说明门窗的特征：如同为木门，但可分别注明为平开、单向或双向弹簧门；同为人防门，但可分别注明为防爆活门、防爆密闭门、密闭门。

（3）对材料或配件有其他要求者如同为甲级防火门但要求为木质，同为铝合金门但要求加纱门。

（4）书写在图纸上不易表达的内容。如设有门坎、高窗顶至梁底等。

### 3.3.2 门窗的编号

**1）门窗编号**

门窗的设计编号建议按材质、功能或特征分类编排，以便于分别加工和增减樘数。门窗设计编号按《建筑门窗术语》(GB/T 5823－2008)的规定。现将常用门窗的类别代号列举如下，仅供参考。

（1）门——以 M 为主要代号，不同用途和材质可在 M 前加上相应代号字母。

木门——MM，钢门——GM，塑钢门——SGM，铝合金门——LM，卷帘门——JM，防盗门——FDM，防火门——$FM_{甲(乙、丙)}$（甲、乙、丙表示防火等级），防火卷帘门——FJM，人防门——RFM(防护密闭门)，RMM(密闭门)，RHM(防爆活门)。

（2）窗——以 C 为主要代号，不同用途和材质可在 C 前加上相应代号字母。

木窗——MC，钢窗——GC，铝合金窗——LC，木百叶窗——MBC，钢百叶窗——GBC，铝合金百叶窗——LBC，塑钢窗——SGC，防火窗——$FC_{甲(乙、丙)}$（甲、乙、丙表示防火等级），全玻无框窗——QBC。

（3）幕墙——MQ。

**2）编号要点**

（1）人防门的编号应与相关标准图编号相对应。

（2）门窗表中所示尺寸应为洞口尺寸，可说明要求生产厂商在制作前应现场测量准确，并根据不同装饰面层，确定门窗的尺寸。如不采用标准图集时应绘制门窗详图，并在设计说明中说明。

（3）洞口尺寸应与平面图、剖面图及门窗详图中的相应尺寸一致。

（4）门窗编号加脚号者（如 MC-$1_A$、MC-$1_B$），一般用于门窗立面及尺寸相同但呈对称者,或是立面基本相同仅局部(多为固定扇)尺寸变化者,也可以是立面相似仅洞口尺寸不同者。

(5) 各类门窗应连续编号,尽量避免空号现象。

(6) 门窗表外还可加注普遍性的说明,其内容包括:门窗立樘位置,玻璃及樘料颜色,玻璃厚度及樘料断面尺寸的确定,过梁的选用、制作及施工要求等。此项内容也可以在门窗详图或设计总说明中交代。

### 3.3.3 门窗的选择

在设计说明中应明确门窗的抗风压性能、空气渗透性能等技术性能指标所决定的门窗等级,对特殊门窗还应明确其保温、隔声、防火等的特殊性能要求。

对铝合金等金属门窗,除明确以上各款要求外,还应对门窗材料厚度、框料规格、颜色提出要求,也可提出由生产厂商提供材料、材质、规格和节点详图,供建设单位和设计单位认可方能生产施工。

对特种门窗均应说明要求,为工厂生产成品提出具体要求,并可提出由生产厂商做出设计详图,供建设单位和设计单位认可后方能生产。门窗设计应满足国家有关规定和标准,并应有出厂合格证书。

在设计说明中应说明不同门窗安装与墙的关系、安装固定要求;木门、木装修均应说明采用的木材等级等。

在设计说明中应说明各门窗玻璃的品种(如净白片、磨砂玻璃、压花玻璃、镀膜玻璃、防火玻璃等)、厚度;采用中空玻璃(组合玻璃)的门窗应说明玻璃的组合(各层材料、厚度,组合情况),采用安全玻璃的门窗应说明安全玻璃的品种(如钢化、夹层)和厚度。设计说明中也可统一说明采用安全玻璃的部位。

在设计说明中对门窗五金一般可说明按标准图及预算定额中的规定配齐,但应说明选用档次。特殊的门窗配件如闭门器、定门器、防护栏、特殊门锁等应另加说明,并可提出必须保证其安全可靠、耐用,成品由建设单位与设计单位看样确定。

特殊门窗应说明见门窗详图,并可对供应厂商提出具体要求。

门窗防护设施除注明者外,可直接选用成品,型号、尺寸应经建设单位和设计单位看样后订货。

幕墙工程(包括玻璃、金属、石材等)及特殊的屋面工程(包括金属、玻璃膜结构等)的性能及制作要求,平面图、预埋件安装图等以及防火、安全、隔声构造。

对所设计的幕墙(天窗、雨篷等)除在设计详图中已表示了形式、分格、颜色、材料外,在设计说明中应提出其抗风压、空气渗透、雨水渗漏、保温、隔声、防火等物理性能等级以及开启面积等的具体要求,并可要求招标订货后由供应商进行深化设计,并负责提供土建资料,供建设单位和设计单位认可后方可施工。

### 3.3.4 门窗表设计实例

门窗表设计实例如表 3-5 所示。

**表 3-5 门窗表设计实例**

| 类别 | 设计编号 | 洞口尺寸 | | 樘数 | | | | | | | | | | | | | | | 采用标准图及编号 | | 备注 |
|---|---|---|---|---|---|---|---|---|---|---|---|---|---|---|---|---|---|---|---|---|---|
| | | 宽 | 高 | -1F | 1F | 2F | 3F | 4F | 5F | 6F | 7F | 8F | 9F | 10F | 11F | 12F | 屋面 | 合计 | 图集代号 | 编号 | |
| 门 | FMJ1 | 1800 | 2100 | 1 | | | | | | | | | | | | | | 1 | | | 甲级防火门 |
| | FMJ2 | 1500 | 2100 | 8 | 2 | | | | | | | | | | | | | 10 | | | 甲级防火门 |
| | FMJ3 | 1200 | 2100 | 2 | | | | | | | | | | | | | | 2 | | | 甲级防火门 |
| | FMJ4 | 1000 | 2100 | 4 | | | | | | | | | | | | | | 4 | | | 甲级防火门 |
| | FMJ1 | 600 | 1500 | 3 | | | | | | | | | | | | | | 3 | | | 乙级防火门 门槛高 300 |
| | FMJ2 | 1500 | 2100 | | 2 | 1 | 1 | 1 | 1 | 1 | 1 | 1 | 1 | 1 | 1 | 1 | | 13 | | | 乙级防火门 |
| | FMJ3 | 1200 | 2100 | | 2 | 2 | 2 | 2 | 2 | 2 | 2 | 2 | 2 | 2 | 2 | 2 | 4 | 28 | | | 乙级防火门 |
| | FMJ4 | 1000 | 2100 | | 1 | | | | | | | | | | | | | 1 | | | 乙级防火门 |
| | FMB1 | 600 | 1500 | | 3 | 3 | 3 | 3 | 3 | 11 | 11 | 11 | 11 | 11 | 11 | 11 | 3 | 95 | | | 乙级防火门 门槛高 300 |
| | | | | | | | | | | | | | | | | | | | | | |
| | M1 | 8000 | 3300 | | 1 | | | | | | | | | | | | | 1 | 赣 01J607 | | 彩板平开门 详建施 $\frac{-}{2}$ |
| | M2 | 1500 | 2700 | | 1 | | | | | | | | | | | | | 1 | 赣 01J608 | MCPB－1527 | 彩板平开门 |
| | M3 | 1500 | 2100 | | 2 | | | | | | | | | | | | 1 | 3 | 赣 98J741 | PJM1a－1521 | 彩板平开门 |
| | M4 | 1000 | 2100 | | 3 | 1 | 8 | 16 | 16 | 16 | 16 | 16 | 16 | 16 | 14 | 13 | | 151 | 赣 98J741 | PJM1a－1021 | 彩板平开门 |
| | M5 | 800 | 2100 | | 2 | 2 | 2 | 2 | 2 | 15 | 15 | 15 | 15 | 15 | 10 | 11 | | 100 | 赣 98J741 | PJM1a－0821 | 彩板平开门 |
| | M6 | 1200 | 2100 | | 4 | 9 | 8 | 1 | 1 | 1 | 1 | 1 | 1 | 1 | 3 | 2 | | 33 | 赣 98J741 | PJM1a－1221 | 彩板平开门 |
| | M7 | 3800 | 2900 | | | | | 8 | 8 | 3 | 3 | 3 | 3 | 3 | 3 | | | 34 | 赣 01J607 | | 彩板平开门 详建施 $\frac{-}{2}$ |
| | | | | | | | | | | | | | | | | | | | | | |

续表

| 类别 | 设计编号 | 洞口尺寸 | | 樘数 | | | | | | | | | | | | | | | 采用标准图及编号 | | 备注 |
|---|---|---|---|---|---|---|---|---|---|---|---|---|---|---|---|---|---|---|---|---|---|
| | | 宽 | 高 | -1F | 1F | 2F | 3F | 4F | 5F | 6F | 7F | 8F | 9F | 10F | 11F | 12F | 屋面 | 合计 | 图集代号 | 编号 | |
| 窗 | FCJ1 | 1800 | 1800 | 1 | | | | | | | | | | | | | | 1 | | | 甲级防火窗 |
| | | | | | | | | | | | | | | | | | | | | | |
| | C1 | 3600 | 1800 | | 2 | 4 | 6 | 6 | 6 | 6 | 6 | 6 | 6 | 6 | 6 | 6 | | 64 | 赣 01J607 | CCZT—3618 | 彩板推拉窗 |
| | C2 | 2700 | 1800 | | 2 | 2 | 1 | 1 | 1 | 1 | 1 | 1 | 1 | 1 | 1 | 1 | | 14 | 赣 01J607 | CCZT—2718 | 彩板推拉窗 |
| | C3 | 1200 | 1800 | | 1 | | | | | | | | | | | | | 1 | 赣 01J607 | CCT—1218 | 彩板推拉窗 |
| | C4 | 1200 | 1500 | | | | | | | | | | | | | | | 1 | 赣 01J607 | CCT—1215 | 彩板推拉窗 |
| | C5 | 3600 | 3300 | | 1 | 1 | 1 | 1 | | | | | | | | | | 4 | 赣 01J607 | | 彩板推拉窗 详建施 —/32 |
| | C6 | 1275 | 1200 | | 1 | 1 | 1 | 1 | 1 | | | | | | | | | 5 | 赣 01J607 | 仿 CCT—1212 | 彩板推拉窗 |
| | C7 | 2400 | 1200 | | 1 | 1 | 1 | 1 | 1 | | | | | | | | | 5 | 赣 01J607 | CCZT—2412 | 彩板推拉窗 |
| | C8 | 3000 | 1800 | | 1 | 1 | 1 | 1 | | | | | | | | | | 4 | 赣 01J607 | CCZT—3018 | 彩板推拉窗 |
| | C9 | 8000 | 3300 | | 1 | 3 | 3 | | | | | | | | | | | 7 | 赣 01J607 | | 彩板推拉窗 详建施 —/32 |
| | C9′ | 7920 | 3300 | | 1 | 1 | 1 | | | | | | | | | | | 3 | 赣 01J607 | | 彩板推拉窗 详建施 —/32 |
| | C10 | 4880 | 3300 | | 1 | | | | | | | | | | | | | 1 | 赣 01J607 | | 彩板推拉窗 详建施 —/32 |
| | C11 | 6700 | 3300 | | 1 | | | | | | | | | | | | | 1 | 赣 01J607 | | 彩板推拉窗 详建施 —/32 |
| | C12 | 4760 | 3300 | | | 1 | 1 | | | | | | | | | | | 2 | 赣 01J607 | | 彩板推拉窗 详建施 —/32 |
| | C13 | 1500 | 1800 | | | 2 | 2 | 2 | 2 | 2 | 2 | 2 | 2 | 2 | 2 | 2 | 1 | 23 | 赣 01J607 | CCT—1518 | 彩板推拉窗 |
| | C14 | 1800 | 1800 | | | 2 | 2 | 2 | 2 | 2 | 2 | 2 | 2 | 2 | 2 | 2 | 3 | 25 | 赣 01J607 | CCT—1818 | 彩板推拉窗 |
| | C15 | 4000 | 2900 | | | | | 6 | | | | | | | | | | 6 | 赣 01J607 | | 彩板推拉窗 详建施 —/32 |
| | C16 | 11200 | 2900 | | | | | 1 | | | | | | | | | | 1 | 赣 01J607 | | 彩板推拉窗 详建施 —/32 转角窗 |

续表

| 类别 | 设计编号 | 洞口尺寸 | | 樘数 | | | | | | | | | | | | | | | 采用标准图及编号 | | 备注 |
|---|---|---|---|---|---|---|---|---|---|---|---|---|---|---|---|---|---|---|---|---|---|
| | | 宽 | 高 | -1F | 1F | 2F | 3F | 4F | 5F | 6F | 7F | 8F | 9F | 10F | 11F | 12F | 屋面 | 合计 | 图集代号 | 编号 | |
| 窗 | C17 | 7680 | 1800 | | | | | 1 | | | | | | | | | | 1 | 赣 01J607 | | 彩板推拉窗 详建施 (—/32) |
| | C18 | 4000 | 3900 | | | | | | 6 | | | | | | | | | 6 | 赣 01J607 | | 彩板推拉窗 详建施 (—/32) |
| | C19 | 10947 | 3900 | | | | | | 1 | | | | | | | | | 1 | 赣 01J607 | | 彩板推拉窗 详建施 (—/32) 转角窗 |
| | C20 | 9600 | 1800 | | | | | | 1 | 1 | 1 | 1 | 1 | 1 | 1 | | | 7 | 赣 01J607 | | 彩板推拉窗 详建施 (—/32) |
| | C21 | 3600 | 3400 | | | | | | 1 | | | | | | | | | 1 | 赣 01J607 | | 彩板推拉窗 详建施 (—/32) |
| | C22 | 4000 | 3400 | | | | | | | 6 | 6 | 6 | 6 | 6 | 6 | 6 | | 42 | 赣 01J607 | | 彩板推拉窗 详建施 (—/32) |
| | C23 | 10688 | 3400 | | | | | | | 1 | | | | | | | | 1 | 赣 01J607 | | 彩板推拉窗 详建施 (—/32) 转角窗 |
| | C24 | 3600 | 2900 | | | | | | | 1 | 1 | 1 | 1 | 1 | 1 | 1 | 1 | 8 | 赣 01J607 | | 彩板推拉窗 详建施 (—/32) |
| | C25 | 10461 | 3400 | | | | | | | | 1 | | | | | | | 1 | 赣 01J607 | | 彩板推拉窗 详建施 (—/32) 转角窗 |
| | C26 | 10234 | 3400 | | | | | | | | | 1 | | | | | | 1 | 赣 01J607 | | 彩板推拉窗 详建施 (—/32) 转角窗 |
| | C27 | 10007 | 3400 | | | | | | | | | | 1 | | | | | 1 | 赣 01J607 | | 彩板推拉窗 详建施 (—/32) 转角窗 |
| | C28 | 9781 | 3400 | | | | | | | | | | | 1 | | | | 1 | 赣 01J607 | | 彩板推拉窗 详建施 (—/32) 转角窗 |
| | C29 | 9554 | 3400 | | | | | | | | | | | | 1 | | | 1 | 赣 01J607 | | 彩板推拉窗 详建施 (—/32) 转角窗 |
| | C30 | 9327 | 3400 | | | | | | | | | | | | | 1 | | 1 | 赣 01J607 | | 彩板推拉窗 详建施 (—/32) 转角窗 |

## 3.4 节能设计

### 3.4.1 概述

住房城乡建设部于2005年经第76次部常务会议讨论通过了《民用建筑节能管理规定》,“建筑节能设计”已经成为民用建筑设计中不可缺少的重要环节。建设主管部门做出规定,受委托的设计文件审图机构,在审查建设项目施工图设计文件时,应当将建筑节能设计内容列入审查范围。设计单位递交审查的文件中,必须要有《节能设计计算书》和递交审查数据的光盘。节能设计过程必须和其他设计工作一样,形成设计文档打印文稿和与审查系统接口的数据光盘,施工图建筑设计总说明中要有独立的节能设计章节,并要求进行专项审查,单独成为章节一目了然,便于设计校核和审查。

节能设计也并非建筑专业能单独完成,必须与暖通节能设计、能源系统运行与管理控制等专业和技术工种相配合才能形成完整的节能体系,达到节能的设计目的,在本节中主要介绍建筑热工设计。

**1)设计依据**

(1)《夏热冬冷地区居住建筑节能设计标准》(JGJ 134—2010)。

(2)《夏热冬暖地区居住建筑节能设计标准》(JGJ 75—2012)。

(3)《外墙外保温工程技术标准》(JGJ 144—2019)。

(4)《公共建筑节能设计标准》(GB 50189—2015)。

(5)《建筑照明设计标准》(GB 50034—2013)。

(6)《民用建筑热工设计规范》(GB 50176—2016)。

(7)《建筑外门窗气密、水密、抗风压性能检测方法》(GB/T 7106—2019)。

(8)《全国民用建筑工程设计技术措施——节能专篇》(2007)。

(9)《建筑幕墙》(GB/T 21086—2007)。

(10)现行国家、地方相关建筑节能设计技术标准和规程。

**2)建筑节能设计专篇的主要内容**

(1)节能设计文件编制依据。

(2)本工程所选用的主要保温隔热材料的名称及其导热系数、容重等热工性能参数。

(3)主要围护结构的分层构造做法。

① 外墙保温类型(外保温、内保温、自保温等)的构造及技术措施说明,选用标准(通用)图集号,所选用的墙体材料应符合相关的墙改政策。

② 屋面形式(坡屋面、平屋面)、保温构造及技术措施说明,选用标准(通用)图集号。

③ 底层接触室外空气的架空或外挑楼板的构造及技术措施说明。

④ 外窗(包括透明幕墙)的型材、玻璃、遮阳等技术措施说明。

⑤ 外门技术措施说明。

⑥ 外墙与屋面热桥部位技术措施说明。

(4) 节能设计中应用新技术、新工艺、新材料、新产品等的相关情况和数据。

### 3.4.2 节能指标简介

**1) 围护结构传热系数 $K$**

围护结构两侧空气温差为 1 度($K$),在单位时间内通过单位面积围护结构的传热量,传热系数 $K$ 值愈小,保温性能愈好,单位:$W/(m^2 \cdot K)$。对于外墙应取其平均传热系数(见图 3-2)。

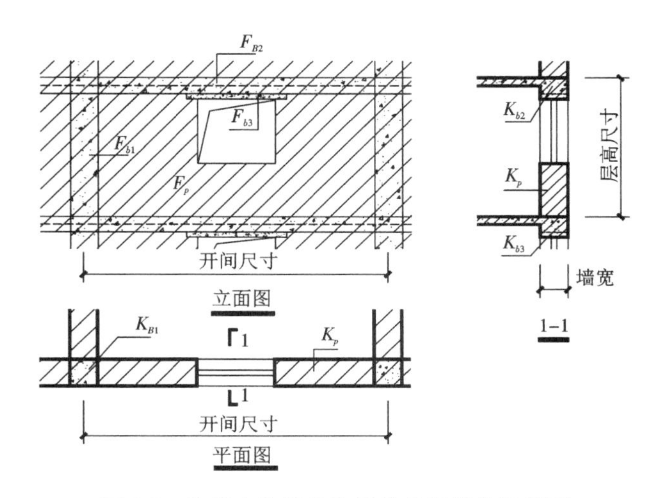


图 3-2 外墙主体部位和周边热桥部位示意图

外墙传热系数包括主体部位和周边热桥部位(构造柱、圈梁以及楼板伸入外墙部分等)在内的传热系数平均值,见图 3-2 由外墙各部位(不包括门窗)的传热系数对其面积求加权平均值所得,按式(3.1)计算。

$$K_m = \frac{K_p \times F_p + \sum_{i=1}^{n} K_{Bn} \times F_{Bn}}{F_p + \sum_{i=1}^{n} F_{Bn}} \tag{3.1}$$

式中,$K_m$—— 外墙平均传热系数,$W/(m^2 \cdot K)$;

$K_p$—— 外墙主体部位的传热系数,按《民用建筑热工设计规范》(GB 50176—2016)的规定计算,$W/(m^2 \cdot K)$;

$K_{B1}$、$K_{B2}$、$K_{B3}$、…、$K_{Bn}$—— 外墙周边热桥部位的传热系数,$W/(m^2 \cdot K)$;

$F_p$—— 外墙主体部位的面积,$m^2$;

$F_{B1}$、$F_{B2}$、$F_{B3}$、…、$F_{Bn}$—— 外墙周边热桥部位的面积,$m^2$。

**2) 建筑物体形系数**

建筑物体形系数是建筑物与室外大气接触的外表面积与其所包围的体积的比

值。体形系数越小,单位建筑面积对应的外表面积越小,外围护结构的传热损失越小。但体形系数过小,将制约建筑师的创造性。

由于建筑物内部的热量是通过维护结构散发出去的,所以传热量就与外表面传热面积相关。在其他条件相同的情况下,建筑物的采暖耗热量随体形系数的增大而呈正比例升高,建筑物的体形系数宜控制在0.3以下,当体形系数达到0.32时,耗热量指标将上升5%左右;当体形系数达到0.34时,耗热量指标将上升10%左右;当体形系数上升到0.36时,耗热量指标将上升20%左右。如果体形系数进一步增大,则耗热量指标将会增加得更快。所以,为了节约能源,应当合理控制建筑的体形系数。

**3) 导热系数 $\lambda$**

导热系数是指在稳定传热条件下,1 m厚的材料,两侧表面的温差为1度(K),在1小时内,通过1 $m^2$ 面积传递的热量,常用 $\lambda$ 表示,单位:W/(m・K),此处K可用℃代替。

**4) 蓄热系数 $S$**

建筑材料在周期性波动的热作用下均有蓄存热量或放出热量的能力,常用 $S$ 表示,单位:W/($m^2$・K)。在同样的热作用下,材料蓄热系数越大,其表面温度波动越小;反之,材料蓄热系数越小,则其表面温度波动越大。这样,在选择房屋围护结构的材料时,可通过控制材料蓄热系数的大小来调节温度波动的幅度,使围护结构具有良好的热工性能。

**5) 围护结构主体部位传热阻 $R_0$**

传热阻以往称总热阻,现统一定名为传热阻。传热阻 $R_0$ 是传热系数 $K$ 的倒数,即 $R_0=1/K$,单位:$m^2$・K/W。围护结构的传热系数 $K$ 值愈小或传热阻 $R_0$ 值愈大,保温性能愈好。

(1) 单一材料的热阻。单一材料的热阻 $R$ 与材料的厚度及导热系数有关,通过式(3.2)计算可得

$$R=\frac{d}{\lambda} \tag{3.2}$$

式中,$R$—— 材料层的热阻,$m^2$・K/W;

$d$—— 材料层的厚度,m;

$\lambda$—— 材料的导热系数,W/(m・K)。

(2) 多层匀质材料层热阻。在壁体垂直于热流方向由多层匀质材料做成的构造层,如有内、外粉刷的砖墙、平屋顶各构造层等都可视为多层匀质材料层。显然,其热阻为各单一材料层热阻之和,如式(3.3)所示。

$$R=R_1+R_2+\cdots+R_n \tag{3.3}$$

式中,$R_1$、$R_2$、…、$R_n$—— 各单一材料层热阻。

(3) 平壁总热阻的计算。平壁总热阻为内表面换热阻、壁体传热阻及外表面换热阻之和。如式(3.4)所示。

$$R_0=R_i+R+R_e \tag{3.4}$$

① 内表面换热阻是内表面换热系数的倒数，在《民用建筑热工设计规范》(GB 50176—2016)中确定的数值如表 3-6 所示。

**表 3-6 适用于冬季和夏季的内表面换热系数 $\alpha_i$ 及内表面换热阻 $R_i$ 值**

| 表面特征 | $\alpha_i$/W·$(m^2·K)^{-1}$ | $R_i$/$(m^2·K/W)$ |
| --- | --- | --- |
| 墙面、地面、表面平整或有肋状突出物的顶棚，当 $h/s\leqslant0.3$ 时 | 8.7 | 0.11 |
| 有肋状突出物的顶棚，当 $h/s>0.3$ 时 | 7.6 | 0.13 |

注：表中 $h$ 为肋高，$s$ 为肋间净距。

② 外表面换热阻和内表面换热阻类似，在《民用建筑热工设计规范》(GB 50176—2016)中确定的数值如表 3-7 所示。

**表 3-7 外表面换热系数 $\alpha_e$ 及外表面换热阻 $R_e$ 值**

| 适用季节 | 表面特征 | $\alpha_e$/W·$(m^2·K)^{-1}$ | $R_e$/$(m^2·K/W)$ |
| --- | --- | --- | --- |
| 冬季 | 外墙、屋顶与室外空气直接接触的表面 | 23.0 | 0.04 |
| | 与室外空气相通的不采暖地下室上面的楼板 | 17.0 | 0.06 |
| | 闷顶、外墙上有窗的不采暖地下室上面的楼板 | 12.0 | 0.08 |
| | 外墙上无窗的不采暖地下室上面的楼板 | 6.0 | 0.17 |
| 夏季 | 外墙和屋顶 | 19.0 | 0.05 |

**6）热惰性指标 $D$**

热惰性指标 $D$ 是表征围护结构反抗温度波动和热流波动能力的无量纲指标，其值等于材料层热阻与蓄热系数的乘积，$D$ 值愈大，周期性温度波在其内部的衰减愈快，围护结构的热稳定性愈好。它与热阻与蓄热系数之间的关系如下。

(1) 单层结构。单层围护结构热惰性指标计算如式(3.5)所示。

$$D=R\times S \tag{3.5}$$

(2) 多层结构。多层围护结构热惰性指标为各分层材料热惰性指标之和，如式(3.6)所示。

$$D_0=\sum R\times S \tag{3.6}$$

式中，$R$—— 围护结构材料层的热阻，$m^2·K/W$；

$S$—— 相应材料层蓄热系数，$W/(m^2·K)$。

**7）窗墙面积比**

窗墙面积比是窗户洞口面积与房间立面单元面积(即建筑层高与开间定位线围成的面积)的比值。普通窗户的保温隔热性能比外墙差很多，窗墙面积比越大，则采暖和空调的能耗也越大。因此,窗墙面积比不宜过大。由以上定义可推断出:计算某一朝向的窗墙面积比时,某单个住户的户型中只要有一个窗洞口的窗墙面积比超过标准的规定值(如南向为 0.35)就应采取特殊处理。

### 3.4.3 节能构造设计

节能设计涵盖的内容十分的广泛,节能设计应该是整个节能体系共同作用的结果。与建筑方案设计相似,为实现某一种建筑保温要求,可能采用的构造方案往往多种多样,设计中应本着因地制宜、因建筑制宜的原则,经比较分析后,选择一种最佳方案予以实施。保温层的位置对围护结构的使用质量、造价、施工等都有很大影响,有如下 3 种布置方式:保温层在承重层外侧;保温层在承重层内侧;保温层在承重结构层中间。现对建筑围护结构中的外墙外保温做法的节能构造设计结合图示作简要的介绍。

**1) 外墙构造详图**

(1) 涂料外墙保温构造,如图 3-3 所示,括号数字用于建筑总高 $H \geqslant 50$ m 的建筑物。塑料膨胀螺栓或射钉射入基层的深度不小于 20 mm。

(2) 贴面砖外墙保温构造,如图 3-4、图 3-5 所示。图中贴面砖外墙构造用于建筑高度 $H \leqslant 36$ m 的建筑。

(3) 图中 $\delta$ 表示保温层的厚度。围护结构其他部位的保温构造处理中外墙部分可分别如图 3-3、图 3-4 和图 3-5 所示。

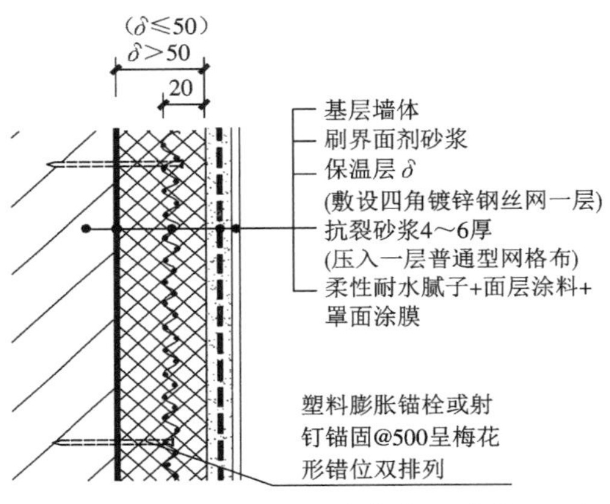


图 3-3 涂料外墙外保温构造详图(单位:mm)

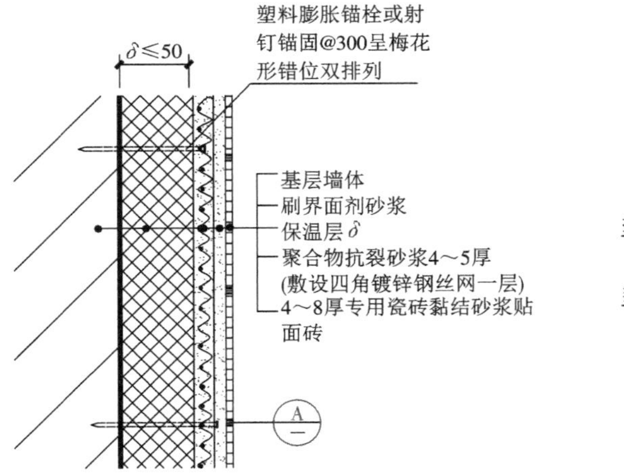


图 3-4 贴面砖外墙保温构造详图(单位:mm)

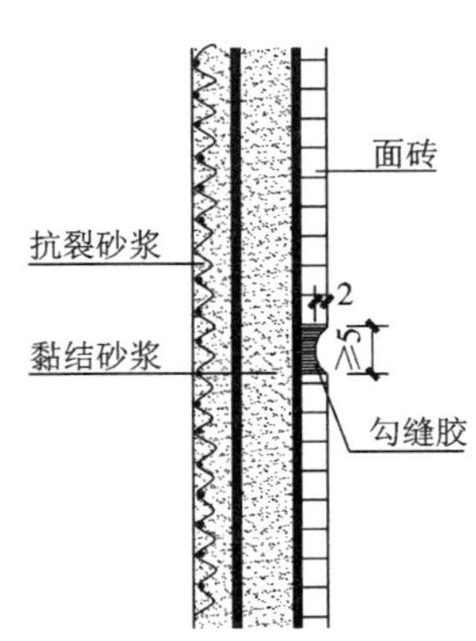


图 3-5 A 节点构造(单位:mm)

2）外墙阴、阳角构造详图

（1）外墙阳角构造，如图 3-6、图 3-7 所示，为保护建筑物首层的保温层的耐久性，在建筑物首层的阳角须另外加设金属护角。

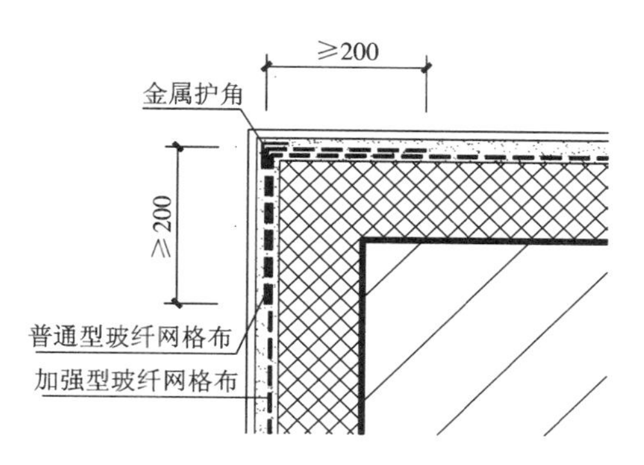


图 3-6 涂料外墙阳角构造（用于首层）（单位：mm）

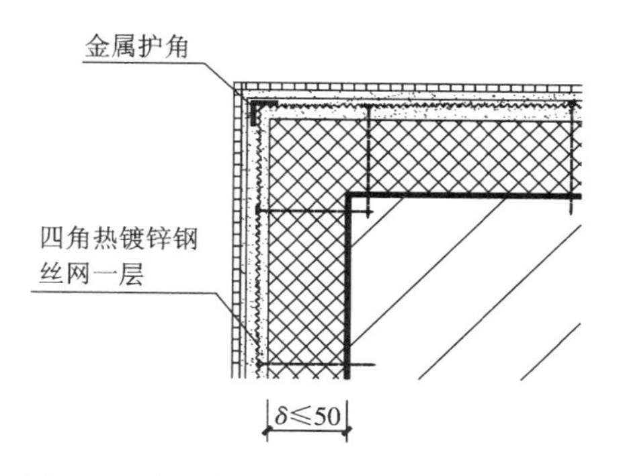


图 3-7 贴面砖外墙阳角构造（用于首层）（单位：mm）

当图 3-6 中的外墙阳角用于二层及二层以上时，应取消金属护角并仅使用普通型玻纤网格布即可。

当图 3-7 中的外墙阳角用于二层及二层以上时，应取消金属护角。

（2）外墙阴角构造，如图 3-8、图 3-9 所示。

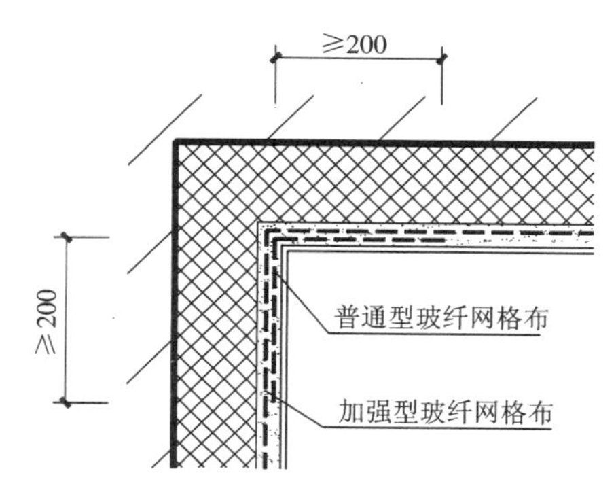


图 3-8 涂料外墙阴角构造（用于首层）（单位：mm）

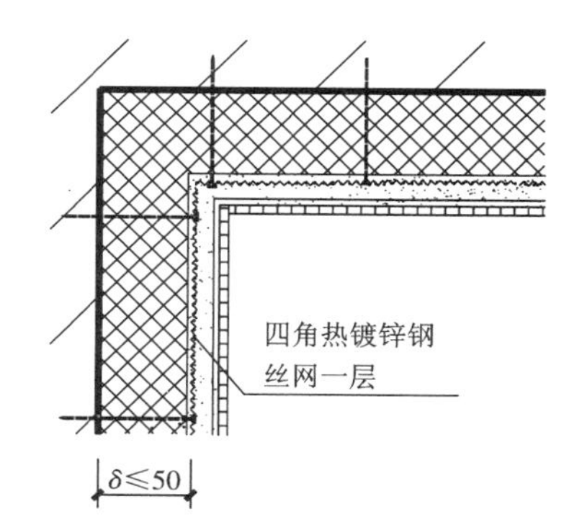


图 3-9 贴面砖外墙阴角构造（用于首层）（单位：mm）

3）勒脚构造详图

建筑勒脚处构造详图如图 3-10 所示，勒脚的高度、防潮层、散水的做法由单项工程决定。

4）窗洞口构造详图

在房屋建筑的围护结构中，必然会有一些异常部位，如门、窗、洞等，对这些热工性能薄弱的部位，必须采取相应的保温措施，才能保证围护结构正常的热工状况和整个房间的正常使用。其构造详图如图 3-11、图 3-12、图 3-13 所示。

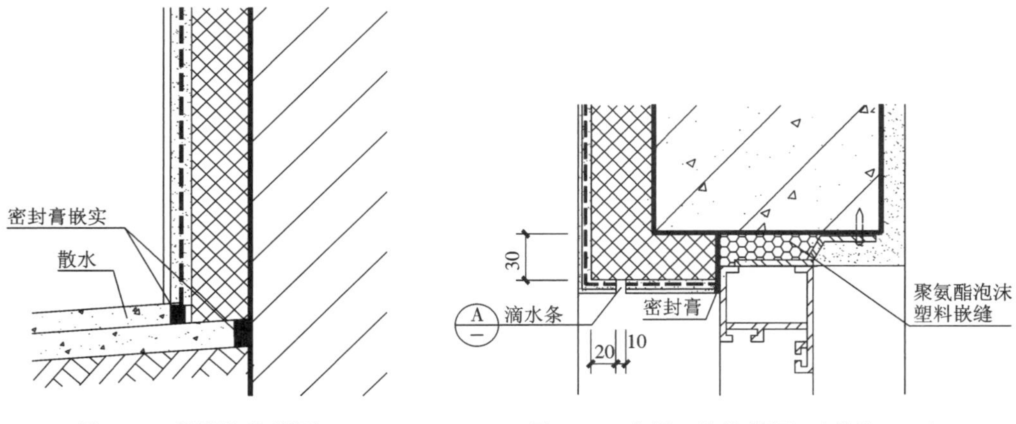


图 3-10　勒脚构造详图

图 3-11　窗洞口构造详图一(单位:mm)

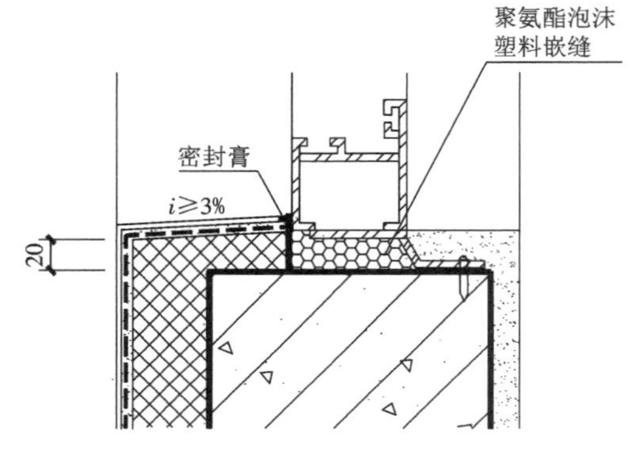


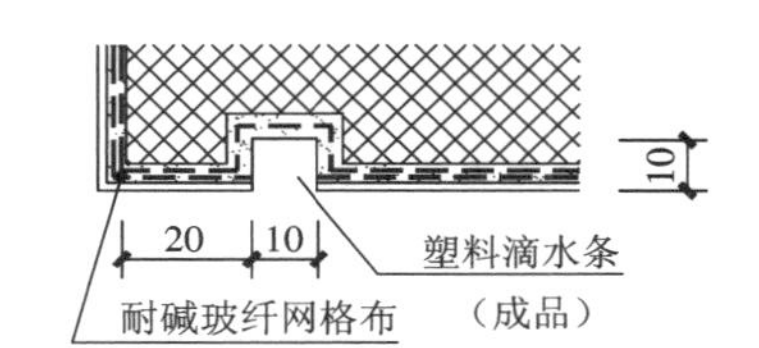

图 3-12　窗洞口构造详图二(单位:mm)

图 3-13　A 节点构造(单位:mm)

**5）挑窗窗洞口构造详图**

挑窗部位的保温构造处理详见图 3-14、图 3-15所示,保温层包裹窗框尺寸必须不小于 10 mm。

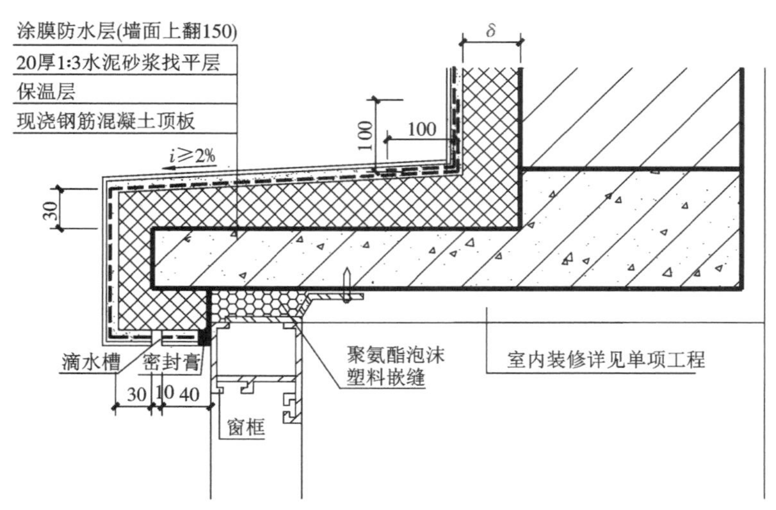


图 3-14　挑窗窗洞口构造一(单位:mm)

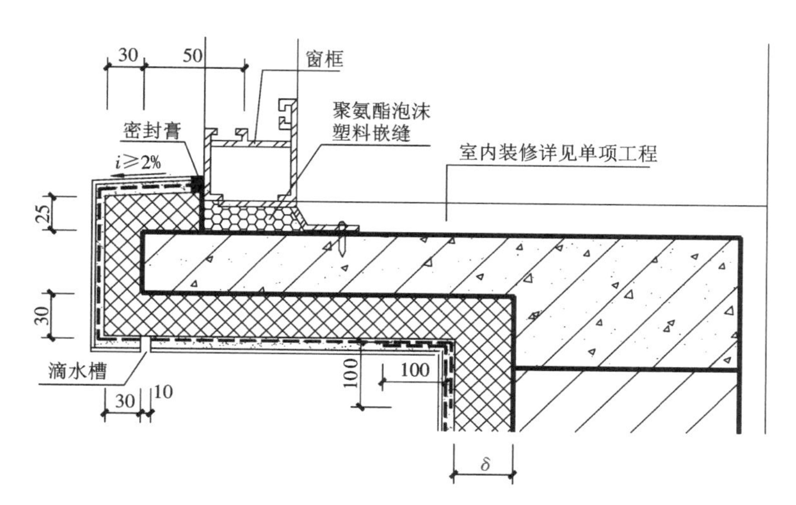


图 3-15 挑窗窗洞口构造二(单位:mm)

**6）墙身变形缝构造详图**

挑窗部位的保温构造处理如图 3-16、图 3-17 所示，变形缝宽度 $B$ 由单项工程确定，盖缝板可选用成品。

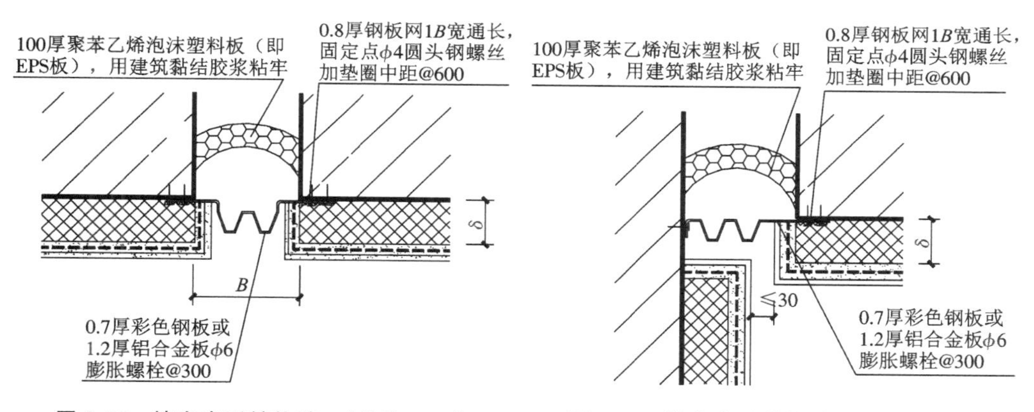


图 3-16 墙身变形缝构造一(单位:mm)

图 3-17 墙身变形缝构造二(单位:mm)

**7）檐口、女儿墙构造详图**

檐口、女儿墙的保温构造处理详见图 3-18、图 3-19 所示。图 3-18 中 $R$ 的具体数值由单项工程设计确定，屋面做法及女儿墙压顶挑出宽度和高度由单项工程设计确定；为保持保温系统的完整，固定件应预埋，悬挂件至少距保温隔热墙面的面层 20 mm，且在固定件四周嵌密封膏。

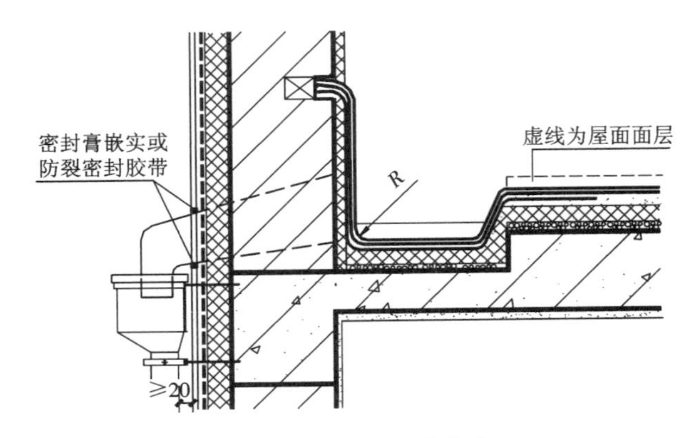


图 3-18 檐口、女儿墙构造一

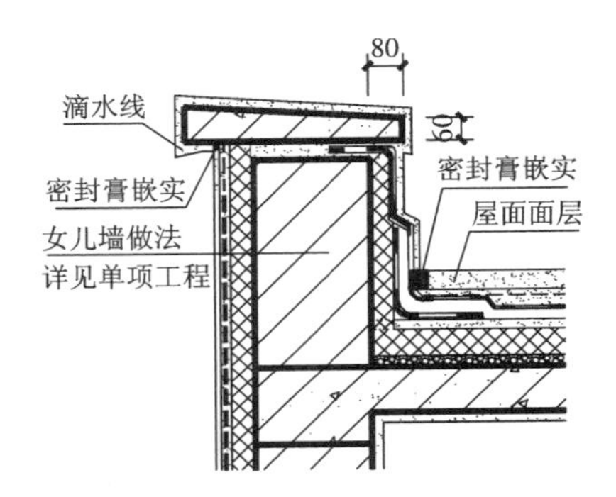


图 3-19 檐口、女儿墙构造二(单位:mm)

# 4 建筑平面图

## 4.1 概述

建筑平面图是假想用一水平剖切平面，在某层门窗洞口（距离楼地面高 1.2～1.5 m）范围内，将建筑物水平剖切开，对剖切平面以下的部分所作的水平正投影图。

建筑平面图主要表达建筑物的平面形状，房间的布局、形状、大小、用途，墙、柱的位置，门窗的类型、位置、大小，各部分的联系，以及各类构配件的尺寸等，是该层施工放线、墙体砌筑、门窗安装、室内装修的主要依据，也是建筑施工图最基本的、也是最重要的图样之一。

典型平面图的实质是建筑物水平剖面图，并根据表达内容的需要，选择不同的剖视位置，从而生成地下层平面图、底层平面图、楼层（含标准层、顶层）平面图、地沟平面图、吊顶平面图等。需要注意的是：对于一幢建筑物需要表达的平面数量，主要根据该建筑物在不同楼层所表达的内容（功能、空间）是否相同，若相同可将不同楼层在同一平面图上表达（注意：需注明所有楼层的标高）。但是不管楼层功能、空间是否相同，底层平面与顶层平面必须单独表达。至于屋顶平面图其实是俯视建筑物所得的"第五"立面图。另外，一些防火分区示意图、分段及轴线关系示意图、分段平面组合图等，严格地说并不具有典型平面图的实质，而是针对某一专项内容的解析图，可缩小比例进行表达。

典型的各层平面图，一般是指在建筑物门窗洞口处水平剖切后，按直接投影法绘制的俯视图（大空间的影剧院、剧院、音乐厅、会堂、体育场、体育馆等的剖切位置可根据所表达的内容酌情确定）。吊顶平面图则为用镜像投影法绘制的俯视图。顶层平面图则是建筑物顶部按俯视方向在水平投影面上所得到的正投影图。

### 4.1.1 平面图的重要性

平面图是建筑施工图中最主要、最基本的图纸，其他图纸（如立面图、剖面图及某些详图）多是以它为依据派生和深化而成。

同时，建筑平面图也是其他专业（如总平面、结构、给排水、电气、采暖通风、建筑装修、建筑概预算等）进行相关设计、计算与制图的主要依据。反之，其他工种（特别是结构与设备）对建筑的技术要求也主要在平面图中表示（如墙厚、柱子断面尺寸及位置、管道竖井、留洞、地沟、地坑、明沟、大小便器等）。

因此,平面图与建筑施工图的其他图纸相比则较为复杂,绘制也要求全面、准确、简明。

### 4.1.2 平面图的编排次序

平面图的编排次序一般如下:总平面定位图、防火分区示意图、轴线关系及分段示意图、各层平面图(地下最深层→地下一层→底层→中间层→地上最高层)、屋面平面图、地沟平面图、局部大平面图(卫生间、阳台等)、吊顶平面图等。

总平面另行出图时,总平面定位图也可取消。除各层平面图及屋顶平面图外,其他平面图的取舍详见以下几节内容。

### 4.1.3 平面图的表达内容

平面图所表达的内容可基本归纳为三大部分。

**1) 平面图样**

(1) 用粗实线表示和规定的图例:表示剖切到的建筑实体的断面,如墙体、柱子等。

(2) 用细实线表示剖视方向(即向下)所见的建筑部、配件,如室内楼地面、明沟、卫生洁具、台面、踏步、窗台等。有时楼层平面还应表示室外的阳台、下层的雨篷和局部屋面。底层平面则应同时表示相临的室外柱廊、平台、散水、台阶、坡道、花坛等。

(3) 即使剖切到门窗、楼梯,仍用细实线表示。

(4) 用细虚线表示的图例:高窗、天窗、上部孔洞、地沟等不可见的部件,以及机房内的设备、电梯机房内下层的电梯井的位置。

应注意的是非固定设施不在各层平面图的表达之列,如活动家具、屏风、盆栽等。需要时可绘制家具布置示意图和大开间建筑平面的分隔示意图。

**2) 定位与定量**

(1) 定位轴线:以横、竖两个方向的墙体轴线形成平面定位网络。

(2) 标注尺寸:其中标注建筑实体或配件大小的尺寸为定量(或定形)尺寸,如墙厚、柱子断面、台面的长宽、地沟宽度、门窗宽度、建筑物外包尺寸等;而标注上述建筑实体或配件位置的尺寸则为定位尺寸,如墙与墙的轴线间距、墙身轴线与两侧墙皮的距离、地沟内壁距墙皮或轴线的距离、拖布盆与墙面、门窗边缘与轴线的距离等。

(3) 竖向标高:楼面、地面、高窗以及墙身留洞等须加注标高,用以控制其垂直定位高度等。

**3) 标示与索引**

(1) 标示:图样名称、比例、房间名称、指北针、车位示意等。

(2) 索引:门窗编号、放大平面和剖面及详图的索引等。

上述平面图内容的基本构成可简化为表 4-1 所示。

表 4-1 平面图的基本构成

<table>
<tr><td rowspan="8">平面图</td><td rowspan="2">平面图样</td><td colspan="3">剖切到的实体断面(用粗实线及图例表示)</td></tr>
<tr><td colspan="3">俯视所见的建筑部、配件(用细实线表示,非固定设施除外)</td></tr>
<tr><td rowspan="4">定位与定量</td><td>平面定位轴线</td><td colspan="2">以横、竖方向墙(柱)轴线形成平面定位网络</td></tr>
<tr><td rowspan="2">标注尺寸</td><td>定量尺寸</td><td>用以标注建筑实体或配件的大小</td></tr>
<tr><td>定位尺寸</td><td>用以确定建筑实体或配件的位置</td></tr>
<tr><td>竖向标高</td><td colspan="2">楼地(面)、高窗、墙身留洞等的竖向定位</td></tr>
<tr><td rowspan="2">标示与索引</td><td>标示</td><td colspan="2">图名、比例、指北针、房间名称等</td></tr>
<tr><td>索引</td><td colspan="2">其他图纸的内容(如门窗编号、放大平面或剖面图、详图)</td></tr>
</table>

### 4.1.4 平面图(建筑施工图)的表达深度

当建筑方案进入建筑施工图设计阶段,建筑平面图的表达应达到如下深度。

(1) 承重墙、柱及其定位轴线和轴线编号,内外门窗位置、编号及定位尺寸,门的开启方向,注明房间名称或编号,库房(储藏)注明储存物品的火灾危险性类别。

(2) 轴线总尺寸(或外包总尺寸)、轴线间尺寸(柱距、跨度)、门窗洞口尺寸、分段尺寸。

(3) 墙身厚度(包括承重墙和非承重墙),柱与壁柱截面尺寸(必要时)及其与轴线关系尺寸。当维护结构为幕墙时,标明幕墙与主体结构的定位关系;玻璃幕墙部分标注立面分格间距的中心尺寸。

(4) 变形缝的位置、尺寸及做法索引。

(5) 主要建筑设备和固定家具的位置及相关做法索引,如卫生器具、水池、台、橱、柜、隔断等。

(6) 电梯、自动扶梯及步道(并注明规格)、楼梯(爬梯)位置和楼梯上下方向示意和编号索引。

(7) 主要结构和建筑构造部件的位置、尺寸和做法索引,如中庭、天窗、地沟、地坑、重要设备或设备机座的位置尺寸、各种平台、夹层、人孔、阳台、雨篷、台阶、坡道、散水、明沟等。

(8) 楼地面预留孔洞和通气管道、管线竖井、烟囱、垃圾道等位置、尺寸和做法索引,以及墙体(主要为填充墙、承重砌体墙)预留洞的位置、尺寸与标高或高度等。

(9) 车库的停车位(无障碍车位)和通行路线。

(10) 特殊工艺要求的土建配合尺寸及工业建筑中的地面负荷、其中设备的起重量、行车轨距和轨顶标高等。

(11) 室外地面标高、底层地面标高、各楼层标高、地下室各层标高。

(12) 底层平面标注剖切线位置、编号及指北针。

(13) 有关平面节点详图或详图索引号。

(14) 每层建筑平面中防火分区面积和防火分区分隔位置及安全出口位置示意(宜单独成图,如为一个防火分区,可不注防火分区面积),或以示意图(简图)形式在各层平面中表示。

(15) 住宅平面中标注各房间使用面积、阳台面积。

(16) 屋面平面应有女儿墙、檐口、天沟、坡度、坡向、雨水口、屋脊(分水线)、变形缝、楼梯间、水箱间、电梯机房、天窗及挡风板、屋面上人孔、检修梯、室外消防楼梯及其他构筑物,必要的详图索引号、标高等。表达内容单一的屋面可缩小比例绘制。

(17) 根据工程性质及复杂程度,必要时可选择绘制局部放大平面图。

(18) 建筑平面较长较大时,可分区绘制,但须在各分区平面图适当位置上绘出分区组合示意图,并明显表示本分区部位编号。

(19) 图纸名称、比例。

(20) 图纸的省略:如系对称平面,对称部分的内部尺寸可省略,对称轴部位用对称符号表示,但轴线号不得省略;楼层平面除轴线间等主要尺寸及轴线编号外,与底层相同的尺寸可省略;楼层标准层可共用同一平面,但需注明层次范围及各层的标高。

### 4.1.5 平面图的设计要求

(1) 承重墙、柱及其定位轴线和轴线编号,内外门窗位置、编号及定位尺寸,门的开启方向,注明房名称或编者按号。

(2) 轴线总尺寸(或外包总尺寸)、轴线间定位尺寸(柱距、跨度)、门窗洞口尺寸、分段尺寸。

(3) 墙身厚度(包括承重墙和非承重墙),柱与壁柱宽、深尺寸(必要时)及其与轴线关系尺寸。

(4) 变形缝位置、尺寸及做法索引。

(5) 主要建筑设备和固定家具的位置及相关做法索引,如卫生器具、雨水管、水池、台、橱、柜、隔断等。

(6) 电梯、自动扶梯及步道(注明规格)、楼梯(爬梯)位置和楼梯上下方向和编号索引。

(7) 主要结构和建筑构造部件的位置、尺寸和做法索引,如中庭、天窗、地沟、地坑、重要设备或设备机座的位置尺寸,各种平台、夹层、人孔、阳台、雨篷、台阶、坡道、散水、明沟等。

(8) 楼地面预留孔洞和通气管道、管线竖井、烟囱、垃圾道等位置、尺寸和做法索引,以及墙体(主要为填充墙、承重砌体墙)预留洞的位置、尺寸与标高或高度等。

(9) 车库的停车位和通行路线。

(10) 特殊工艺要求的土建配合尺寸。

(11) 室外地面标高、底层地面标高、地下室各层标高、各楼层标高。

(12) 剖切线位置及编号(一般只注在底层平面或需要剖切的平面位置)。

(13) 有关平面节点详图或详图索引号。

(14) 指北针(画在底层平面)。

(15) 建筑平面较长较大时,可分区绘制,但须在各分区平面图的适当位置上绘出分区组合示意图,并明显表示本分区部位编号。

(16) 图纸名称、比例。

(17) 图纸的省略:如系对称平面,对称部分的内部尺寸可省略,对称轴部位用对称符号表示,但轴线号不得省略;楼层平面除轴线间等主要尺寸及轴线编号外,与底层相同的尺寸可省略;楼层标准层可共用同一平面,但需注明层次范围及各层的标高。

(18) 屋面平面应有女儿墙、檐口、天沟、坡向、雨水口、屋脊(分水线)、变形缝、楼梯间、水箱间、电梯间、天窗及挡风板、屋面上人孔、检修梯、室外消防楼梯及其他构筑物,必要的详图索引号、标高等。表述内容单一的屋面可缩小比例绘制。

### 4.1.6 平面图的尺寸标注

(1) 尺寸分为总尺寸、轴线定位尺寸、细部尺寸三种。绘图时,应根据设计深度和图纸用途确定所需的尺寸。

(2) 建筑物平面图,宜标注室内外地坪、楼地面、地下层地面、夹层、阳台、平台、露台、走道、通廊、檐口、屋脊、女儿墙、雨篷、台阶等处的标高。平屋面等不易标明建筑标高的部位可标注结构标高,并予以说明。结构找坡的平屋面,屋面标高可标注在结构板面最低点,并注明找坡坡度。有屋架的屋面,应标注屋架下弦搁置点或柱顶标高。有起重机的厂房剖面图应标注轨顶标高,屋架下弦杆件下边缘或屋面梁底、板底标高。梁式悬挂起重机宜标出轨距尺寸(以 m 计)。

(3) 楼地面、地下层地面、阳台、平台、檐口、屋脊、女儿墙、台阶等处的高度尺寸及标高,宜按下列规定注写。

① 平面图及其详图注写建筑完成面标高。

② 其余部分注写毛面尺寸及标高。

③ 标注建筑平面图各部位的定位尺寸时,注写与其最邻近的轴线间的尺寸;标注建筑剖面图各部位的定位尺寸时,注写其所在层次内的尺寸。

④ 室内设计图中连续重复的构配件等,当不易标明定位尺寸时,可在总尺寸的控制下,定位尺寸不用数值而用“均分”或“EQ”字样表示。

### 4.1.7 平面尺寸标注的简化

(1) 定量尺寸的简化。

当定量尺寸在索引的详图(含标准图)中已经标注,则在各种平面图中可不必重复。例如,内门的宽度、拖布盆的尺寸、卫生隔间的尺寸等。若标准图中的定量尺寸有多种时,则平面图应标注选用者,如地沟或明沟的宽度等。

此外,大量的定量尺寸可在图内附注中进行说明,不必在图内重复标注。如注写:“未注明之墙厚均为 240,门垛尺寸均为 250”等。

(2) 定位尺寸的简化。

当实体位置很明确时,平面图中则不必标注定位尺寸。如:拖布盆靠设在墙角处,地沟的尽端到墙为止等。

某些大量的定位尺寸也可在图注内说明。如“除注明者外,墙轴线均居中”“内门均位于所在开间中央”等。

(3) 当索引局部放大平面图时,在该层平面图上的相应部位,即可不再重复标注相关尺寸。

(4) 对称平面可省略重复部分的分尺寸。楼层平面除开间、跨度等主要尺寸及轴线编号外,与底层相同的尺寸可省略。

(5) 钢筋混凝土柱和墙,也可以不注明断面尺寸,但应在图注中写明详见结施图,且应在施工图设计中与结构工程师深入研究、密切配合、确保无误。复杂断面图则应画节点放大图,以便更好地提供准确无误的条件图给结构工程师。

### 4.1.8 平面图的“三道尺寸”的标注与简化

这里特别提及关于外墙门窗洞口尺寸、轴线定位尺寸、建筑总尺寸——“三道尺寸”的标注问题。

(1) 该“三道尺寸”在底层平面图中必不可少。平面形状比较复杂时,还应增加分段尺寸。

(2) 在其他各层平面中,总尺寸可省略或者标注轴线间总尺寸。

(3) 在屋面中标注端部和有变化的、雨水口、检修口等处的轴线、轴号,以及其间的尺寸,屋面出挑的尺寸。

(4) 无论在何层标注,均应注意方便看图,明确清晰原则。

① 门窗洞口尺寸与轴线间尺寸要分别在两行线上各自标注,宁可留空也不要混注在一行线上。

② 门窗洞口尺寸也不要与其他实体的尺寸混行标注,例如:墙厚、雨篷宽度、踏步宽度等应就近实体另行标注。

③ 一般将墙厚标注在第二道尺寸线(轴线尺寸)处。

(5) 当上下(或左右)两道外墙的开间及洞口尺寸相同时,只标注上或下(左或右)一面尺寸及轴线即可。

### 4.1.9 平面图轴线的编号

(1) 定位轴线应用细点画线表示。

(2) 定位轴线一般应编号,编号应注写在轴线端部的圆内。圆应用细实线绘制,直径为 8~10 mm,定位轴线圆的圆心,应在定位轴线的延长线上或延长线的折线上。

(3) 在平面图上标注的定位轴线,宜标注在图样的四周,并用细线与定位轴线相连接,横向编号应用阿拉伯数字,从左至右顺序编写为 1、2、3…,定位轴线的竖向编号应用大写英文字母,从下至上顺序编写为 A、B、C…。

(4) 英文字母中的I、O、Z不得用作轴线编号(防止与阿拉伯数字中的0、1、2混淆)。如英文字母数量不够使用,可增用双字母或单字母加阿拉伯数字注脚,如$A_A$、$B_A$…$Y_A$或$A_1$、$B_1$…$Y_1$。

(5) 组合较复杂的平面图中定位轴线也可采用分区编号,编号的注写形式应为"分区号-该分区编号"。分区号采用阿拉伯数字或大写英文字母表示,如1-A、1-B、1-C…或A-1、A-2、A-3…。

(6) 附加定位轴线的编号,应以分数形式表示,并应按下列规定编写。

① 两根轴线间的附加轴线,应以分母表示前一轴线的编号,分子表示附加轴线的编号,编号宜用阿拉伯数字顺序编写,如在C轴与D轴中间插入两道附加轴线,其轴号标注从下向上分别为1/C,2/C;若在5与6轴间插入两道附加轴线,其轴号标注从左到右依次为1/5,2/5。

② 1号轴线或A号轴线之前有附加轴线的,应在数字或字母前加0,如01或0A表示。

### 4.1.10 平面图中门的开启方向和形式

门的开启方向和形式应在平面图上区别表示。具体图例见《建筑制图标准》(GB/T 50104—2010)中表3.0.1。并应同时遵守相关防火规范等要求。

其中,单扇(或双扇)单面弹簧门与单扇(或双扇)平开门的平面图例相同,故应在门窗表备注内加以说明。同理,单扇(或双扇)内外开双层门的情况也相同。此外,卷帘门、提升门及折叠门三者的平面图例也一样,也应在门窗表内注明。

### 4.1.11 建筑平面图的图示要求

一般情况下,房屋有几层就应画几个平面图,并在图的下方注明相应的图名,由于多(高)层房屋的中间楼层的构造、布置情况基本相同,画一个平面图即可(但需表明相关各层的标高)。

**1) 建筑平面图的图线**

平面图实质上是剖面图,被剖切平面剖切到的墙、柱等轮廓线用粗实线表示;未被剖切到的部分如室外台阶、散水、楼梯以及尺寸线等用细实线表示;门的开启线用细实线表示。

**2) 建筑平面图的比例**

建筑平面图常用的比例是1∶50、1∶100或1∶200,其中1∶100使用最多。

**3) 比例与材料图例**

比例小于1∶50的平面图可不画出抹灰层;比例大于1∶50的平面图应画出抹灰层,并宜画出各种材料图例;比例等于1∶50的平面图抹灰层可画可不画,根据需要而定;比例为1∶100～1∶200的平面图,可画简化的材料图例。

### 4.1.12 绘制平面图的方法和步骤

(1) 确定绘制建筑平面图的比例和图幅。

首先根据建筑的长度、宽度和复杂程度以及尺寸标注所占用的位置、必要的文字说明、图例的位置以及图面应有的标题栏，确定图纸的幅面。

(2) 画底图。

① 画图框线和标题栏。

② 布置图面，画定位轴线，墙身线。

③ 在墙体上确定门窗洞口的位置。

④ 画楼梯、踏步、散水、雨篷、卫生器具等细部。

图示内容按本节 4.1.4 中要求进行深化。

(3) 仔细检查底图，无误后，按建筑平面图的线型要求进行加深、加粗。

(4) 写图名、比例、面积、标题栏等其他内容。

## 4.2 地下层平面图

建筑物的地下部分由于其深入地下，致使采光、通风、防水、结构处理以及安全疏散等设计问题均较地上部分复杂。此外，为了充分开发空间，提高地上部分(尤其是底层)的使用率，又多将机电设备用房、汽车库，甚至将商场、餐饮等功能也布置在地下层内，而人防工程肯定位于地下。这些用房均各有特殊的使用和工艺要求，从而使地下层的设计难度加大，设计者必须给予足够的重视。既要对建筑专业本身的技术问题给予慎重妥善的处理，同时还应对其他专业的要求给予充分理解和满足，这样才能使设计趋于完善。

### 4.2.1 设计深度

(1) 民用建筑的地下层内，一般均布置有设备机房(如风机房、制冷机房、直燃机房、水泵房、锅炉房、变配电室、发电机房等)。其设备的大小和定位在相应专业的施工图上表示，建筑施工图上可用虚线示意或不表示。

(2) 设备机座一般由设备专业提出条件(尺寸、载重、埋件……)，由结构专业在结构施工图上表示。有些机房建筑(如水泵房、变配电室等)要绘放大平面，并要绘出设备基础、排水沟、集水坑等平面尺寸，同时要绘出或索引沟、坑的剖面详图。位于基础底板上的沟、坑，需结构施工图交代；在垫层内的，由建筑施工图交代。

(3) 地下层墙面和底板(含桩基承台)的防水措施，以及变形缝和后浇带处的防水做法，是地下层施工图设计必须交代的重要内容。其选材和构造应合理可靠，否则后患无穷，补救不易。为此，一般均应绘制上述部位的放大节点详细表达，或者引用相应的标准图节点详图，并应遵守《地下工程防水技术规范》(GB 50108—2008)的规定。

(4) 绘制室内地沟平面图时应注意以下几点。

① 地沟的净宽及定位尺寸、沟深及沟底标高、坡度及坡向应标注齐全，并与设备专业所提供的资料要求相一致。

② 地沟剖面无标准图可索引时，应绘图交代清楚（主要是沟壁和沟底的做法与厚度，地沟跌落、穿墙、穿变形缝、出入口等处的构造）。

③ 室内暖气沟一般由结构专业结合基础图一并交代，应注明地沟盖板、过梁的索引图集和构件代号，特别注意选用的荷载应与使用情况相符。建筑专业仅在底层平面中示出管沟位置。

（5）门窗表除整个工程集中列表外，亦可同时分层随各层平面列门窗表。

（6）地下平面有诸多的设备竖井或风井，且布设位置与地上部分关系密切，要避免对上部结构造成干扰，应绘制平、剖面详图。有些大型设备的吊装孔会多次开启使用，故不宜放在房间内，以免影响房间使用。

### 4.2.2 设计方法及要点

（1）设备基座多由结构专业在结构施工图上表示，位于基础底板上的地坑由结构专业在结构施工图上交代，建筑施工图上仅示意表示。

（2）民用建筑的地下层内，一般均布置有设备机房（如风机房、制冷机房、直燃机房、锅炉房、变配电室、发电机房、水泵房等）。其设备的大小和定位在相应专业的施工图上表示，建筑施工图上可用虚线示意或不表示。但电缆沟、排水明沟和集水井则应索引详图和注明定位尺寸、底标高（以及坡向、坡度）等。

### 4.2.3 设计常见通病

地下室平面图技术要求较高，设计相对比较复杂，施工图设计的初学者会出现以下常见的通病。

（1）将地下室或半地下室的耐火等级定为二级。

（2）楼梯间的防火门开启方向开向楼梯间外面。

（3）缺少楼梯间内部的门，以防止地面以上疏散人员下至地下室。

（4）地下室、半地下室防火分区无直通室外的安全出口。

（5）高层建筑地下室、半地下室以垂直金属楼梯作为第二安全出口。

（6）多层建筑地下室窗井设置垂直金属楼梯作为第二安全出口，但窗井出地面无出口。

（7）设于首层或地下一层的消防控制室不靠外墙，无直通室外的安全出口，通向楼内的门未设置甲级或乙级防火门。

（8）地下工程防水设计缺项，未说明设计防水等级、防水层材料选型，技术要求和工程做法；未表明工程细部防水构造，以及工程防排水系统，地面，特别是坡地的挡水、截水措施。

### 4.2.4 设计实例

地下室平面图设计实例如图 4-1 所示。

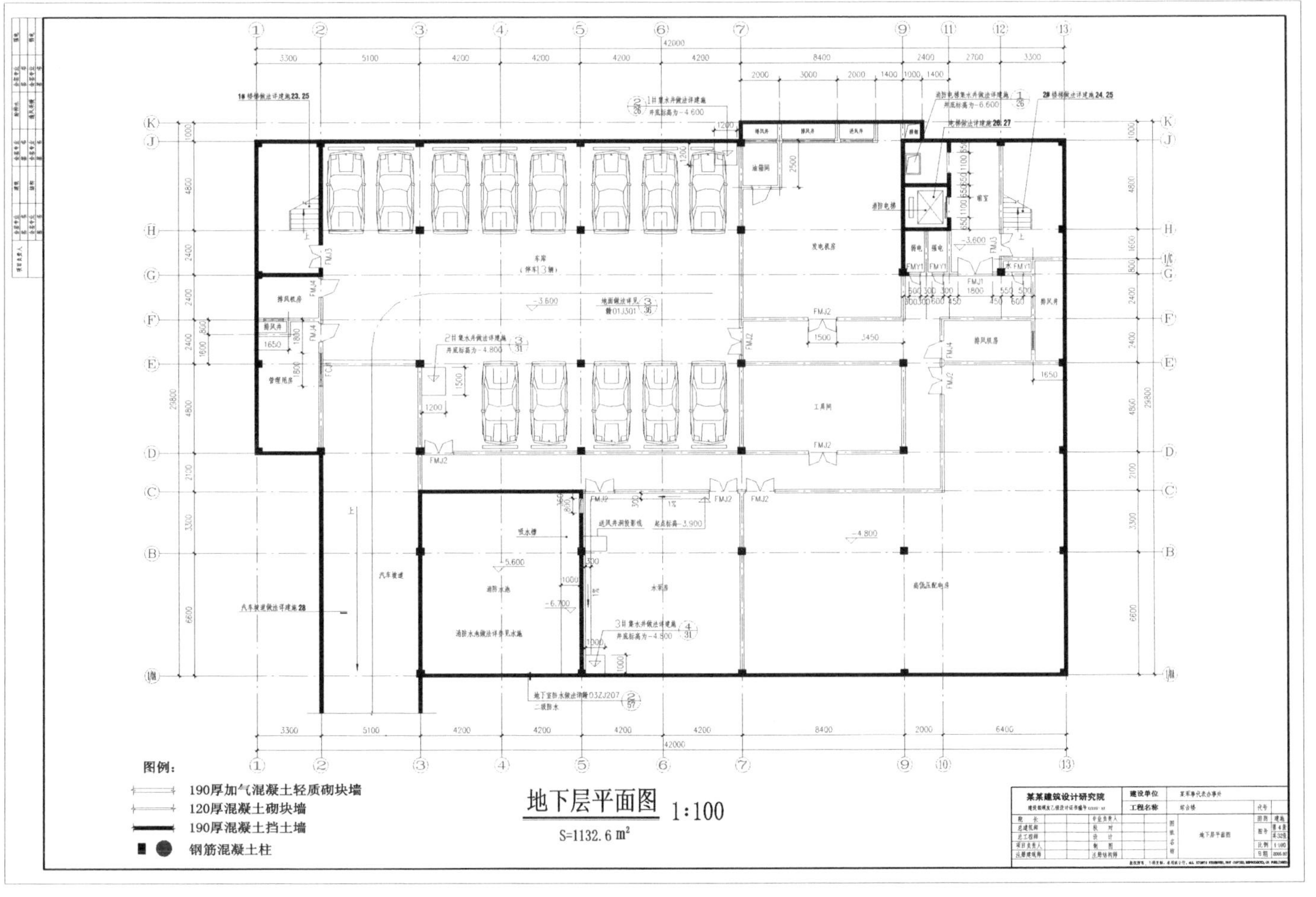


图4-1 地下室平面图设计实例

## 4.3 底(首)层平面图

建筑物的底(首)层(此为《深度规定》的称谓,也可称为一层)是地上部分与地下部分的相邻层,并与室外相通,因而必然成为建筑物上下和内外交通的枢纽。

底层不仅与室外相邻,可多向布置出入口以便组织人流和货流,还可以向主体外扩大成为裙房,布置更多不同功能的房间。尤其是门厅和大堂的设计,则关系到进入室内的"第一印象"。此外,如何处理好门廊、踏步、坡道、花坛等室外空间的过渡部分,势必影响整个建筑的外部形象。就图纸本身而论,底层平面可以说是地上其他各层平面和立面、剖面的"基本图"。因为地上层的柱网及尺寸、房间布置、交通组织、主要图纸的索引,往往在底层平面首次表达。

综上所述,底层平面图的内容自然比较复杂,设计和表达的难度也较大。

### 4.3.1 设计深度

(1) 建筑物的底层应绘制出室外台阶、坡道、散水、花池、平台、雨水管和室内的暖气沟、人孔等位置以及剖面图的剖切线(宜向上、向左投影)。

(2) 底层地面的相对标高一般为±0.000,其相应的绝对标高值一般应分别在底层平面图或施工图设计说明中注明。

在各主要出入口处的室内、室外应注标高,在室外地面有高低变化时,应在典型处分别注出设计标高(如踏步起步处、坡道起始处、挡土墙上、下处等)。在剖面的剖切位置也宜注出,以便与剖面图上的标高及尺寸相对应。

(3) 剖切面应选在层高、层数、空间变化较多,最具有代表性的部位。复杂者应画多个剖视方向的全剖面或局部剖面。剖视方向宜在图面上向左、向上。剖切线编号一般注在底(首)层平面图上。

(4) 指北针应画在底层平面图上,宜位于图面的右上角,圆直径 24 mm 左右,其标准画法见《房屋建筑制图统一标准》(GB/T 50001—2017)第 7.4.3 条。

(5) 建筑平面分区绘制时,其组合示意图的画法见《房屋建筑制图统一标准》(GB/T 50001—2017)第 10.2.3 条。

(6) 简单的地沟平面可画在底层平面图内。复杂的地沟应单独绘制,以免影响底层平面图的清晰。

(7) 外排水雨水管的位置除在屋面平面图中绘出外,还应在底层平面图中绘出。

(8) 部分建筑的底层入口应按相关规范规定的范围做无障碍设计。

### 4.3.2 设计方法及要点

(1) 底层地面的相对标高为±0.000,其相应的绝对标高值应在首页设计总说明中注明。在建筑没有特别说明或没有特别要求时,建筑室内外高差应控制在 450~600 mm。室外地面有高低变化时,应在典型部位分别注出设计标高(如踏步起步处、坡道起始处、挡土墙上、下处等)。在剖面的剖切位置也宜注出,以便与剖面图上的标高及尺寸相对应。

与室内出入口相邻的室外平台,一般均比室内标高低 30 mm,以防雨水进入。人流频繁处也可不做高差,但室外平台应向外找坡。

(2) 剖切面应选在层高、层数、空间变化较多,最具有代表性的部位。复杂者应画多个剖视方向的全部或局部剖面图。剖视方向宜向左、向上。剖切线编号和所在图号一般只注在底层平面图上。标准画法见《房屋建筑制图统一标准》(GB/T 50001—2017)第 7.1.1 条。

(3) 指北针应画在底层平面图上,位于底层平面图样角部,不应太大或太小或奇形怪状,其标准画法见《房屋建筑制图统一标准》(GB/T 50001—2017)第 7.4.3 条。

(4) 建筑平面分区绘制时,其组合示意图的画法见《房屋建筑制图统一标准》(GB/T 50001—2017)第 10.2.3 条。仅画于各分区的底层平面图上即可,宜位于图面的角部。

(5) 简单的地沟平面可画在底层平面图内。复杂的地沟应单独绘制,以免影响底层平面的清晰。

(6) 在底层平面图中还应进行以下设计或注意事项。

① 应注明室外台阶、坡道、明沟的造型及定位尺寸和室外标高。

② 底层若设车库,其外墙门洞口上方应设防火挑檐;楼梯间等公共出入口同时起雨篷作用。

③ 住宅公共出入口位于开敞楼梯平台下部,应设雨篷等防止物体堕落伤人的安全措施。

④ 散水宽度 $L$ 宜为 600～1000 mm,当采用无组织排水时,散水的宽度可比檐口线宽出 200～300 mm;坡度可为 3%～5%,一般取 5%;当散水采用混凝土时,宜按 6～12 m 间距设置伸缩缝。散水与外墙之间宜设缝,缝宽可为 20～30 mm,缝内应填充沥青类材料。

散水做法见相关图集,最好为水泥砂浆散水。

⑤ 明沟宽度一般在 200 mm 左右,图集取 200 mm 或 250 mm。套用省标图集应注明深度 $H$ 的值(单个工程 $H$=300 mm)。沟底应有 0.5%左右的纵坡。明沟做法见各相关图集,为砖砌明沟。

⑥ 勒脚的高度一般为室内地坪与室外地坪的高差,也可以根据立面的需要而提高勒脚的高度尺寸。外墙勒脚做法见相关图集,面层材质详见单体方案设计要求,高度从室外地坪至室内地坪标高,或根据单体方案设计要求。

### 4.3.3 设计常见通病

底层平面图内容比较多,设计要求比较复杂,特别对刚刚开始做施工图设计的学生或设计者,往往会出现以下问题。

(1) 缺指北针。

(2) 缺剖面图在底层平面图上的位置表示。

(3) 缺散水坡在底层平面图上的表示及相关尺寸、做法。

(4) 缺标准墙体或柱网细部尺寸。

(5) 缺标注承重墙、非承重墙的墙厚。

(6) 缺设变形缝的位置尺寸及其详图索引。

(7) 缺标注标高及房间名称。

(8) 缺地面伸缩缝。

(9) 缺主要建筑设备和固定家具的位置及相关做法索引,如卫生间的器具、雨水管、水池、橱柜、洗衣机位置等。

(10) 缺标注电梯、自动扶梯的规格、缺楼梯上(下)方向、级数及其编号和索引。

(11) 缺主要结构和建筑构造部件的位置及尺寸标注和做法索引,如地沟、重要设备基础、阳台、台阶、坡道、散水、明沟等做法索引。

(12) 缺图例。

(13) 缺地面预留孔洞和通气管道、管线竖井、烟道、垃圾道等位置、尺寸和做法索引,以及墙体预留空调机孔的位置、尺寸及标高。

(14) 缺标注室外标高。

(15) 缺标准车库的车位数的通行路线,缺车库内的排水沟、集水井及其做法。

(16) 缺底层面积标注。

(17) 对局部复杂的部位缺局部放大的平面图。

(18) 候梯厅深度小于规定。

(19) 自动扶梯、自动人行道出入口畅通区的宽度不足,有密集人流处地面倾斜角过陡。

(20) 电梯井道与有静音要求的房间贴邻布置,未采取隔振、隔声措施。

(21) 没有考虑无障碍设计,如入口处的坡道设计、残疾人卫生间设计不符合标准要求等。

(22) 考虑了坡道与残卫的无障碍设计,却忽略了入口处平台与室内及卫生间入口处的高差。

(23) 将儿童活动场所设置在一、二级耐火等级建筑的地下、半地下建筑内,且未设置独立的安全出口。

(24) 超过四层的多层建筑疏散楼梯间首层未设置直通室外的出口;四层以下楼梯间首层出口距离过长(大于 15 m)。

(25) 高层建筑楼梯间首层未设置直通室外的出口,当首层采用扩大封闭楼梯间或扩大防烟前室做法时,容纳的范围过大,不能形成封闭空间。

(26) 在主入口处设置旋转门、弹簧门等作为疏散门。

(27) 疏散门采用推拉门、卷帘门、转门,疏散门(含大空间、楼梯间、出入口处)等开启方向设计错误等。

### 4.3.4 设计实例

底层平面图设计实例如图 4-2 所示。

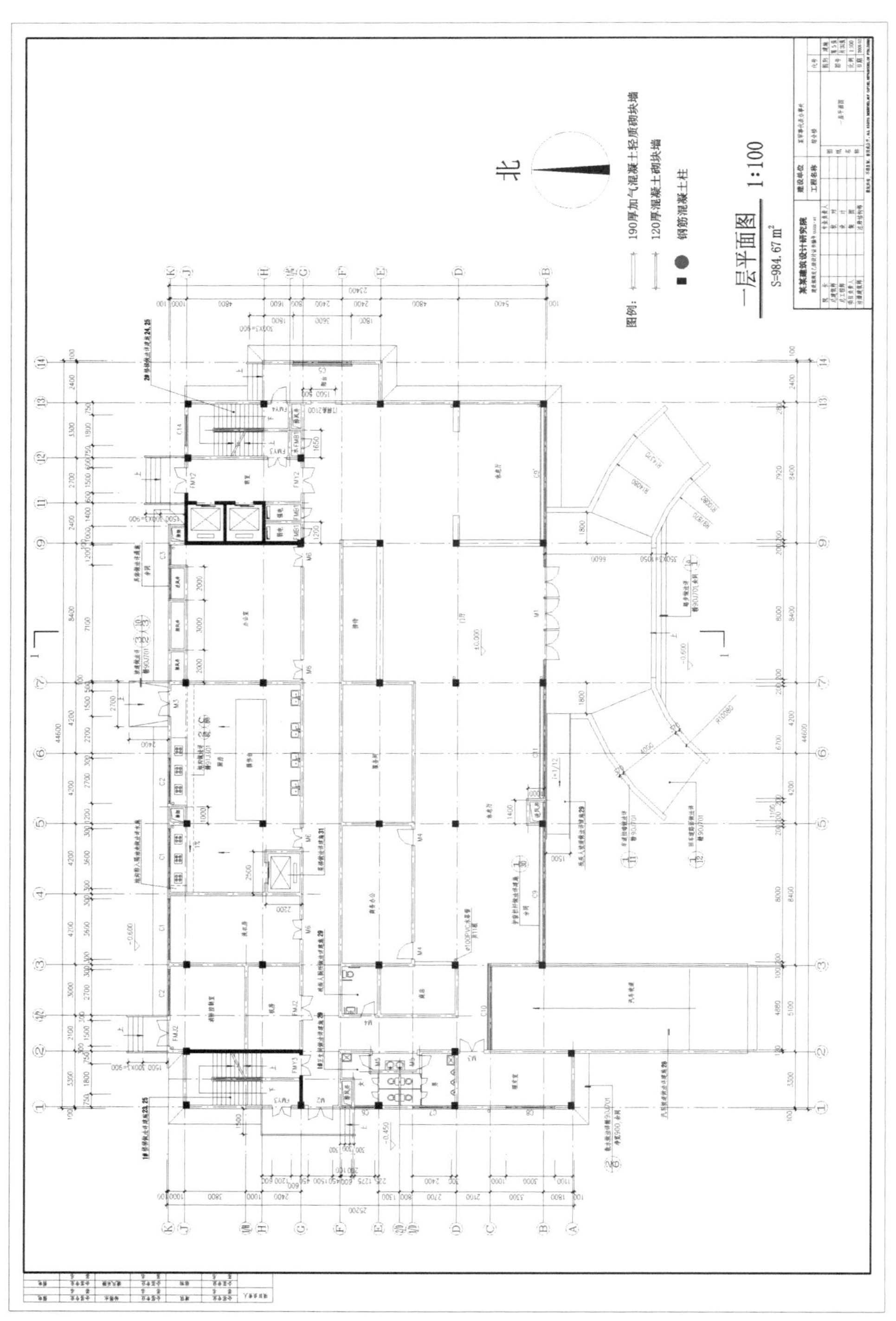

图4-2 底层平面图设计实例

## 4.4 楼层平面图

楼层平面图是指建筑物二层和二层以上的各层平面图。由于结构体系和布置已基本定型,因此除裙房与主体的相接层之外,各楼层虽可以向内缩减或向外有限悬挑,但其平面往往变化不多,即重复性较大。基于此点,本节的重点在于阐述楼层平面图的表达如何变化。

### 4.4.1 设计深度

(1) 这里所称的楼层平面指建筑物二层和二层以上的各层平面。

(2) 完全相同的多个楼层平面(也称"标准层"),可以共用一个平面图形,但需注明各层的标高,且图名应写明层次范围(如四至八层平面图)。

(3) 除开间、跨度等主要尺寸和轴线编号外,与底层或下一层相同的尺寸可省略,但应在图注中说明。窗号可保留,以便统计数量。又如在"五层平面图"中注有"五层以上墙身厚度未注明者均同本层",故六层及以上的楼层平面图中,只注变化的墙厚,相同者不再重复标注,既省事又清楚。

由于计算机制图已普遍,操作时"照搬"比"消去"更省力,因此经常出现各层的尺寸和索引重复标注,变化之处反而不明显,造成制图不便,看图费劲。设计者应注意把方便留给别人,因为施工图毕竟主要为施工人员服务。

(4) 当仅仅是墙体、门、窗等有局部少量变动时,可以在共用平面图中就近用虚线表示,注明用于哪些层即可。

(5) 当仅仅是某层的房间名称有变化时,只需在共用平面图的房间名称下,另加说明即可。

(6) 当某层的局部变动较大,但其他部位仍相同时,可将变动部分画在共同平面图之外,写明层次并注写"其他部分平面仍同某层"即可。因此,可以只画变化的局部平面,再加注说明即可。

(7) 即便是在同一层平面内,按以前章节介绍的简化规律,也可既省力又清晰。例如某些对称的平面,对称轴两侧的门窗号与洞口尺寸完全相同,其实可以省略一侧的洞口尺寸,注明同另一侧即可。门窗号仍保留,说明洞口应与另一侧相同。

(8) 同样,各层中相同的详图索引,均可以只在最初出现的层次上标注,其后各层则可省略,只注变化和新出现者。这样看图清晰,改图更方便。

### 4.4.2 设计常见通病

楼层平面图起承上启下的作用,在设计时往往会出现以下问题。

(1) 在建筑楼层平面图发电变化时,往往不能很好地反映下一层的屋面,应根据平面的具体变化,层层反映紧邻下层屋面的情况。

(2) 缺标准墙体或柱网细部尺寸。

(3) 缺标注承重墙、非承重墙的墙厚。

(4) 缺设变形缝的位置尺寸及变形缝处楼面、内外墙面的详图索引。

(5) 缺标注各层标高及房间名称。

(6) 缺主要建筑设备和固定家具的位置及相关做法索引,如卫生间的洁具、雨水管、水池、橱柜、洗衣机位置等。

(7) 缺标注电梯、自动扶梯的规格、缺楼梯上(下)方向、级数及其编号和索引。

(8) 缺主要结构和建筑构造部件的位置及尺寸标注和做法索引,如中庭、阳台、平台、台阶、坡道、散水、明沟等做法索引。

(9) 缺图例。

(10) 缺楼面预留孔洞和通气管道、管线竖井、烟道、垃圾道等位置、尺寸和做法索引,以及墙体预留空调机孔的位置、尺寸及标高。

(11) 缺各楼层标高标注。

(12) 缺车库的车位数的通行路线。

(13) 缺各楼层面积标注。

(14) 对复杂的部位缺放大的平面图。

(15) 设于高层建筑四层及四层以上的观众厅、会议厅、多功能厅等人员密集场所,一个厅、室建筑面积大于 400 $m^2$。

(16) 将儿童活动场所设置在一、二级耐火等级建筑的四层及四层以上建筑内,且未设置独立的安全出口。

(17) 建筑内部上下层连通的中庭、走廊、敞开楼梯、自动扶梯等开口部位未采取防火分隔措施,防火分区面积超标。

(18) 袋形走道房间门至最近安全出口的最大距离超过规定值,高层公共建筑大空间尽端最远点至安全出口的距离不符合袋形走道的规定。

(19) 人员密集场所疏散门净宽小于 1.4 m,紧靠门口内外的踏步平台宽度不足 1.4 m。

(20) 设置在变形缝附近的防火门,未设置在楼层较多一侧,且门开启后跨越变形缝。

### 4.4.3 设计实例

楼层平面图设计实例详见图 4-3 至图 4-13。

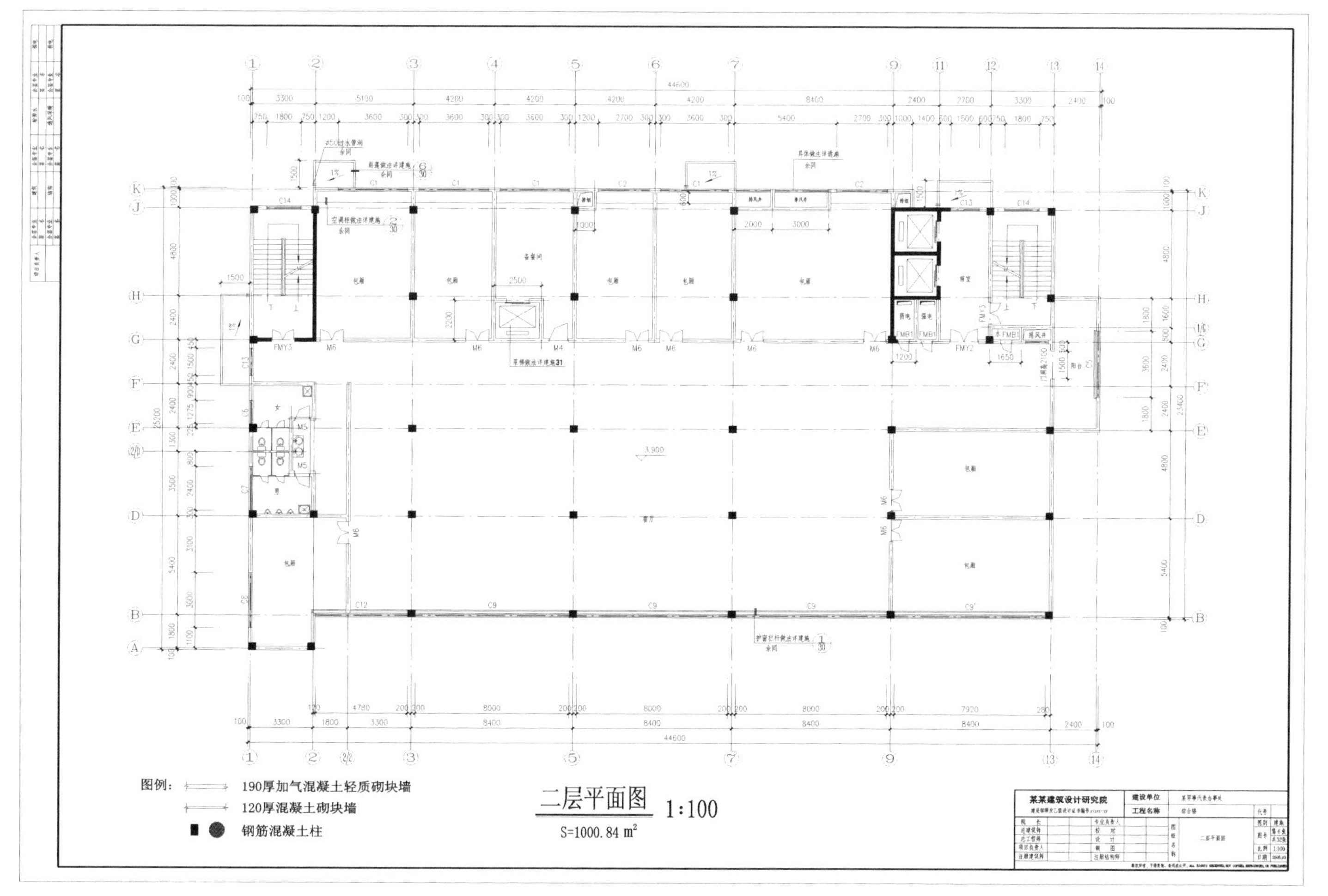


图4-3 二层平面图设计实例

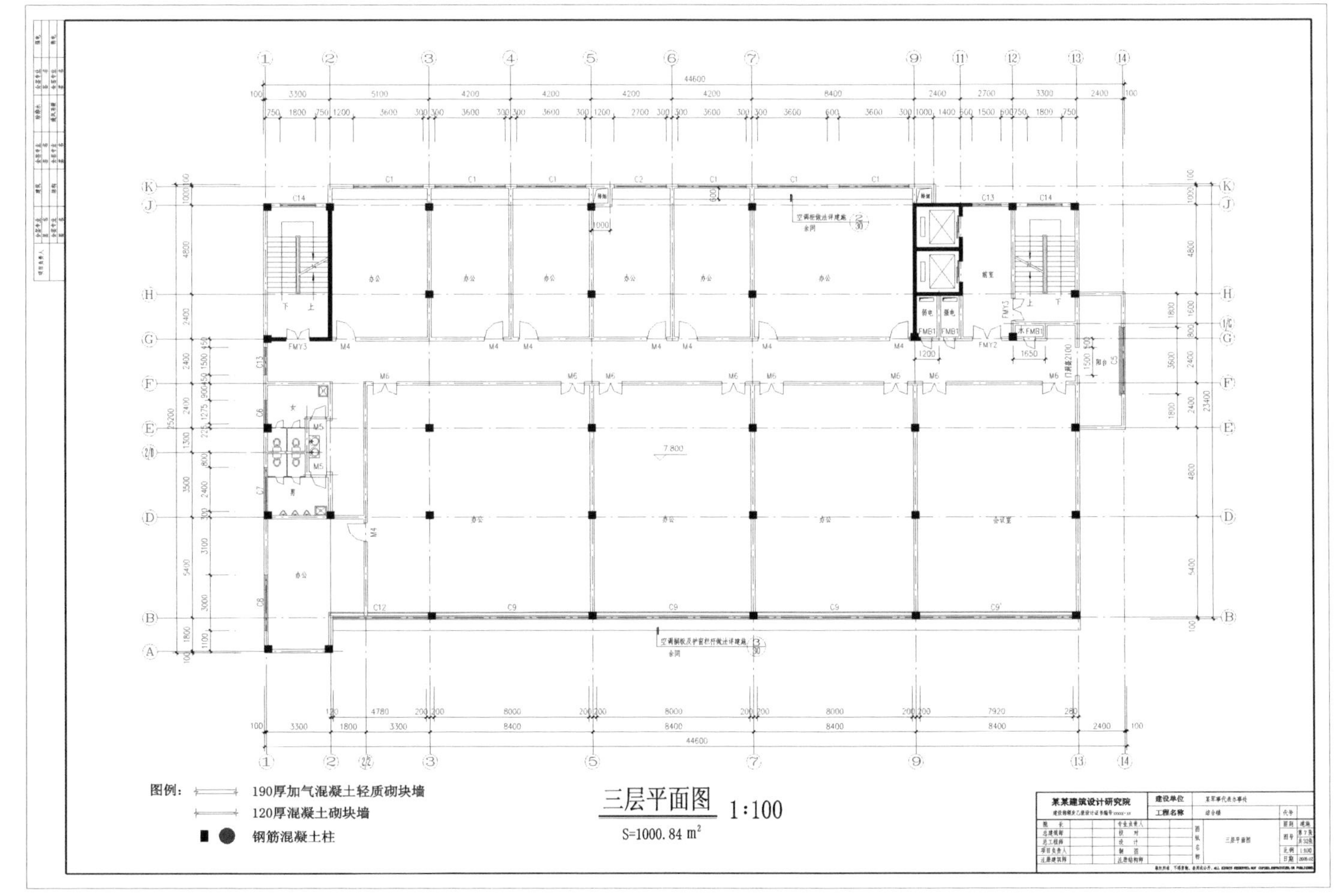


图4-4 三层平面图设计实例

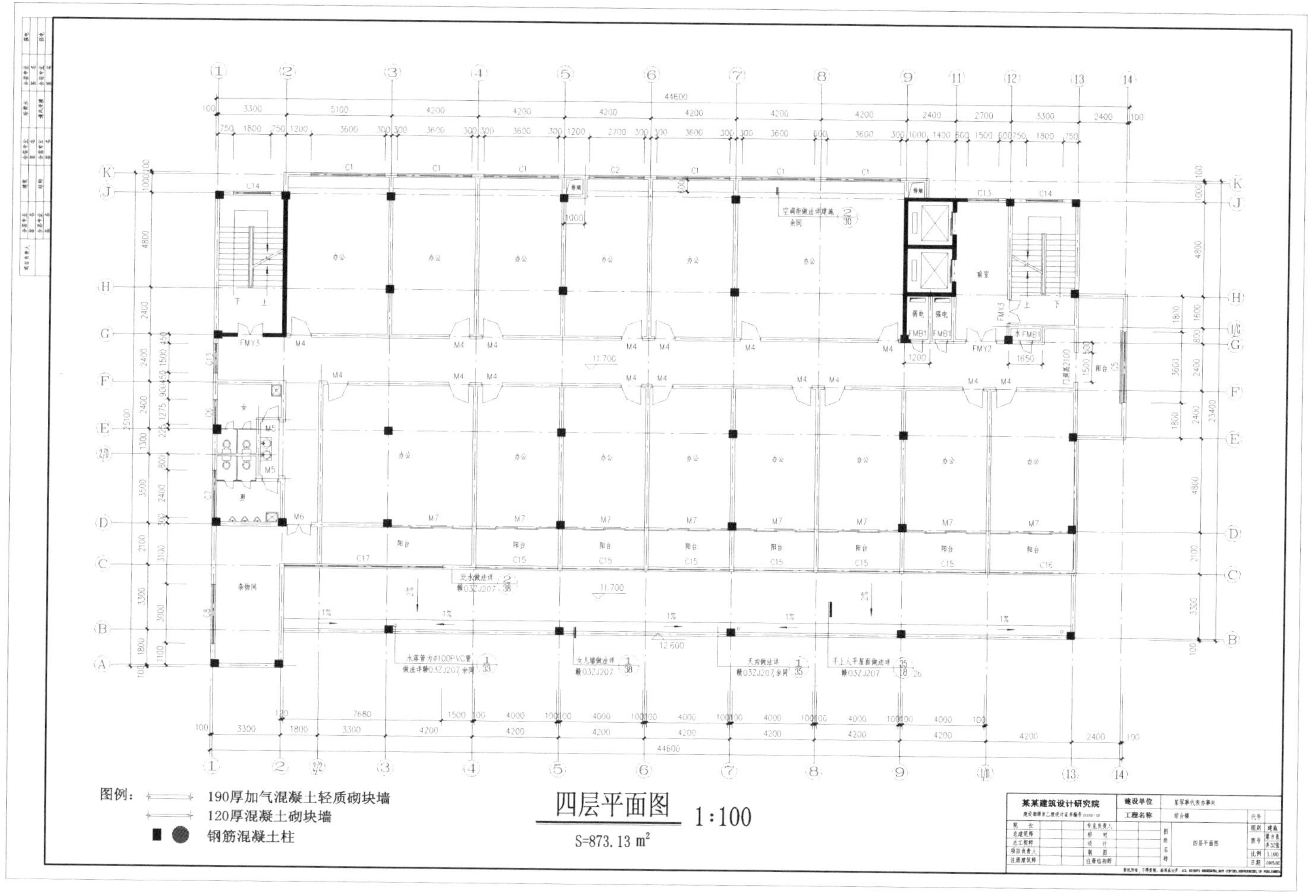


图4-5 四层平面图设计实例

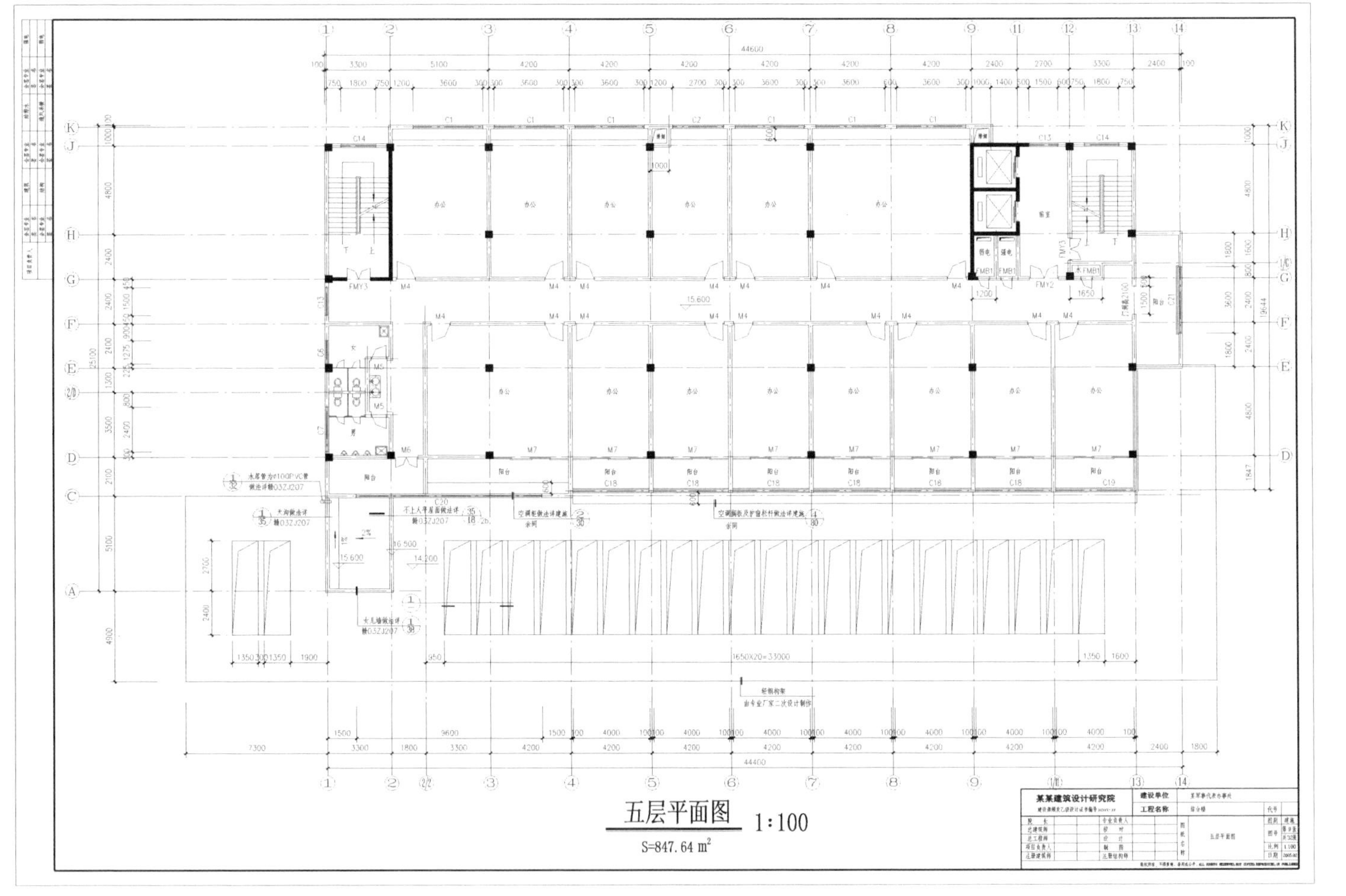


图4-6 五层平面图设计实例

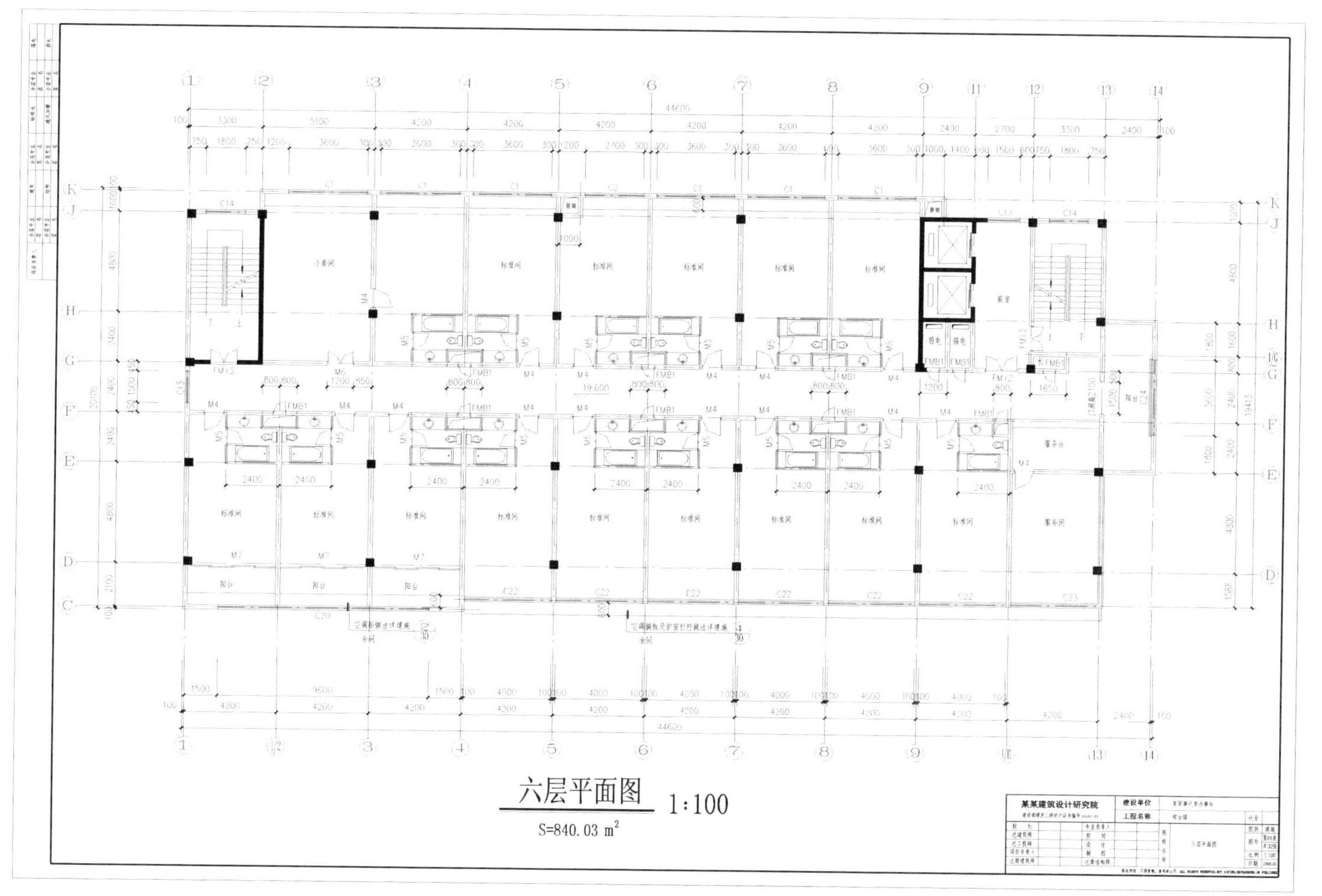


图4-7 六层平面图设计实例

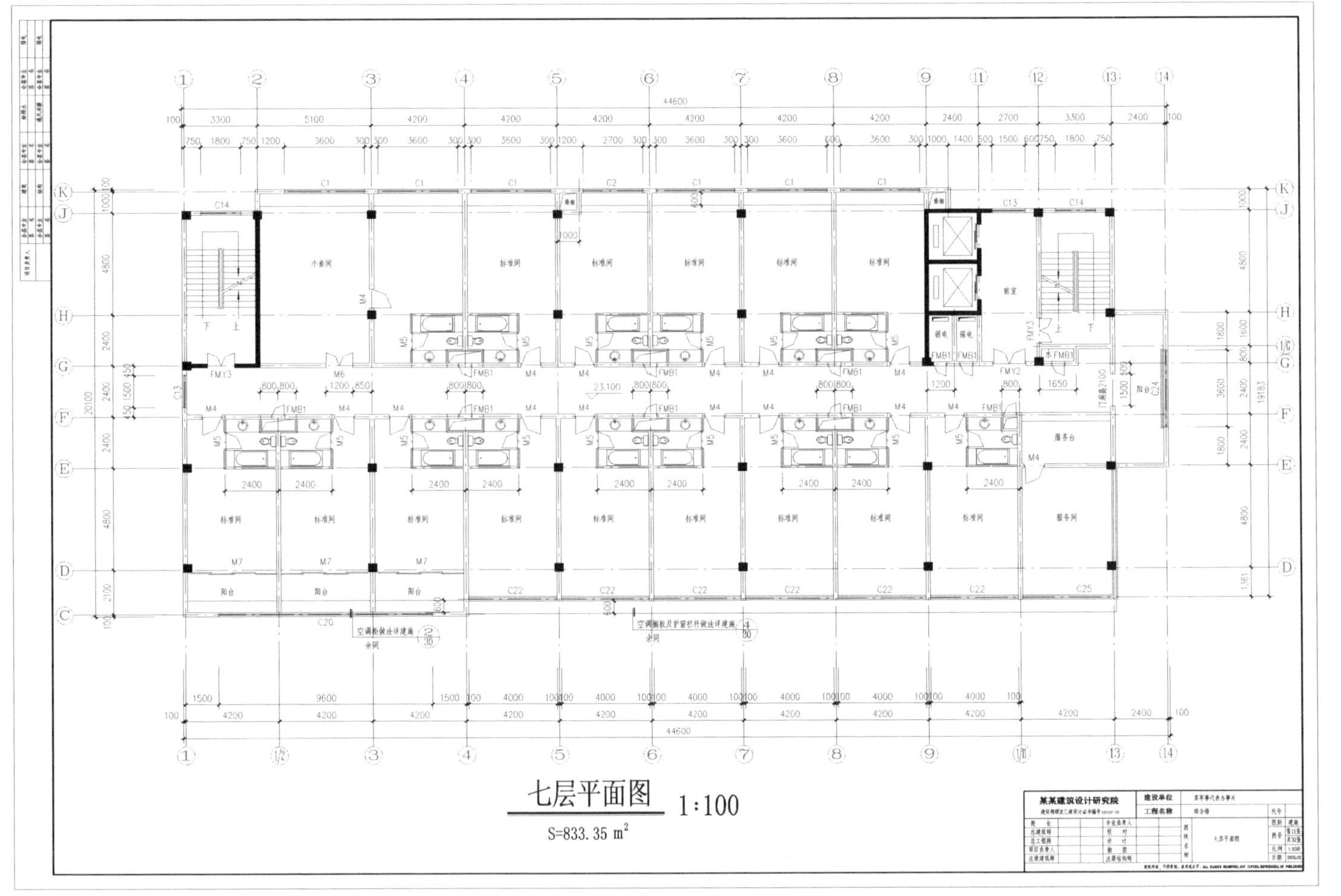


图4-8 七层平面图设计实例

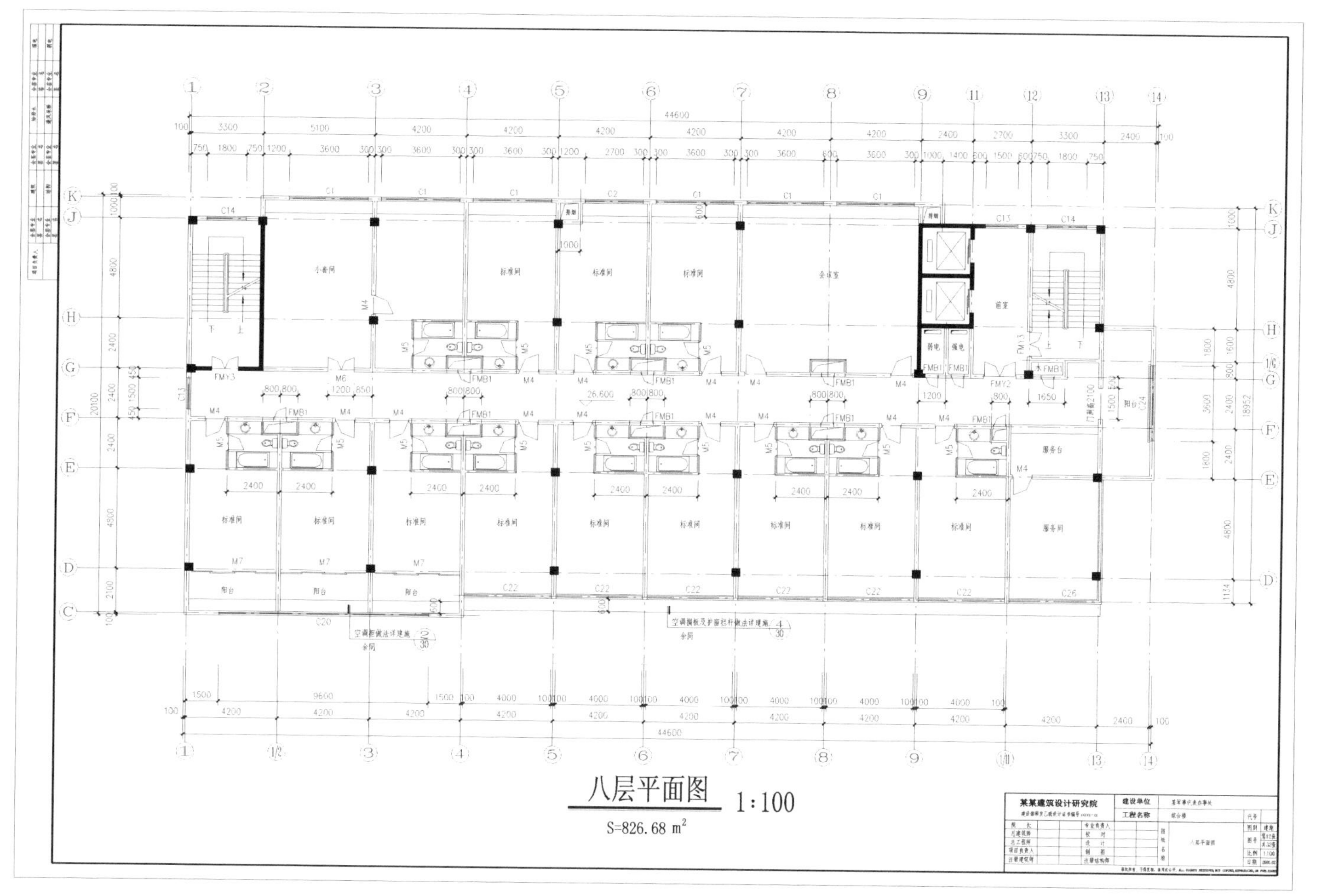


图4-9 八层平面图设计实例

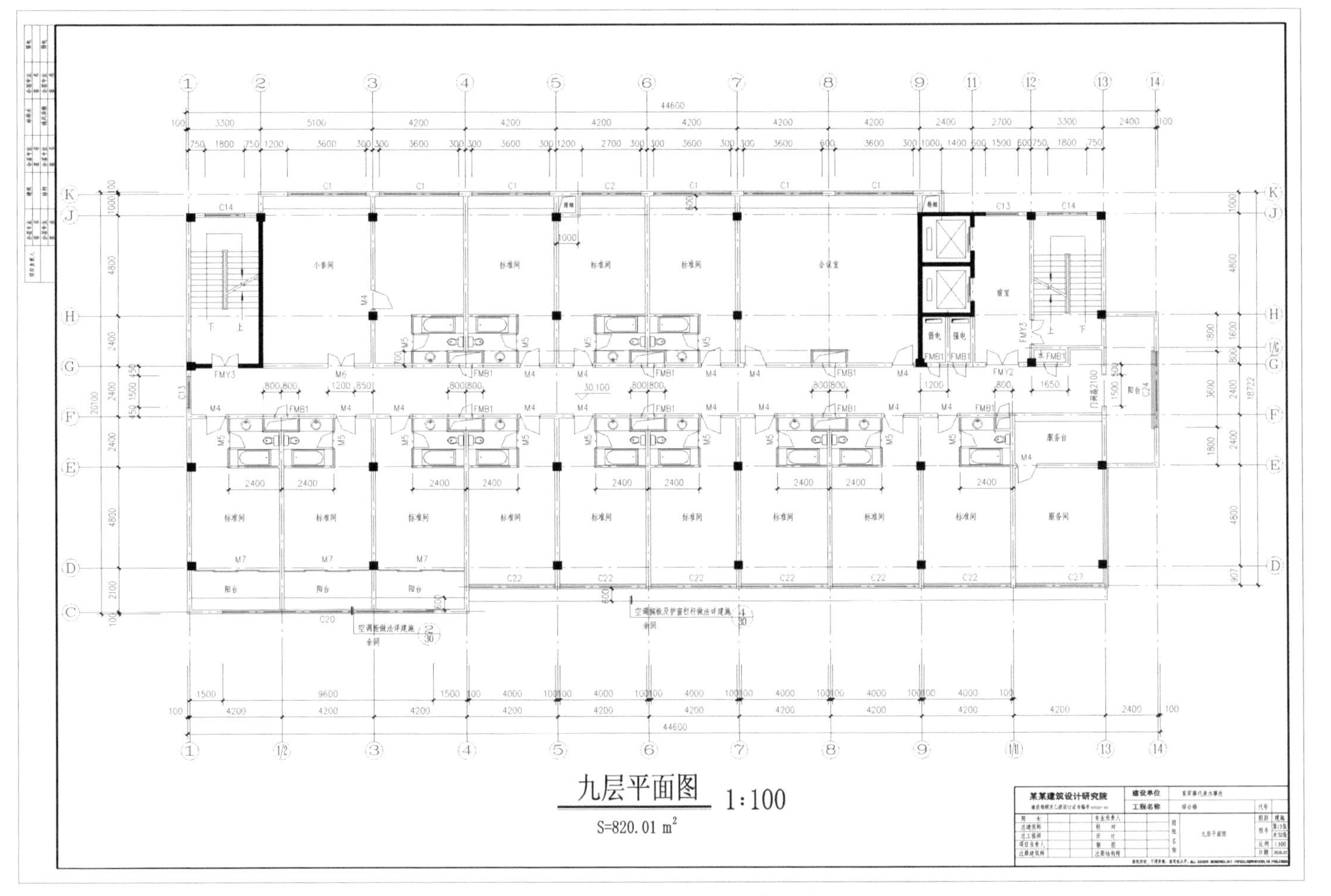


图4-10 九层平面图设计实例

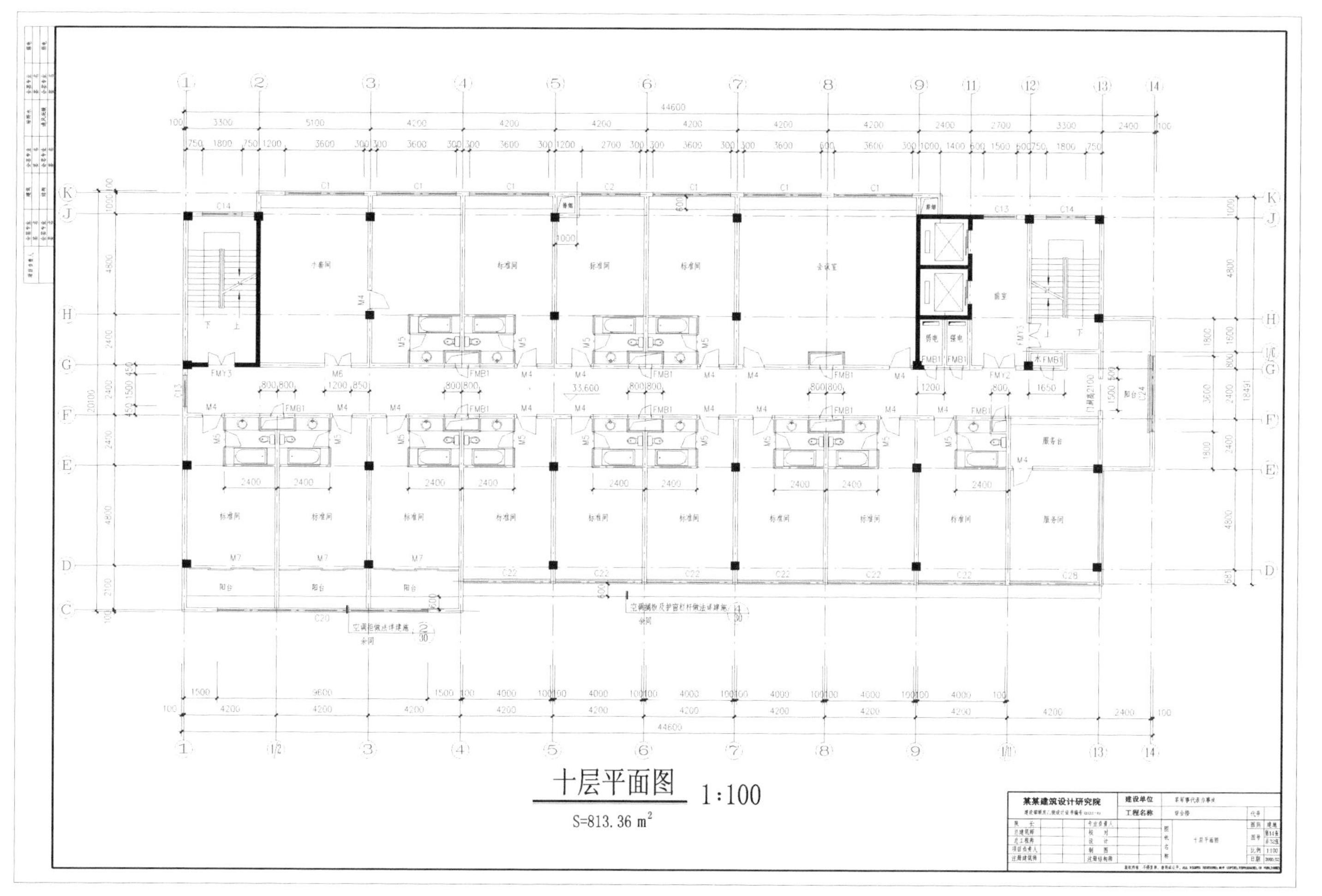


图4-11 十层平面图设计实例

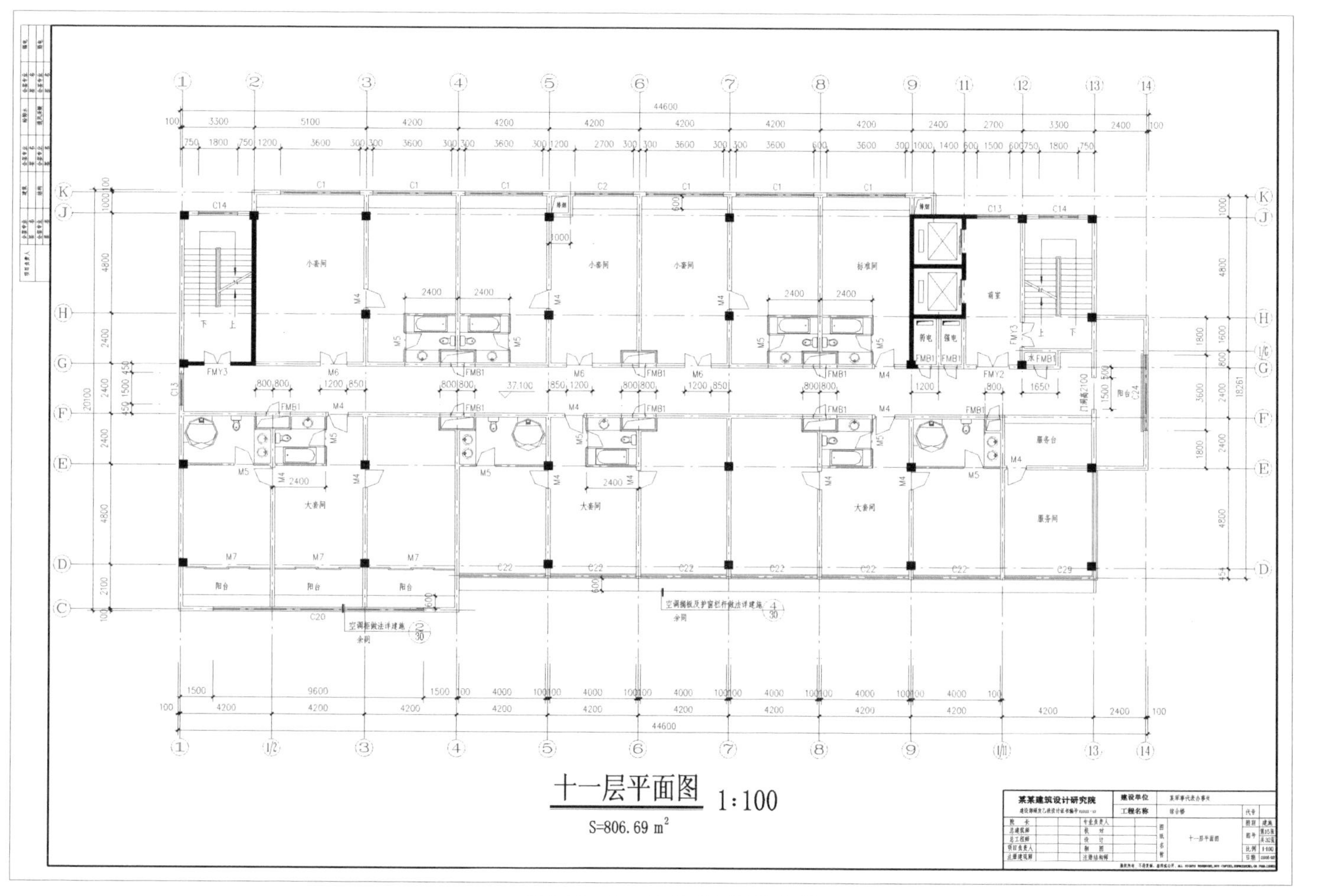


图4-12 十一层平面图设计实例

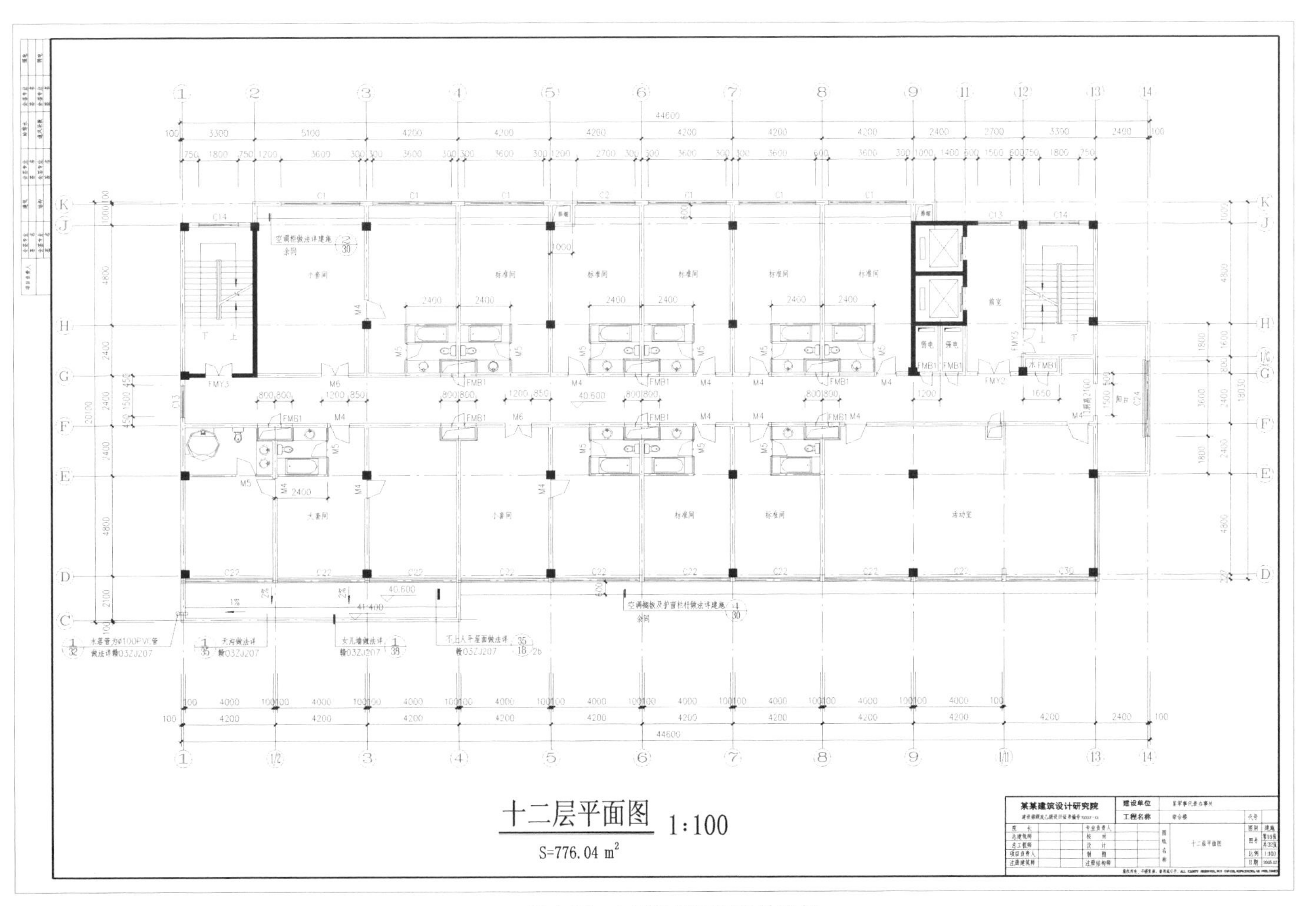


图4-13 十二层平面图设计实例

## 4.5 跃层平面图

跃层平面图是指建筑物二层和二层以上的某些层的平面图。由于结构体系和布置已基本定型,因此除局部房间及连接相邻两层的楼梯之外,其他平面往往变化不大,即重复性较多。基于此点,本节的重点在于阐述跃层平面图的表达如何变化。

### 4.5.1 设计深度

跃层平面图的设计深度要求基本与楼层平面图的设计深度相同,不同的是套内楼梯的设计深度应与底层平面的设计方法相同。

### 4.5.2 设计方法及要点

(1) 除开间、跨度等主要尺寸和轴线编号外,与底层或下一层相同的尺寸均可省略,但应在图注中说明。

(2) 当仅仅是墙体、门、窗等有局部少量变动时,可以在共用平面图中用虚线表示,注明用于什么层次即可。

(3) 当仅仅是某层的房间名称有变化时,只需在共用平面图的房间名称下,另行加注说明即可。

(4) 当某层的局部变动较大,其他部位仍相同时,可将变动部分画在共同平面之外,写明层次并注写"其他部分平面同某层"。

(5) 如上下或左右外墙上的尺寸相同时,只标注一侧即可。

(6) 同样,各层中相同的详图索引,均可以只在最初出现的层次上标注,其后各层则可省略,只注明变化和新出现者。这样看图更清晰,改图更方便。

### 4.5.3 设计常见通病

跃层平面图起承上启下的作用,在设计时往往会出现以下问题。

(1) 在层数有变化时,没有很好地反映下一层的屋面。

(2) 缺标准墙体或柱网细部尺寸。

(3) 缺标注承重墙、非承重墙的墙厚。

(4) 缺设变形缝的位置尺寸及变形缝处楼面、内外墙面的详图索引。

(5) 缺标注各层标高及房间名称。

(6) 缺主要建筑设备和固定家具的位置及相关做法索引,如卫生间的洁具、雨水管、水池、橱柜、洗衣机位置等。

(7) 缺标注电梯、自动扶梯的规格、缺楼梯上(下)方向、级数及其编号和索引。

(8) 缺主要结构和建筑构造部件的位置及尺寸标注和做法索引,如中庭、阳台、平台、台阶、坡道、散水、明沟等做法索引。

(9) 缺图例。

(10) 缺楼面预留孔洞和通气管道、管线竖井、烟道、垃圾道等位置、尺寸和做法索引,以及墙体预留孔洞的位置、尺寸及标高。

(11) 缺各楼层标高标注。

(12) 缺各楼层面积标注。

(13) 对局部复杂的部位缺局部放大的平面图。

### 4.5.4 设计实例

跃层平面图设计实例如图 4-14 和图 4-15 所示。

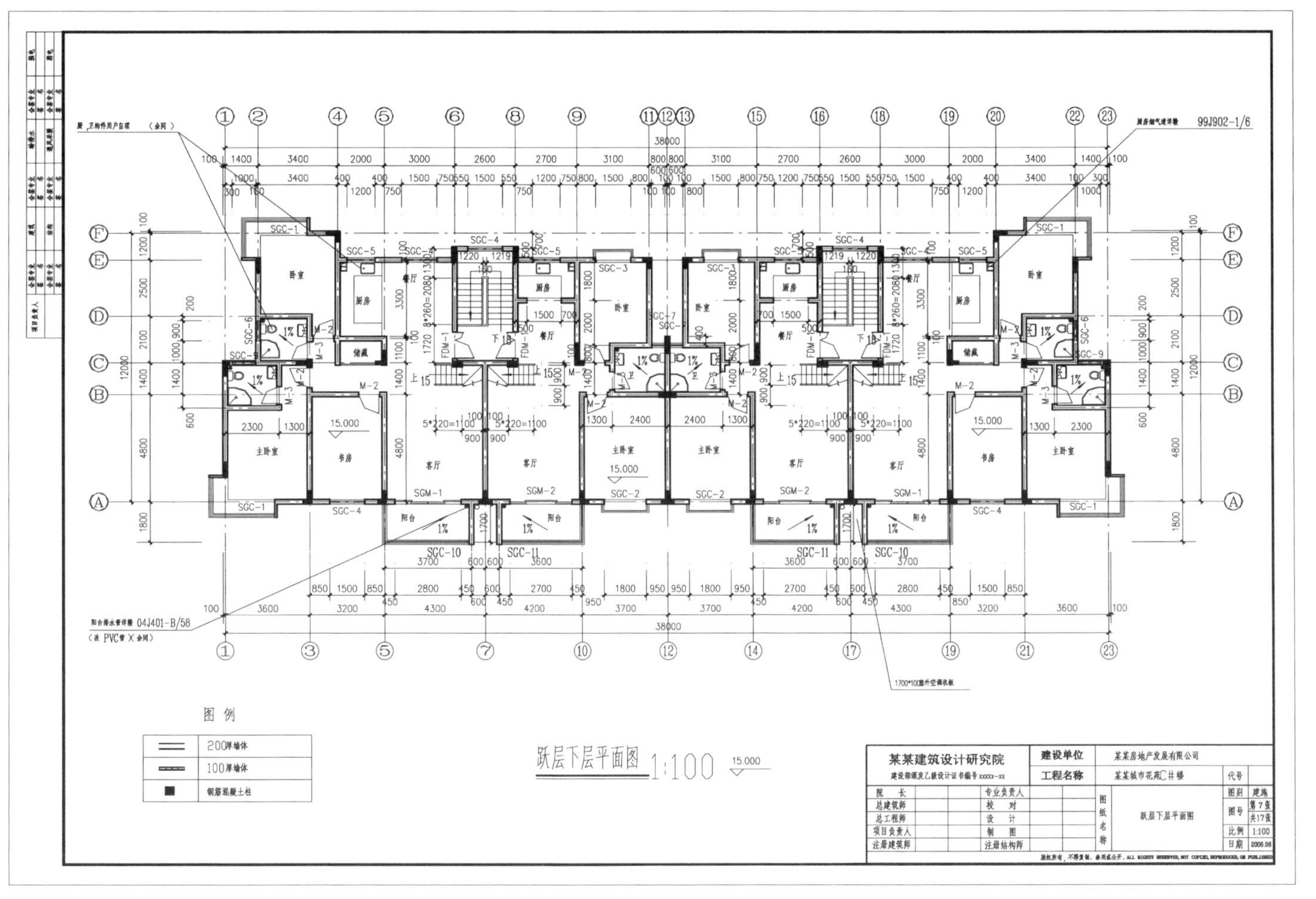


图4-14 跃层下层平面图设计实例

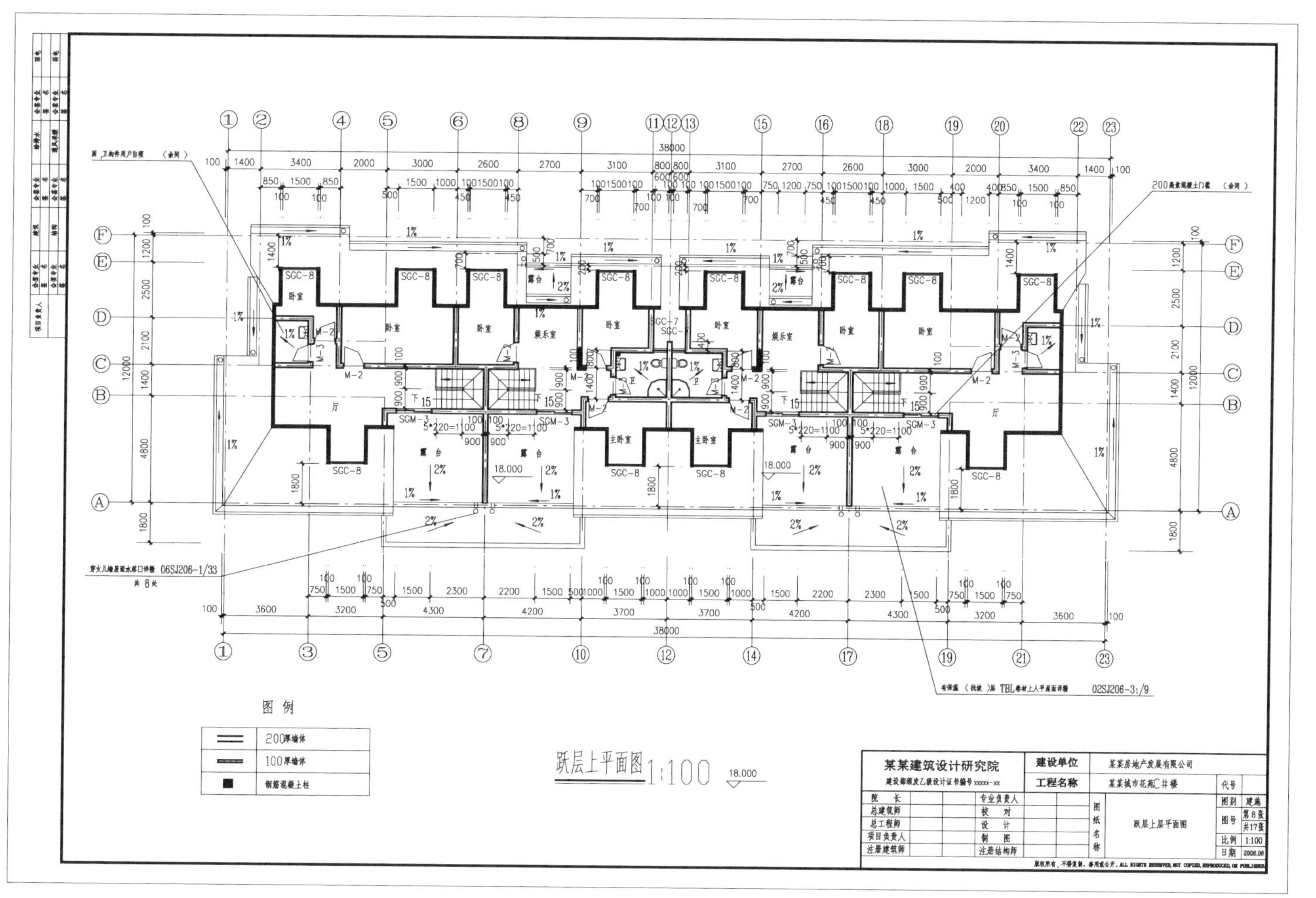


图4-15 跃层上层平面图设计实例

## 4.6 屋面平面图

屋面平面图可以按不同的标高分别绘制,也可以画在一起,但应注明不同标高。复杂时多用前者,简单时多用后者。

### 4.6.1 设计深度

(1) 平屋面平面图需绘出两端及主要轴线,要绘出分水线、汇水线并标明定位尺寸;要绘出坡向符号并注明坡度(注意:凡相邻并相同坡度的坡面交线必成45°角),雨水口的位置应注定位尺寸(且雨水管间距有限定),出屋面的人孔或爬梯及挑檐或女儿墙、楼梯间、机房、天线座、排烟道、排风道、变形缝要绘出,并注明采用的详图索引号。

(2) 坡屋面平面图应绘出屋面坡度或用直角三角形标注,注明材料、檐沟下水口位置,沟的纵坡度和排水方向箭头,出屋面的排烟道、排风道、老虎窗等应绘出并注详图索引号,应在屋面下面一层平面上,以虚线表示明屋顶闷顶检查孔位置。

(3) 一般屋面平面图采用1∶100比例,简单的屋面平面图可用1∶150或1∶200绘制。

(4) 屋面标高不同时,屋面平面图可以按不同的标高分别绘制,在下一层平面图上表示过的屋面,不应再绘制在上层平面图上,也可以标高不同的屋面画在一起,但应注明不同标高(均注明结构板面)。复杂时多用前者,简单时多用后者。

(5) 设置雨水管排水的屋面,应根据当地的气候条件、暴雨强度,屋面汇水面积等因素,确定雨水管的管径和数量,并做好低处层面保护(水落管下端拐弯、加混凝土水簸箕)。

(6) 当有屋顶花园时,应注明屋顶覆土层最大厚度并绘出相应固定设施的定位,如灯具、桌椅、水池、山石、花坛、草坪、铺砌、排水等,并索引有关详图。

(7) 有擦窗设施的屋面,应绘出相应的轨道或运行范围。详图应由专业厂家提供,并与结构专业密切配合。

(8) 当一部分为室内,另一部分为屋面时,如出屋面楼梯间、屋面设备间、临屋顶平台房间,应注意室内外交接处(特别是门口处)的高差与防水处理。例如:室内外楼板即便是同一标高,但因屋面找坡,保温、隔热、防水的需要,门口处的室内外均宜设置踏步,或者做门槛防水,其高度应能满足屋面泛水高度的要求。

(9) 冷却塔,风机、空调室外机等露天设备除绘制根据工艺提供的设备基础并注明定位尺寸外,宜用细线表示该设备的外轮廓。

(10) 内排水落水口及雨水管布置应与水专业共同商定,在屋面平面中注明"内排雨水口",内排雨水系统见水专业设计图纸。

### 4.6.2 设计方法及要点

(1) 应根据当地的气候条件、暴雨强度、屋面汇流分区面积等因素,确定雨水管的管径和数量。每一独立屋面的落水管数量不宜少于两个。高处屋面的雨水允许排到低处屋面上,汇总后再排走。

(2) 当有屋顶花园时,应绘出相应固定设施的定位,如灯具、桌椅、水池、山石、花坛、草坪、铺砌等,并应索引有关详图。

(3) 有擦窗设施的屋面,应绘出相应的轨道或运行范围。也可以仅注明"应与生产厂家配合施工安装"。轨道等固定于屋面的部位应确保防水构造完整无缺。

(4) 当一部分为室内,另一部分为屋面时,应注意室内外交接处(特别是门口处)的高差与防水处理。例如:室内外楼板结构面即便是同一标高,但因屋面找坡、保温、隔热、防水的需要,此时门口处的室内外均应增加踏步,或者做门槛防水,其高度应能满足屋面泛水节点的要求。

(5) 在屋面平面图中可以只标注两端和有变化处的轴线编号,以及其间的尺寸。

(6) 檐沟、天沟的布置应以不削弱保温层效果为原则。

(7) 冷却塔等露天设备除绘制根据工艺提供的设备基础并注明定位尺寸外,宜用细虚线表示该设备的外轮廓。对明显凸出于天际的设备,应与相关工种协商其外观选型和色彩等,以免影响视觉效果。

### 4.6.3 设计常见通病

屋面设计内容虽然简单,但对于初涉施工图设计的学生或设计者,也常会出现以下问题。

(1) 缺屋脊或屋面分水线。

(2) 缺屋面出挑尺寸标注。

(3) 缺变形缝的位置尺寸及其详图索引。

(4) 缺标注标高。

(5) 缺屋面水箱的位置、吨位。

(6) 缺图例。

(7) 缺通气管道、烟道等出屋面的位置、尺寸和做法索引。

(8) 对局部复杂的部位缺局部放大的平面图。

(9) 缺屋顶平面上有关女儿墙、檐口、天沟、坡度、坡向、雨水口、电梯机房间、屋面上人孔、检修梯、检修孔等的详图索引号及相应标高等。

(10) 屋面工程防排水设计缺项,未说明设计防水等级、防水层材料选型、技术要求和工程做法。

(11) 未表明工程细部构造、选用卷材防水层厚度不符合要求。

(12) 天沟、檐沟纵向坡度小于1%。

(13) 水落口距离过大,沟底落差超过200 mm。

(14) 屋面选用类型与屋面排水设计不符。

(15) 跨屋面变形缝进行排水。

(16) 大面积雨篷采用无组织或泻水管排水。

(17) 相同坡度的相交的斜脊线、天沟线表示位置错误。

(18) 排水口不在檐口最低处,屋面局部出现低洼积水或排水死角。

### 4.6.4 设计实例

屋面平面图设计实例如图4-16和图4-17所示。

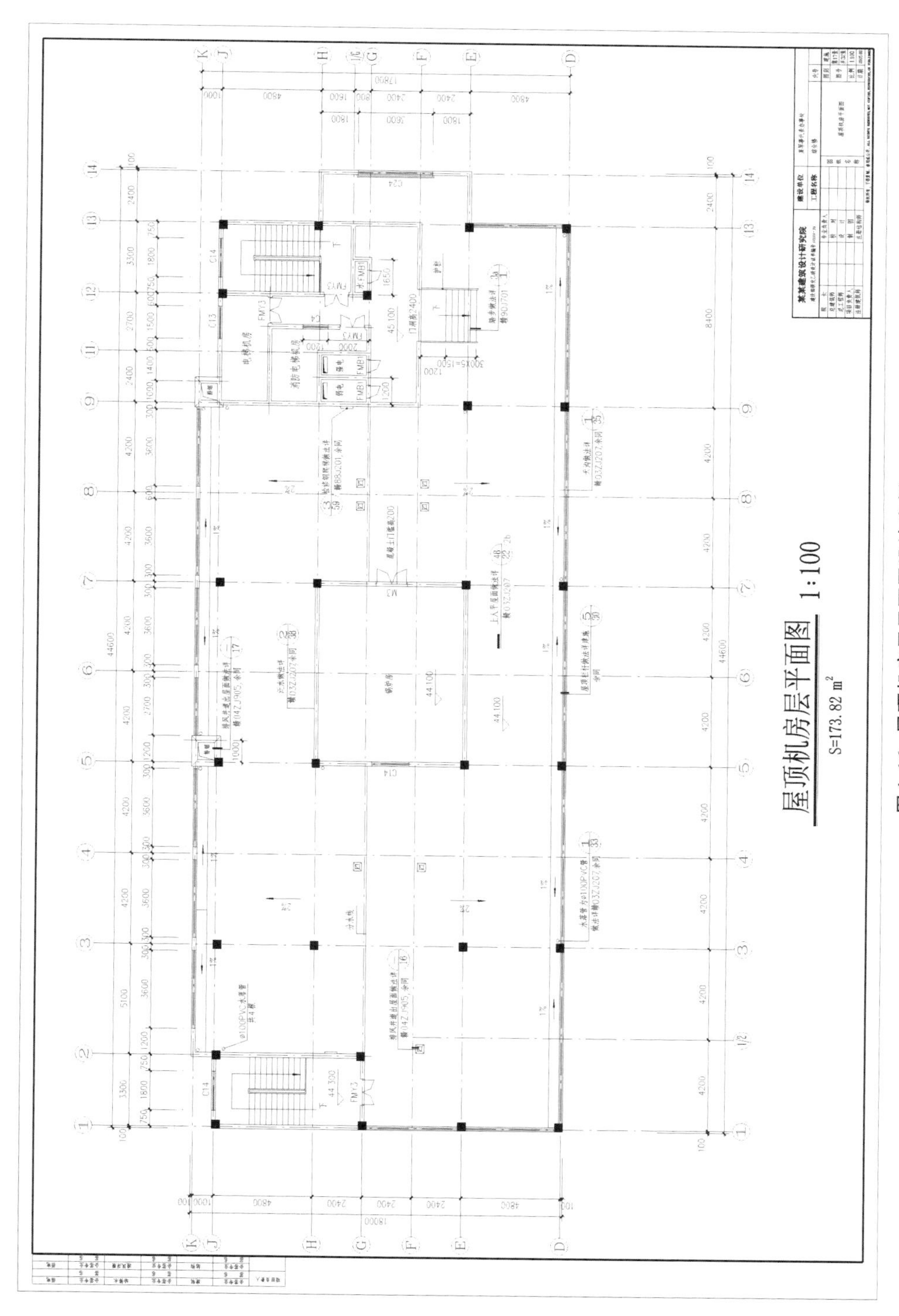


图4-16 屋顶机房层平面图设计实例

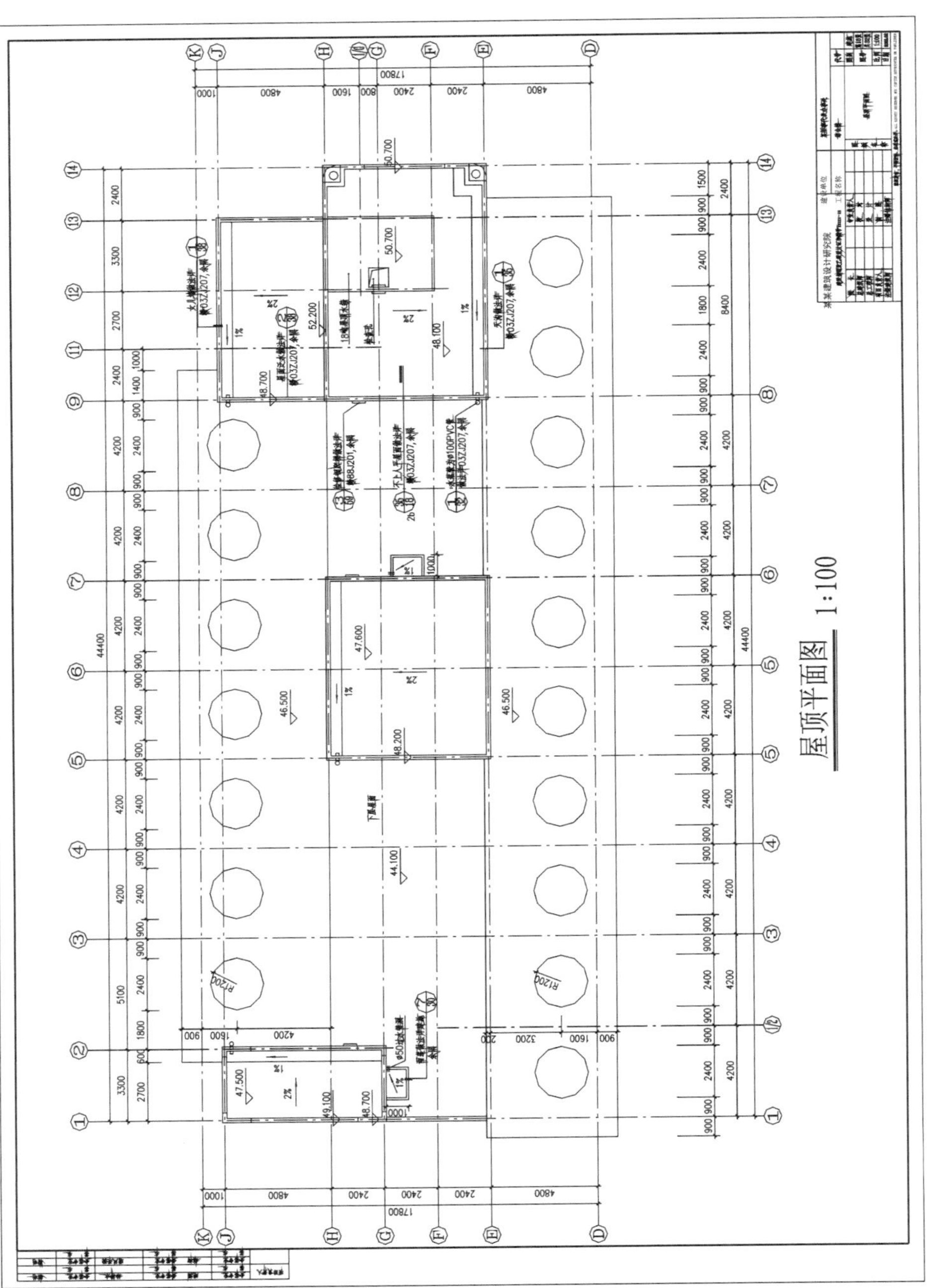


图4-17 屋顶平面图设计实例

# 5 建筑立面图

## 5.1 概述

### 5.1.1 建筑立面图的形成与作用

表示房屋外部形状和内容的图纸称为建筑立面图。建筑立面图为建筑外垂直面正投影的可视部分，是展示建筑物外貌特征及外墙面装饰的工程图样，是建筑施工中进行高度控制与外墙装修的技术依据。

一个建筑物一般应绘出每一侧的立面图。但是，当各侧面较简单或有相同的立面时，可以画出主要的立面图。当建筑物有曲线或折线形的侧面时，可以将曲线或折线形的立面绘成展开立面图，以使各部分反映实形。内部院落的局部立面，可在相关剖面图上表示，如剖面图未能表示完全，则需单独绘出。

### 5.1.2 建筑立面图的命名方式

建筑立面图的命名，一般根据平面图的朝向、外貌特征和两端的定位轴线编号三种命名方式进行编注，如图 5-1 所示。

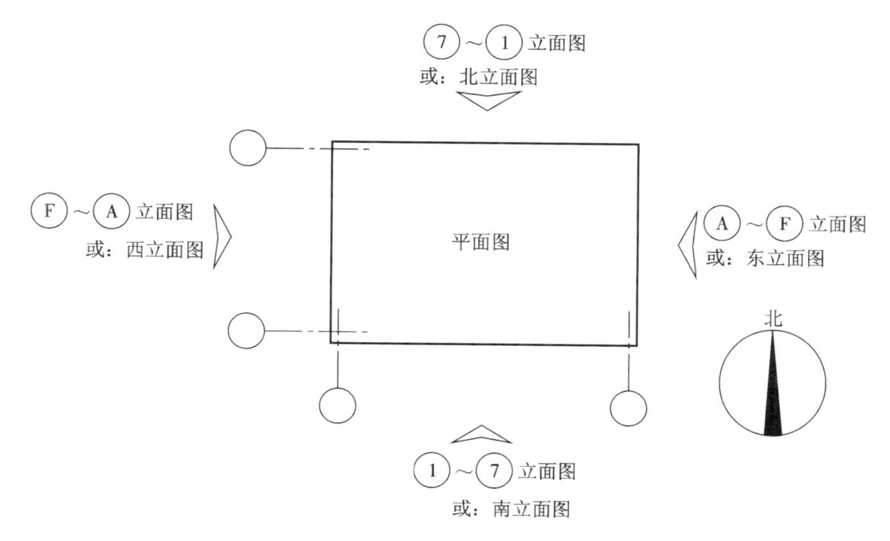


图 5-1 建筑立面图的投影方向与名称

(1) 用朝向命名。建筑物的某个立面朝向哪个方向,就称为哪个方向的立面图。如南立面图、北立面图等。

(2) 按外貌特征命名。将建筑物反映主要出入口或比较显著地反映外貌特征的那一面称为正立面图,其余立面图依次为背立面图、左立面图和右立面图。

(3) 用建筑平面图中两端的定位轴线编号命名。按照观察者面向建筑物从左到右的轴线编号顺序命名。如①～⑦立面图等。

施工图中这三种命名方式都可使用,但每套施工图只能采用其中的一种方式命名。对于展开立面图,应在图名后注写“展开”两字。目前,比较流行使用建筑平面图中两端的定位轴线编号来命名。

### 5.1.3 建筑立面图的设计内容

(1) 图名、比例。

(2) 建筑物两端的定位轴线及编号。

(3) 建筑物在室外地坪线以上的全貌。包括地面线、建筑物外轮廓形状、构配件的形式与位置及外墙面的装修做法、材料、装饰图线、色调等。

(4) 必要的尺寸标注与标高。

(5) 其他,如详图索引符号文字说明等。

## 5.2 建筑立面图的设计要求

### 5.2.1 基本要求

(1) 定位轴线。

建筑立面图中,一般只标出图两端的定位轴线及编号,并注意与平面图中的编号一致。

(2) 图线。

① 立面图的外形轮廓用粗实线表示。

② 室外地坪线用 1.4 倍的加粗实线(线宽为粗实线的 1.4 倍左右)表示。

③ 门窗洞口、檐口、阳台、雨篷、台阶等用中实线表示。

④ 其余的,如墙面分隔线、门窗格子、雨水管以及引出线等均用细实线表示。

(3) 尺寸注法与标高。

建筑立面图中,一般仅标注必要的竖向尺寸和标高,该标高指相对标高,即相对于首层室内主要地面(标高值为零)的标高。

对于楼地面、地下层地面、阳台、平台、檐口、屋脊、女儿墙、台阶等处的高度尺寸及标高,在立面图、剖面图及其详图中应注写完成面标高及高度方向的尺寸。

竖向尺寸的尺寸界线位置应与所注标高的位置一致,尺寸数值就是标高之差,但两者的单位不同，尺寸标注中尺寸数值的单位为 mm，而标高的单位为 m。

（4）在平面图上表示不出的窗编号，应在立面图上标注。平面图、剖面图未能表示出来的屋顶、檐口、女儿墙、窗台等标高或高度，应在立面图上分别注明。

（5）各部分构造、装饰节点详图索引，用料名称或符号。

（6）外墙装修做法。

外墙面根据设计要求可选用不同的材料及做法，在图面上，外墙表面分格线应表示清楚，各部位面材及色彩应选用带有指引线的文字进行说明。

### 5.2.2 深度规定

（1）两端轴线编号，立面转折较复杂时可用展开立面表示，但应准确注明转角处的轴线编号。

（2）立面外轮廓及主要结构和建筑构造部件的位置，如女儿墙顶、檐口、柱、变形缝、室外楼梯和垂直爬梯、室外空调机搁板、阳台、栏杆、台阶、坡道、花台、雨篷、烟囱、勒脚、门窗、幕墙、洞口、门头、雨水管，以及其他装饰构件、线脚和粉刷分格线等。

（3）建筑的总高度、楼层位置辅助线、楼层数和标高及关键控制标高的标注，如女儿墙或檐口标高等；外墙的留洞应注尺寸与标高或高度尺寸（宽×高×深及定位关系尺寸）。

（4）平面、剖面未能表示出来的屋顶、檐口、女儿墙、窗台以及其他装饰构件、线脚等的标高或尺寸。

（5）在平面图上表达不清的窗编号。

（6）各部分装饰用料名称或代号，剖面图上无法表达的构造节点详图索引。

（7）图纸名称、比例。

（8）各个方向的立面应绘齐全，但差异小、左右对称的立面或部分不难推定的立面可简略；内部院落或看不到的局部立面，可在相关剖面图上表示，若剖面图未能表示完全时，则需单独绘出。

## 5.3 建筑立面图的设计方法及要点

（1）立面图（施工图）中不得加绘阴影和配景（如树木、车辆、人物等）。

（2）立面图应把定位轴线范围内正投影方向可见的建筑外轮廓（包括有前后变化的轮廓）、门窗、阳台、雨篷等建筑构件、所有突出墙面的线角，用实线表示。前后有距离的，或有凹凸的部位（如门窗洞、柱廊、挑台等），采用不同粗细的实线区分，粗线宜往外加粗，最前面的主要部分用最粗线表示，粉刷分格线应用最细线表示。粗细线的运用可以使立面更有层次，更清晰。

（3）前后立面重叠时，前者的外轮廓线宜向外侧加粗，以示区别。

（4）立面图上标高、尺寸、索引的标注。

① 立面图主要标注标高：室内、外地面设计标高、建筑物外沿轮廓线变化处和最

高处标高、立面上可见的门窗洞口的上下标高、雨篷、阳台、挑檐、坡顶的檐口最高点等突出部分标高,必要时可标注出楼层标高,以全面反映立面各部分与楼层关系,一般可不标注高度间距尺寸。立面图应标注建筑主体部分的总高度。

② 立面图中外墙留洞,应标注出底标高或中心标高,如平面未能表示其定位和尺寸时也应在立面图中表示清楚。

③ 必须控制的粉刷线的尺寸、标高也应在立面图中表示清楚。

④ 在剖面图上未能表示清楚的外檐构造节点索引,应在立面图上补全,立面上的粉刷节点做法也应有索引表示,平面未能表示清楚的门窗编号也应在立面图上标注。

(5) 立面图的简化。

① 前后或左右完全相同的立面,可以只画一个立面,另一个立面注明即可。

② 立面图上相同的门窗、阳台、外装饰构件、构造作法等,可在局部重点表示,其他部分可只画轮廓线。

③ 完全对称的立面,可只画一半,在对称轴处加绘对称符号即可。但由于外形不完整,一般较少采用。

④ 立面图的比例宜与平面图采取同一比例,也可按制图规定确定立面图比例,但应在图名后注明。

⑤ 建筑物平面有较大转折时,转折处的轴线编号立面图上也宜注明。

⑥ 裸露于建筑物外部的设备构架(如空调室外机),应根据室内功能结合建筑立面统一设计布置,以免影响建筑外观。

⑦ 门窗洞口轮廓线宜粗于粉刷分格线,这样立面更为清晰。

## 5.4 建筑立面图设计中常见通病

(1) 立面图与平面不一致。立面图两端无轴线编号,立面图除图名外还需标比例。

(2) 立面图外轮廓尺寸及主要结构和建筑构造的部位。如女儿墙顶、檐口、烟囱、雨篷、阳台、栏杆、空调隔板、台阶、坡道、花坛、勒脚、门窗、幕墙、洞口、雨水立管、粉刷分格线条等以及关键控制标高的标注都应表示清楚。而多数立面图只表示层高的标高。立面图上应该把平面图上、剖面图上未能表达清楚的标高和高度均标注清楚。

(3) 在平面图上未能表示清楚的窗口位置。在立面图上也应该加以标注,但往往没表示。

(4) 立面图上装饰材料名称、颜色在立面图上标注不全;底层的台阶、雨篷、橱窗细部较为复杂的未进行标注;未标注构造索引。

## 5.5 建筑立面图设计实例

建筑立面图设计实例如图 5-2 至图 5-4 所示。

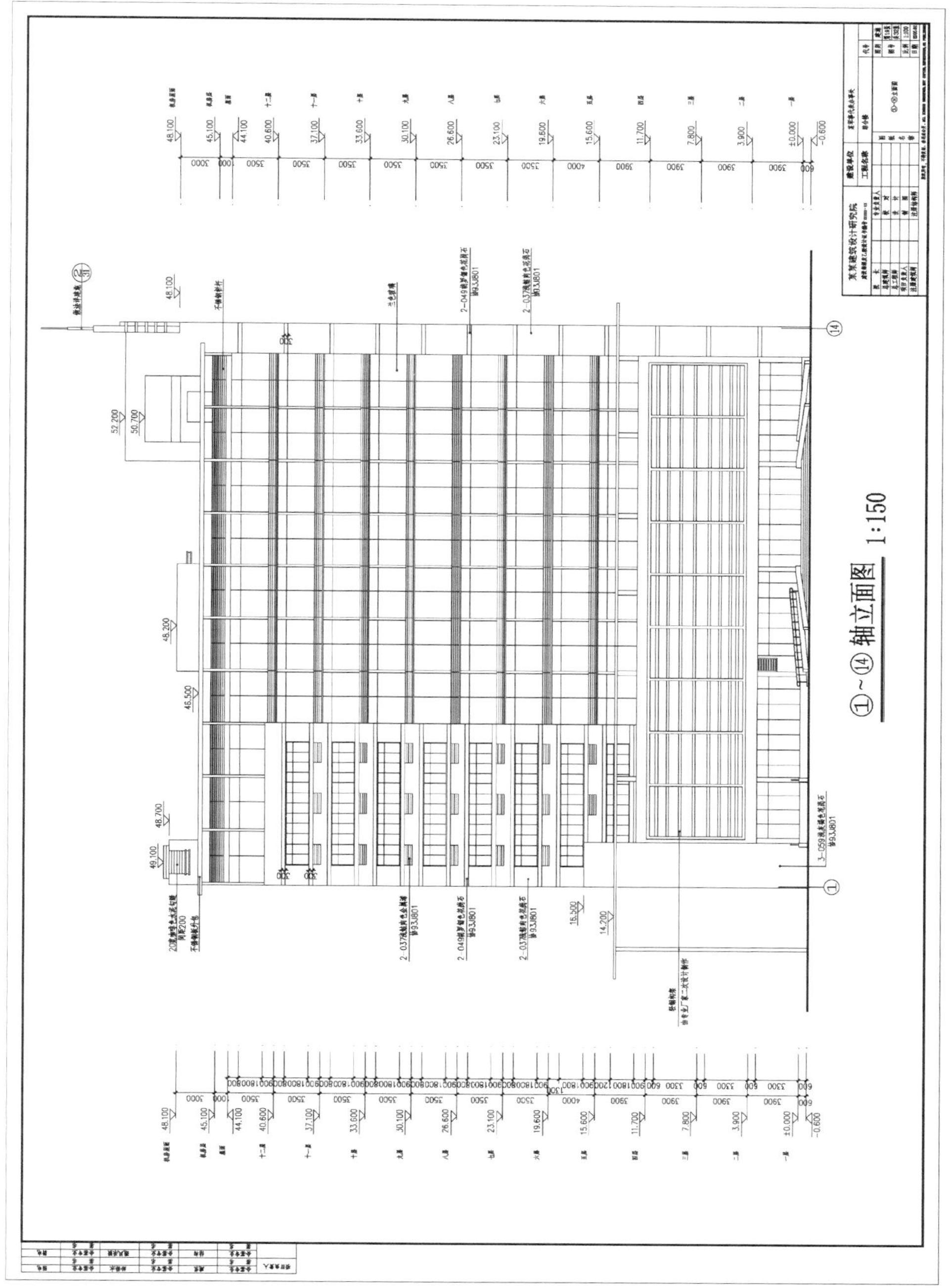


图5-2 ①～⑭轴立面图设计实例

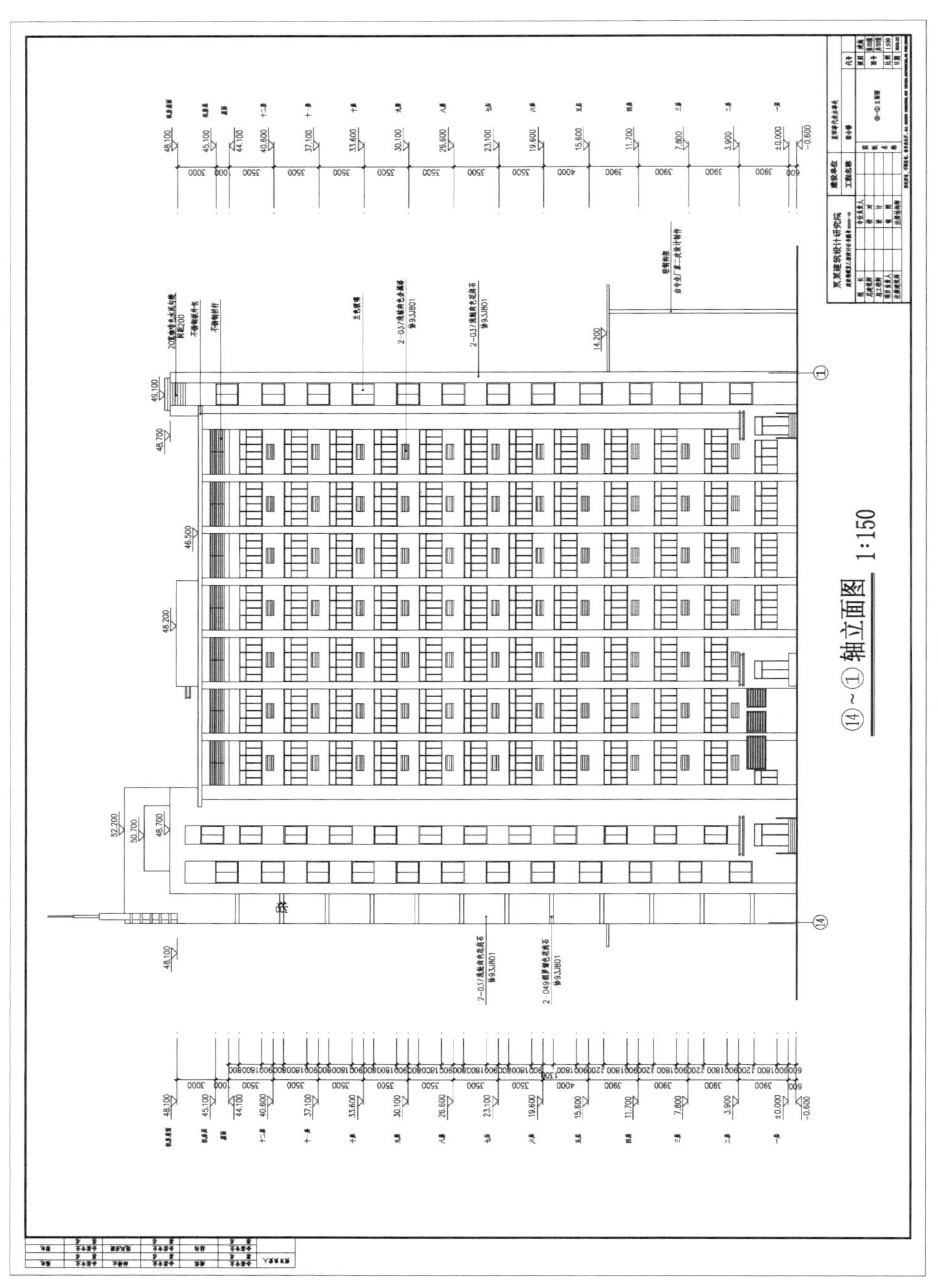


图5-3 ⑭~①轴立面图设计实例

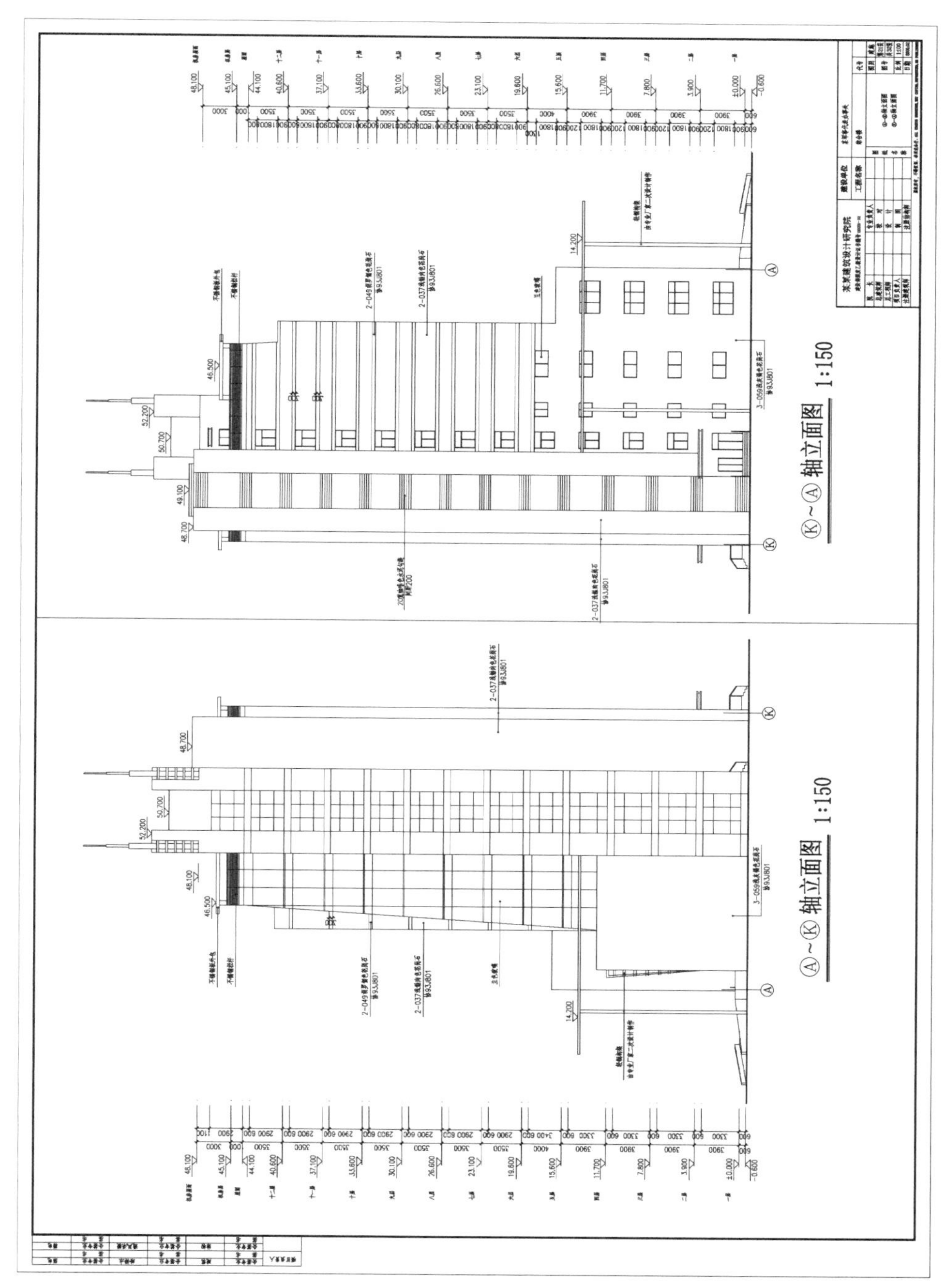


图5-4 Ⓐ～Ⓚ轴和Ⓚ～Ⓐ轴立面图设计实例

# 6 建筑剖面图

## 6.1 概述

### 6.1.1 建筑剖面图的形成与作用

表示建筑物垂直方向房屋各部分组成关系的图纸称为建筑剖面图。

建筑剖面图用以表示建筑各部分的高度、层数、建筑空间的组合利用以及建筑剖面中的结构、构造关系、垂直方向的分层情况、各层楼地面、屋顶的构造做法及相关尺寸、标高等。

建筑剖面图是与建筑平面图、立面图相配套的，表达建筑物整体概况的基本图样之一。

剖面图的名称必须与底层平面图上所标的剖切位置和剖视方向一致。

### 6.1.2 建筑剖面图的剖切位置选择

建筑剖面图的剖切位置应选在层高不同、层数不同、内外部空间比较复杂、最有代表性的部位，使之能充分反映建筑内部的空间变化和构造特征。剖切位置通常取楼梯间、门窗洞口、入口门厅、中庭、错层等构造比较复杂的典型部位。

剖切平面一般应平行于建筑物的宽向，必要时也可平行建筑物的长向，并宜通过门窗洞口。投射方向宜向左、向上。为了表达建筑物不同部位的构造差异，全面反映工程项目的内容，剖面图也可根据空间变化情况转折剖切。

在一般规模不大的工程中，剖面图的数量通常只有一两个。当工程规模较大或平面形状较复杂时，则要根据实际需要确定剖面图的数量，可能有多个。如果房屋的局部构造有变化，还要画出局部剖面图。

### 6.1.3 建筑剖面图的设计内容

（1）建筑物内部的分层情况及层高，水平方向的分隔。

（2）剖切线的室内外地面、楼板层、屋顶层、内外墙、楼梯，以及其他剖切到的构配件（如台阶、雨篷等）的位置、形状、相互关系。

（3）投影可见部分的形状、位置等。

（4）地面、楼面、屋面的分层构造，可用文字说明或图例表示。

（5）外墙（或柱）的定位轴线和编号。

(6) 垂直方向的尺寸和标高。

(7) 详图索引符号。

(8) 图名和比例。

建筑剖面图一般不表达地面以下的基础,墙身只用画到基础即用断开线断开。有地下室时,剖切面应绘制至地下室底板下的基土,其以下部分可不表示。

## 6.2 建筑剖面图的设计要求

### 6.2.1 基本要求

**1) 定位轴线**

应注明被剖切到的各承重墙(柱)的定位轴线及与平面图一致的轴线编号和尺寸。

**2) 图线**

(1) 室内外地坪线用加粗实线表示。

(2) 地面以下部分,从基础墙处断开,另由结构施工图表示。

(3) 剖面图的比例应与平面图、立面图的比例一致。

① 比例小于 1:50 的剖面图,可不画出抹灰层,但宜画出楼地面、屋面的面层线。

② 比例大于 1:50 的剖面图,应画出抹灰层、楼地面、屋面的面层线,并宜画出材料图例。

③ 比例等于 1:50 的剖面图,宜画出楼地面、屋面的面层线,抹灰层的面层线应根据需要而定。

(4) 在剖面图中一般不画材料图例符号,被剖切平面剖切到的墙、梁、板等轮廓线用粗实线表示,没有被剖切到但可见的部分用细实线表示,被剖切断的钢筋混凝土梁、板应涂黑,但宜画出楼地面、屋面的面层线。

**3) 尺寸注法**

在剖面图中,应注出垂直方向上的分段尺寸和标高。

(1) 垂直分段尺寸一般分三道。

① 最外一道是总高尺寸,它表示室外地坪到楼顶部女儿墙的压顶抹灰完成后的顶面的总高度。

② 中间一道是层高尺寸,主要表示各层的高度。

③ 最里一道是门窗洞、窗间墙及勒脚等的高度尺寸。

(2) 标高应标注被剖切到的外墙门窗口的标高,室外地面的标高,檐口、女儿墙顶的标高以及各层楼地面的标高。

### 6.2.2 深度规定

(1) 剖视位置应选在层高不同、层数不同、内外部空间比较复杂,具有代表性的部位,建筑空间局部不同处以及平面、立面均表达不清的部位,可绘制局部剖面图。

(2) 墙、柱轴线和轴线编号。

(3) 剖切到或可见的主要结构和建筑构造部件,如室外地面、底层地(楼)面、地坑、地沟、各层楼板、夹层、平台、吊顶、屋架、屋顶、出屋顶烟囱、天窗、挡风板、檐口、女儿墙、爬梯、门、窗、外遮阳构件、楼梯、台阶、坡道、散水、平台、阳台、雨篷、洞口及其他装修等可见的内容。

(4) 高度尺寸。

① 外部尺寸。门窗洞口高度、层间高度、室内外高差、女儿墙高度、阳台栏杆高度、总高度。

② 内部尺寸。地坑(沟)深度、隔断、内窗、洞口、平台、吊顶等。

(5) 标高。主要结构和建筑构造部件的标高,如地面、楼面(含地下室)、平台、雨篷、吊顶、屋面板、屋面檐口、女儿墙顶、高出屋面的建筑物、构筑物及其他屋面特殊构件等的标高,室外地面标高。

(6) 节点构造详图索引号。

(7) 图纸名称、比例。

## 6.3 建筑剖面图的设计方法及要点

(1) 建筑主体剖面图的剖切符号一般应画在底层平面图内,剖视的方向宜向左、向上,以利看图。

(2) 标高仅指建筑完成面的标高,否则应加注说明(如楼面为面层标高,屋面为结构板面标高)。

(3) 外部高度尺寸应标注以下 3 道。

① 洞口尺寸。包括门窗洞口、女儿墙或檐口高度及其与楼面的定位尺寸。

② 层间尺寸即层高尺寸,含地下层在内。

③ 建筑总高度。指由室外地面至平屋面挑檐口上皮或女儿墙顶面或坡屋面挑檐口下皮的高度。坡屋面檐口至屋脊高度单独标注,屋顶上的水箱间、电梯机房、排烟机房和楼梯出口小间等局部升起的高度不计入总高度,可另行标注。当室外地面有变化时,应以剖面所在处的室外地面标高为准。

上述 3 道尺寸应与立面图相吻合,并应各居其道,不要跳道混注。其他部件(如雨篷、栏杆、装饰件等)的相关尺寸,也不要混入,应另行标注,以保证清晰明确。另外还需要用标高符号标出各层楼面、楼梯休息平台等的标高。

(4) 内部高度尺寸。

① 顶棚下净高尺寸。

② 楼梯休息平台梁下通行人时的净高尺寸。

③ 特殊用房及锅炉房、机房、阶梯教室等空间的大梁下皮高度尺寸。

④ 临空护栏的高度尺寸。

(5) 标注尺寸的简化。当两道相对外墙的洞口尺寸、层间尺寸、建筑总高度尺寸相同时，仅标注一侧即可；当两者仅有局部不同时，只标注变化处的不同尺寸即可。

(6) 高层建筑的剖面图上，最好标注层数，以便于查看图纸，隔数层或在变化层标注也可。

(7) 墙身详图索引方法。凡按墙身节点详图编号者，可索引在剖面图上(也有索引在立面图上的)，凡按墙身剖断详图编号者，一定要索引到立面图上。因各设计院做法不同，难以统一，原则上要以方便施工、易于查找墙身详图为准。

(8) 鉴于剖视位置应选在内外空间比较复杂和最有代表性的部位，因此墙身大样或局部节点大样多应从剖面图中引出、放大绘制，这样表达最为清楚。

(9) 有转折的剖面，在剖面图上应画出转折线。

## 6.4 建筑剖面图设计中常见通病

(1) 剖面位置不是选择在层高不同、层数不同、内外空间比较复杂，具有代表性的部位；局部较复杂的建筑空间以及平面、立面表达不清楚的部位，没有绘制局部的剖面图。总之剖面图偏少。

(2) 剖面图漏注墙、柱、轴线编号及相应尺寸，特别是厂房的墙、柱、轴线之间的尺寸关系未标注清楚。

(3) 剖切到或可见的主要结构和建筑构造部位。如室外地面、底层地坑、地沟、夹层、吊顶、屋架、天窗、女儿墙、台阶、坡道、散水及其他装修等可见的内容没能完整表达。

(4) 高度尺寸标注不完整。一般只注外部尺寸及标高，而内部尺寸，如地沟深度、隔断、内窗、内洞口、平台、吊顶等平立面不能表达清楚的尺寸未表示。

(5) 部分节点构造详图索引号在平面图上、立面图上表示不清楚，而应在剖面图上标注详图索引的，也未标注。

## 6.5 建筑剖面图设计实例

建筑剖面图设计实例如图 6-1 所示。

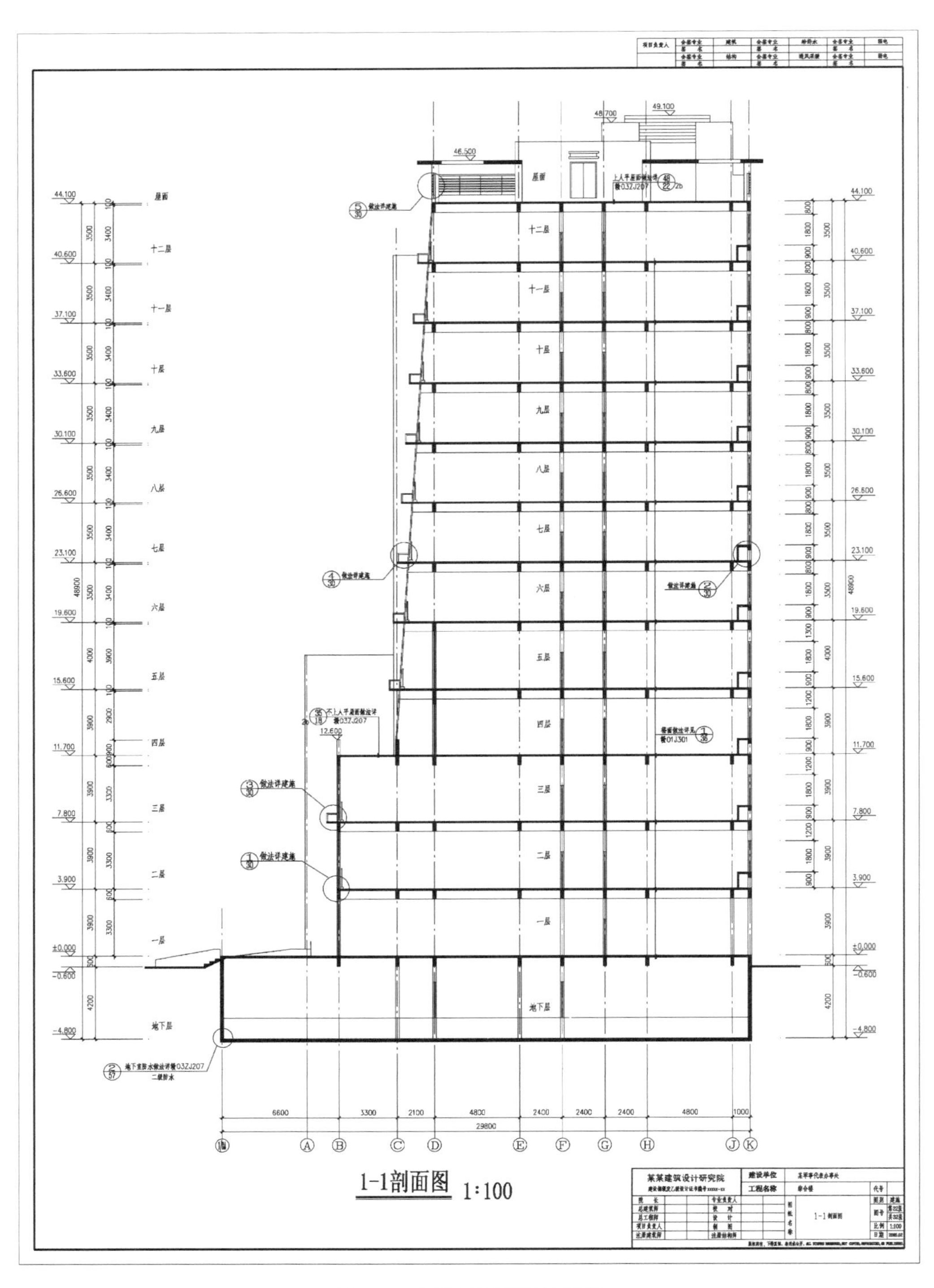

图 6-1　建筑剖面图设计实例

# 7 建筑详图设计

## 7.1 概述

从建筑的平面图、立面图、剖面图上虽然可以看到房屋的外形、平面布置、立面概况和内部构造及主要尺寸，但是由于图幅的限制，局部细节的构造在这些图上不能够明确表达出来。为了清楚地表达这些细节构造，对房屋的细部或构配件用较大的绘图比例(1:20、1:10、1:5、1:2、1:1等)将其形状、大小、材料和做法，按正投影的画法详细地表示出来的图样，称为建筑详图，亦称建筑大样图。

建筑详图一般应表达出构配件的详细构造，所用的各种材料及其规格，各部分的连接方法和相对位置关系；各部位、各细部的详细尺寸，包括需要标注的标高、有关施工要求和做法的说明等。同时，建筑详图必须绘出详图符号，应与被索引的图样上的索引符号相对应。

### 7.1.1 建筑详图的特点

(1) 大比例。在详图上应绘制建筑材料图例符号及各层次构造，如抹灰线。

(2) 全尺寸。图中所绘制的各构造，除用文字注写或索引外，都需详细注明尺寸。

(3) 详说明。因详图是建筑施工的重要依据，不仅要大比例绘制，还必须确保图例和文字详尽清楚，有时还可引用标准图。

### 7.1.2 建筑详图的分类

**1) 节点详图**

节点详图是用索引和详图表达某一节点部位的构造、尺寸、做法、材料、施工要求等。最常见的节点详图是内外墙的平面和剖面节点构造详图，它是将内外墙各构造节点等部位，按其位置集中画在一起构成的局部剖面图。节点详图有屋面、墙身内外饰面、吊顶、地面、地沟、地下工程防水、楼梯等建筑部位的用料和构造做法。其中大多数详图都可直接引用或参见相应的标准图，否则应画详图节点。

**2) 房间详图**

房间详图是将某一房间用更大的比例绘制出来的图样，如楼梯间详图、电梯间详图、卫生间详图和厨房详图等。一般来说，这些房间的构造或固定设施都比较复杂。

**3）建筑构配件详图**

构配件详图是表达某一构配件的形式、构造、尺寸、材料、做法的图样，如门窗详图、雨篷详图、阳台详图，一般情况下采用国家和某地区编制的建筑构造和构配件的标准图集。

另外还有一些构配件详图也只需提供形式、尺寸、材料要求，由专业厂家负责进一步设计、制作和安装，如各种幕墙、钢构雨篷等。

**4）装修详图**

装修详图是指为美化室内外环境和视觉效果，在建筑物上所作的艺术处理。如花格窗、柱头、壁饰、地面图案的纹样、用材、尺寸和构造等。

### 7.1.3 建筑标准图的选用

为了简化设计图纸，设计时应尽量选用标准图集，选用的图集必须能适合在本工程所处地区使用，并能满足本工程设计要求，在引用时要注意以下几点。

(1) 选用前应仔细阅读图集的相关说明，了解其使用范围、限制条件和索引方法。

(2) 注意欲选用的图集是否符合现行规范，哪些做法或节点构造已经过时淘汰。

(3) 对号入座，避免张冠李戴。

(4) 选用的标准要恰当，应与本工程的性质、类别相符合。

(5) 切忌交代不清，以“参照”搪塞。只有在主要内容相同、个别尺寸或局部条件改变者，才可“参照”且应注明何处不同。

(6) 索引号要标注完全。

### 7.1.4 建筑详图的设计要求

**1）基本要求**

建筑详图是针对建筑各部分的构造做法、材料、尺寸等绘出的详细做法的，用来指导施工的重要图纸，是建筑施工图中与施工密切相关的重要部分。详图应构造合理、做法清楚、施工方便，有关尺寸与轴线关系应标注清楚，应完全与平面、剖面图吻合，所注编号、索引要相互一致，并符合现行的《房屋建筑制图统一标准》(GB/T 50001—2017)。

**2）深度规定**

(1) 对内外墙、屋面等节点，应绘出不同构造层次，表达节能设计内容，标注各材料名称及具体技术要求，注明细部和厚度尺寸等。

(2) 对楼梯、电梯、厨房、卫生间等的局部平面放大和构造详图，应注明相关的轴线和轴线编号以及细部尺寸、设施的布置和定位、相互的构造关系和具体的技术要求等。

(3) 对室内外装饰方面的构造、线脚、图案等,标注材料和细部尺寸及与主体结构的连接构造等。

(4) 门、窗、幕墙绘制立面图时,对开启面积大小和开启方式、与主体结构的连接方式以及用料的材质和颜色等作出规定。

(5) 对另行委托的幕墙、特殊门窗,应提出相应的技术要求。

(6) 其他凡在平面图、立面图、剖面图或文字说明中无法交代或交代不清的建筑构配件和建筑构造应绘制相应详图。

(7) 对邻近的原有建筑,应绘出其局部的平面图、立面图、剖面图,并索引新建筑与原有建筑结合处的详图号。

## 7.2 墙身大样图

墙身大样图是建筑剖面图的局部放大图样,表达墙体与地面、楼面、屋面的构造连接以及檐口、门窗顶、窗台、勒脚、防潮层、散水、明沟的尺寸、材料、做法等构造情况,一般多取建筑物内外的交界面——外墙部位。墙身大样图是砌墙、室内外装修、门窗安装、编制施工预算以及材料估算等的重要依据。

### 7.2.1 墙身大样图的节点选择

(1) 在一般建筑中,各层构造情况基本相同,所以,墙身大样图一般只画墙脚、檐口和中间部分三个节点。

(2) 墙身大样图宜由剖面图中直接引出,剖视方向应一致,这样对照看图较为方便。当从剖面图中不能直接索引时,可由立面图中引出,应尽量避免从平面图中索引。

(3) 在欲画的几个墙身大样图中,首先应确定少量最有代表性的部位,从上到下连续画全。通常采用省略方法画,即在门窗洞口处断开。至于极不典型的零星部位,可以作为节点详图,直接画在相近的平面图、立面图、剖面图上,无须绘入墙身大样图系列中。

(4) 墙身大样图一般采用 1∶20 的比例绘制,由于比例较大,各部分的构造(如结构层、面层的构造)均应详细表达出来,并画出相应的图例符号。

### 7.2.2 墙身大样图的内容与深度

**1) 内容(以外墙大样为例)**

(1) 墙脚。外墙墙脚主要指一层窗台及以下部分,包括散水(或明沟)、防潮层、勒脚、一层地面、踢脚等部分的形状、尺寸、材料及构造。

(2) 中间部分。主要包括楼板层、门窗过梁、圈梁的形状、大小、材料及其构造情况。还应表示出楼板与外墙的关系。

(3) 檐口。应表示出屋顶、檐口、女儿墙、屋顶圈梁的形状、大小、材料及其构造情况。

**2) 深度**

(1) 绘制出墙体的线脚、装饰线条尺寸,粉刷厚度和做法。

(2) 表达与门窗洞、结构构件的关系,表达与墙身连接在一起的阳台、平台、台阶、雨篷、散水的材料做法和尺寸及排水方向和措施。

(3) 说明墙身防潮层的做法和标高。

(4) 标注屋面、女儿墙的压顶尺寸和做法(在结构图中表示时应绘制配筋图并标注混凝土强度等级)、避雷网、屋顶栏杆等。

(5) 标注的屋面和地下室防水做法要分层标注清楚;女儿墙泛水高度及其收头的详细构造做法,门窗上下口的粉刷做法以及散水尺寸、粉刷坡度等应绘制详细。

(6) 窗帘盒、暖气罩及其与吊顶的关系也应详细表示或标注详图索引,对楼梯、地面、屋面有高差变化处,也应绘制节点构造详图,标注详细尺寸、标高和材料做法。

(7) 此部分详图与结构关系密切,应将结构构件的形状尺寸准确绘制,可标注与建筑有关的主要尺寸和标高。

### 7.2.3 墙身大样图的标高与尺寸

(1) 标高主要标注在以下部位:地面、楼面、屋面、女儿墙或檐口顶面、吊顶底面、室外地面。

(2) 竖向尺寸主要包括:层高、门窗(含玻璃幕墙)高度、窗台高度、女儿墙或檐口高度、吊顶净高(应根据梁高、管道高及吊顶本身构造高度综合考虑确定)、室外台阶或坡道高度、其他装饰构件或线脚的高度;上述尺寸宜分行有规律地标注,避免混注以保证清晰明确。上述尺寸中属定量尺寸者,有的尚须加注与相邻楼、地面间的定位尺寸。

(3) 水平尺寸主要包括:墙身厚度及定位尺寸、门窗或玻璃幕墙的定位尺寸、悬挑构件的挑出长度(如檐口、雨篷、线脚等)、台阶或坡道的总长度与定位尺寸。

上述尺寸应以相邻的轴线为起点标注。

### 7.2.4 墙身大样图的设计实例

墙身大样图设计实例如图 7-1 所示。

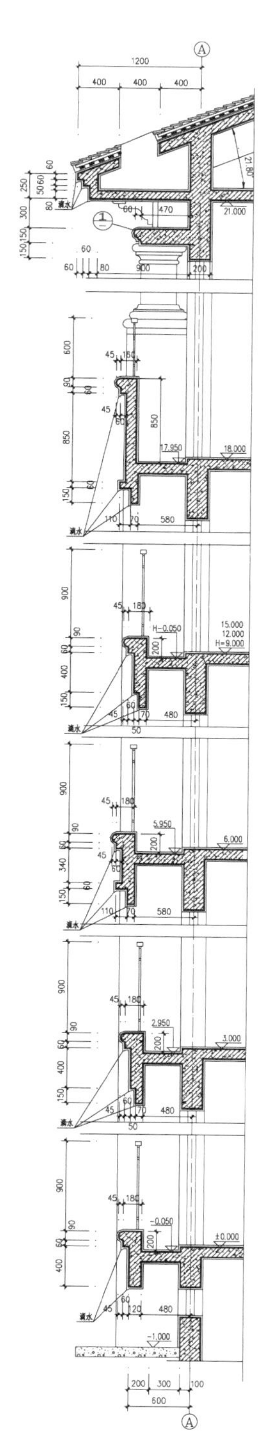

图 7-1 墙身大样图设计实例(图中标高单位为 m,其他单位为 mm)

## 7.3 局部放大平面大样图

### 7.3.1 楼梯大样图

楼梯的构造比较复杂，在建筑平面图和建筑剖面图中不易表达清楚，一般需要另绘楼梯大样图。楼梯大样图表示楼梯的组成和结构形式，一般包括楼梯平面图、楼梯剖面图和踏步、栏杆扶手详图等。这些图应尽量绘在同一张图纸内，以方便施工人员对照阅读。

结构设计师也需要仔细分析楼梯各部分的构成，是否能够构成一个整体，在进行楼梯计算的时候，楼梯大样图就是唯一的依据，所有的计算数据都取至楼梯大样图。

**1）楼梯平面图**

(1) 基本规定。

楼梯平面图是各层楼梯的水平剖面图。其剖切位置位于本层向上走的第一梯段内，在该层窗台上和休息平台下的范围，被剖切梯段的断开处按规定以倾斜45°的折断线表示。对楼梯的每一层一般都应绘出平面图，但当多层楼梯的中间各层相同时，也可以用一个楼梯平面图表示中间各层平面。因此，多层房屋一般应绘出一层楼梯平面图、中间层楼梯平面图和顶层楼梯平面图。

由于楼梯段的最高一级踏面与平台面或楼面重合，因此楼梯平面图上每一梯段的踏面格数总比踏步级数少一个。

(2) 楼梯平面图的设计内容。

① 标注楼梯间的定位轴线，以反映楼梯间在建筑物中的位置。

② 确定楼梯间的开间、进深及墙体的厚度、门窗的位置。

③ 确定楼梯段、楼梯井和休息平台的平面形式、位置及踏步的宽度和数量。

④ 标注楼梯的走向以及上下行的起步位置。

⑤ 标注楼梯段各层平台的标高。

⑥ 在底层平面图中标注楼梯剖面图的剖切位置及剖视方向。

(3) 楼梯平面图的设计实例。

楼梯平面图设计实例如图7-2所示。

**2）楼梯剖面图**

(1) 基本规定。

楼梯剖面图是用假想的垂直剖切平面，通过各层的一个梯段和门窗洞口，将楼梯垂直剖切，向另一侧未剖到的梯段方向作投影后所得到的剖面图。其剖切位置和剖视方向应在楼梯一层平面图上标出。

楼梯剖面图应表达出楼梯间的层数、梯段数、各梯段的踏步级数、楼梯的类型、

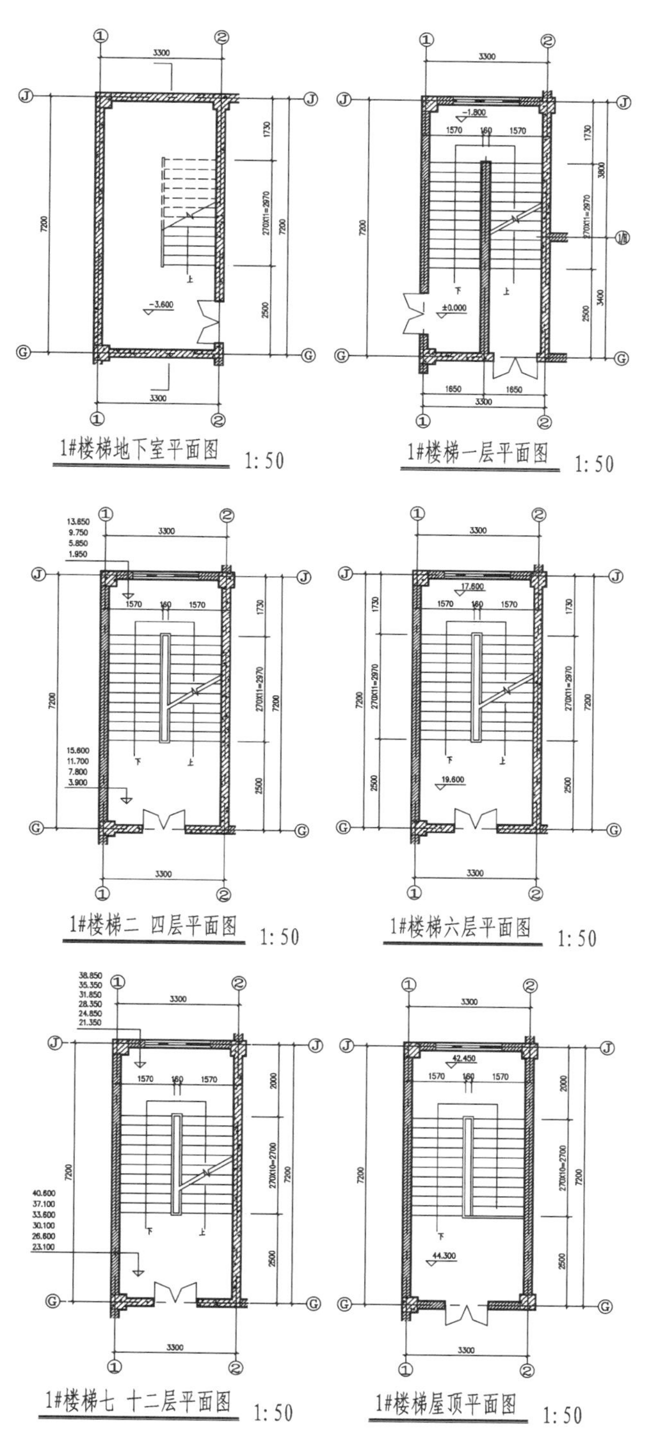


图 7-2　楼梯平面图设计实例(图中标高单位为 m,其他单位为 mm)

结构形式、平台的构造、栏杆的形状以及相关尺寸。梯段的高度以踏步高和踏步级数的乘积来表示。

(2) 楼梯剖面图的设计内容。

① 确定楼梯的构造形式。

② 标注楼梯在竖向和进深方向的有关尺寸。

③ 标注楼梯段、平台、栏杆、扶手等的构造和用料说明。

④ 标注被剖切梯段的踏步级数。

⑤ 标注索引符号,选择楼梯细部做法。

(3) 楼梯剖面图的设计实例。

楼梯剖面图设计实例如图 7-3 所示。

**3) 楼梯节点详图**

在楼梯平面图和剖面图中,楼梯的一些细部构造仍不能表达清楚,需要另绘节点详图表达。楼梯节点详图主要表明楼梯栏杆、扶手及踏步的形状、构造与尺寸。

楼梯节点详图设计实例如图 7-4 所示。

**4) 楼梯大样图的标高与尺寸**

(1) 楼梯平面图。

① 注明楼梯间四周墙的轴线号、墙厚与轴线关系尺寸。

② 在开间方向应标明楼梯梯段宽、楼梯井宽。

③ 在进深方向应标明休息平台宽,每级踏步宽×(踏步数－1)＝尺寸数,并标明上、下行方向箭头。

④ 标注楼层和休息平台标高及可见门窗高度。

(2) 楼梯剖面图。

① 剖面图高度方向所注尺寸为建筑物尺寸。

② 垂直方向注明楼层、休息平台标高,每跑踏步宽×踏步数＝尺寸数。

③ 水平方向注明轴号、墙厚、休息平台宽,每跑踏步宽×(踏步数－1)＝尺寸数。

④ 应注明各处扶手的高度、形式和节点详图索引。

(3) 当平台上有护窗栏杆时,其高度、形式和节点详图索引也应注明。

## 7.3.2 电梯大样图

**1) 电梯大样图的内容**

(1) 各层电梯平面大样图中,对相同的电梯平面图可注明()～()层电梯平面图。

(2) 电梯机房平面大样图。

(3) 全程井道剖面图。

**2) 电梯大样图的深度要求**

(1) 电梯基坑和各层电梯井道平面大样图中,包括电梯编号,墙、柱定位,电梯门洞,电梯轿厢和平衡重,轴线编号,轴线尺寸,井道尺寸(宽和深),预留门洞尺寸,井

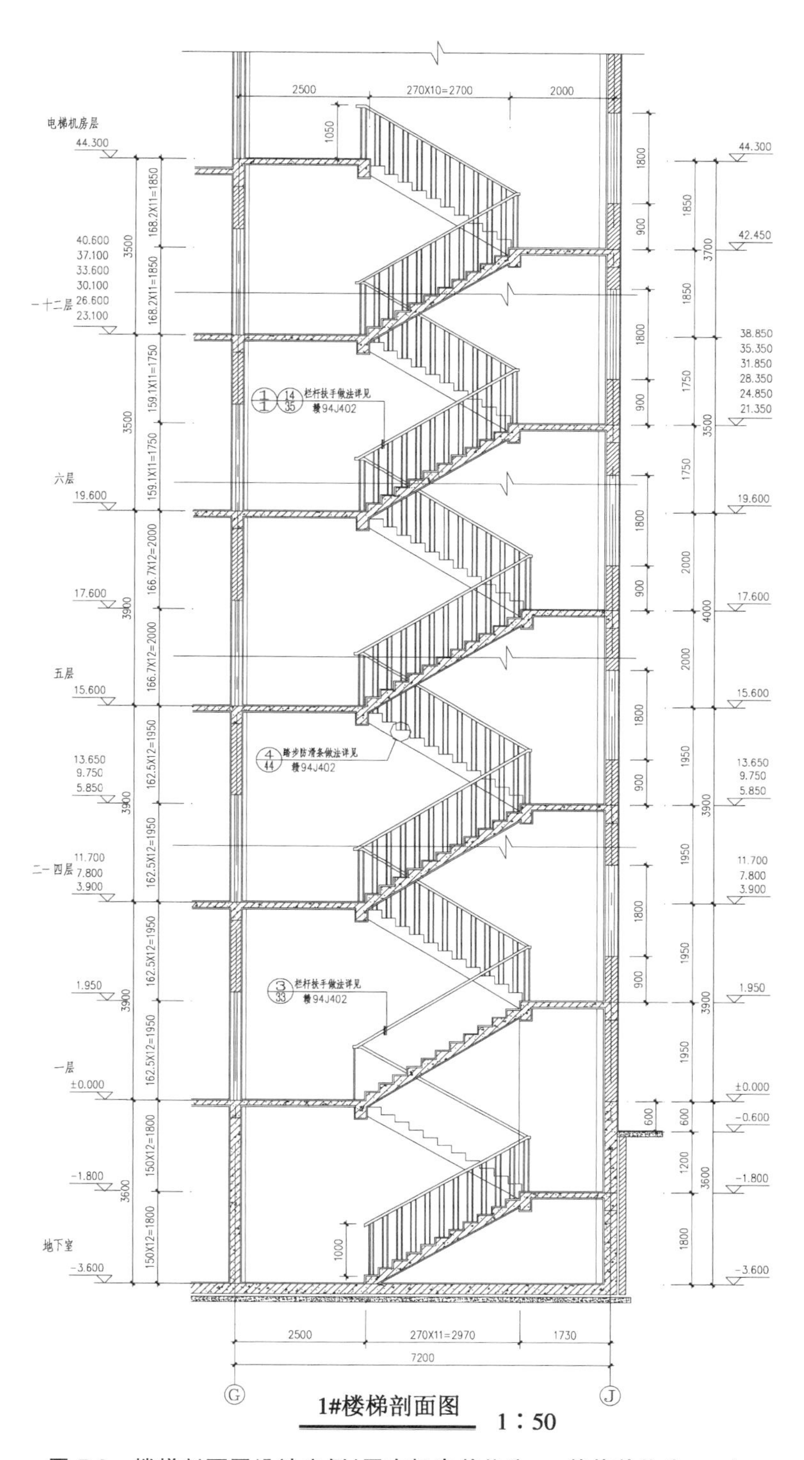

图 7-3 楼梯剖面图设计实例(图中标高单位为 m,其他单位为 mm)

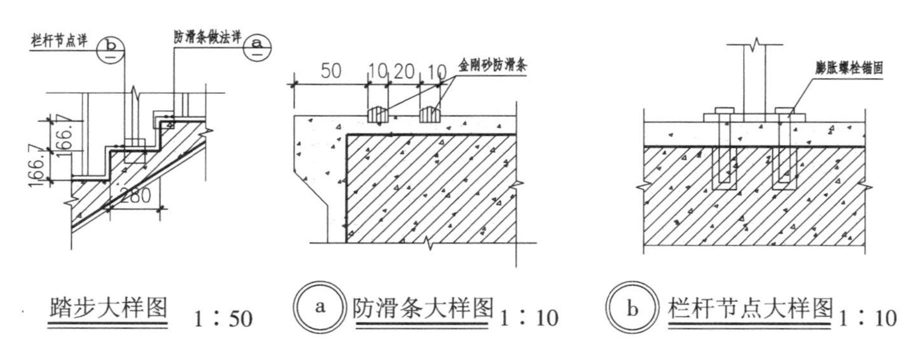


图 7-4 楼梯节点详图设计实例(单位:mm)

道壁厚尺寸和材料,基坑标高,各楼层电梯厅标高。

(2) 电梯机房平面大样图,包括墙、柱、门、窗、幕墙、机房名称、电梯井道位置、电梯编号、电梯机房净尺寸、电梯机房尺寸与井道位置的关系尺寸、电梯机房标高。

(3) 电梯剖面大样图,包括电梯井道壁、电梯门洞、电梯厅楼地面、电梯基坑底板、电梯机房楼面和顶面、门窗、幕墙、消防电梯集水井、各层层名和标高、电梯基坑标高、各层层高尺寸、基坑深度尺寸、缓冲层高度尺寸、提升高度尺寸、预留门洞高度尺寸。

(4) 电梯选用说明,包括选用依据,电梯编号和名称,类型和控制方式,载重量,速度,轿箱尺寸,井道尺寸,基坑深度,缓冲层高度,提升高度,停站层数,主站位置,电梯门尺寸,电梯门土建预留门洞尺寸及电梯轿厢、厅门和门套装修要求。

(5) 待电梯承包商提供电梯土建工艺资料后,需补充电梯机房牵引机支架、控制柜、分体空调、排风扇布置位置和留洞图,电梯门洞牛腿节点详图,门框埋件图,呼唤钮和层显留洞图及电梯基坑检修梯,消防电梯集水井和排水口,电梯门框装修节点。

(6) 电梯间大样图也可以与楼梯间大样图合并成图。

**3) 电梯大样图的设计实例**

电梯大样图设计实例如图 7-5 和图 7-6 所示。

### 7.3.3 卫生间大样图

**1) 卫生间大样图的设计内容与深度**

(1) 卫生间大样图主要表达卫生间内各种设备的位置、形状及安装做法等。

(2) 卫生间平面大样图。

① 应表示如厕位、小便斗和洗盆、烘手器、镜子等设施的选型和布置。

② 标注出隔间定位尺寸、开门方向和地坪标高、地面排水坡度和坡向、地漏位置、地坪与走道高差、管道井挡水翻口、房间名称等,各层平面图未表示清楚的尺寸也应在详图中表示。

(3) 无障碍厕所应把所配置的设施和定位尺寸标注清楚。

(4) 有吊顶的卫生间应绘制吊顶图,所表示内容同平面图章节中的吊顶图。在墙

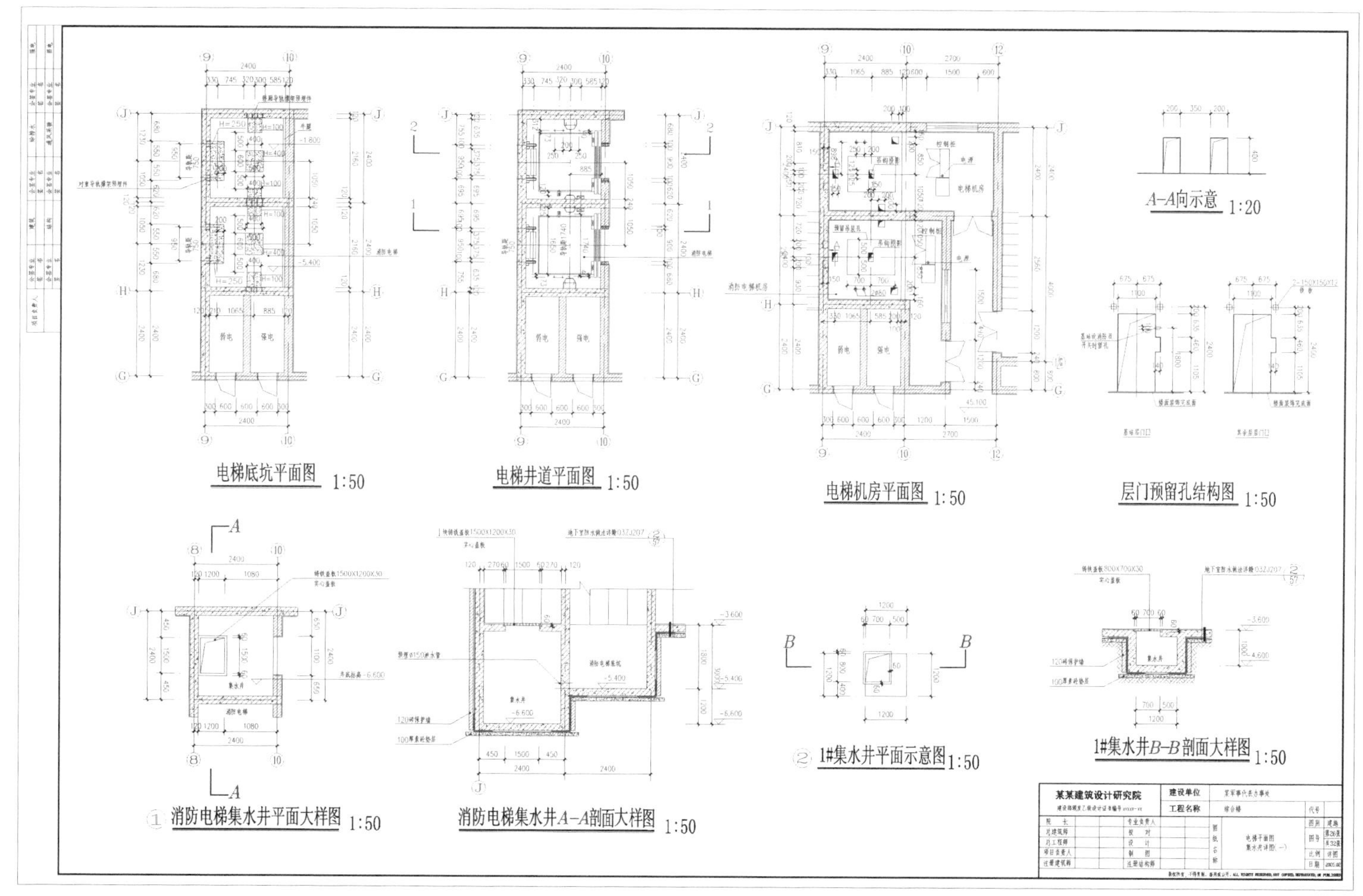


图7-5 电梯大样图设计实例 1

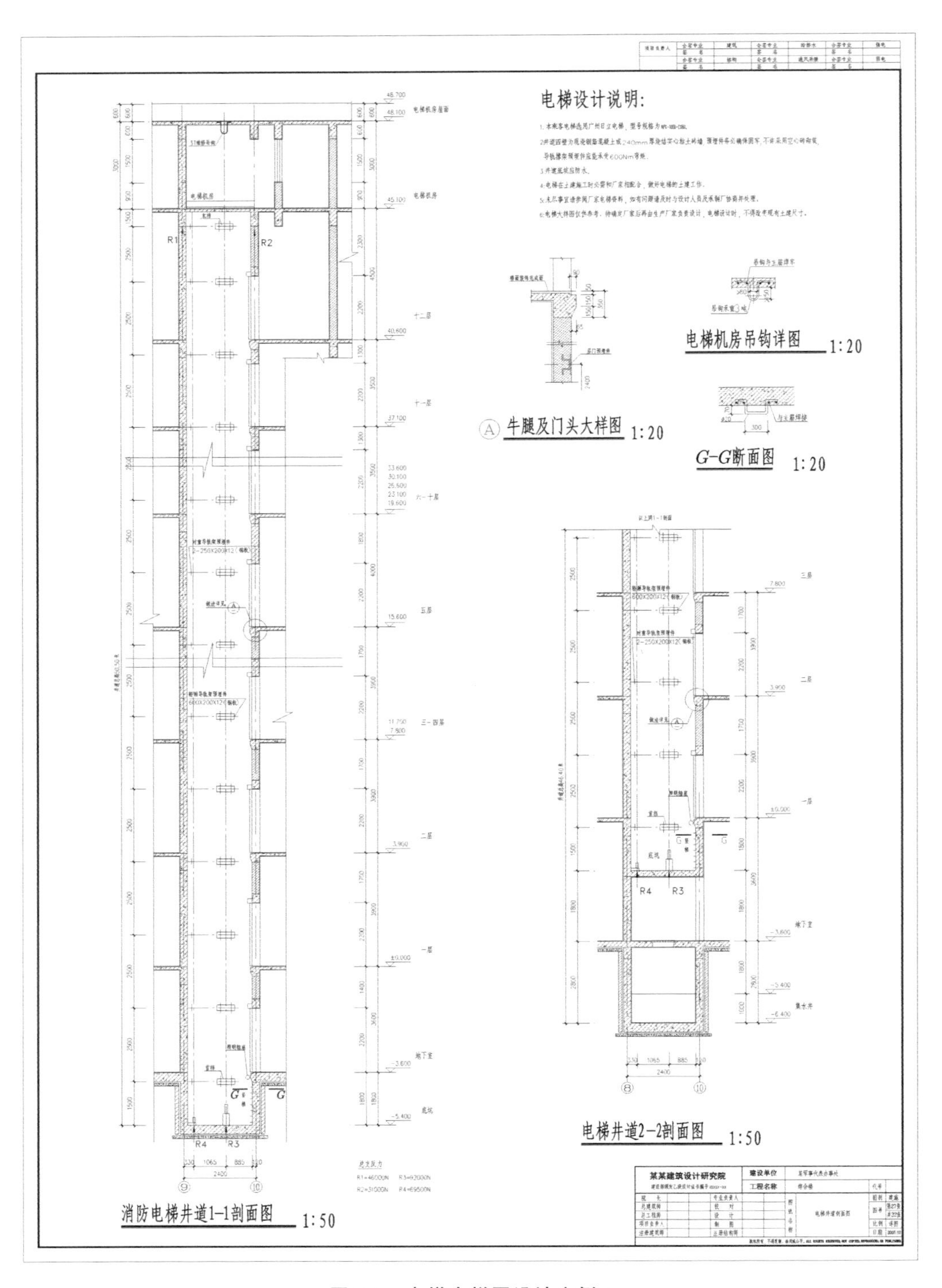


图 7-6　电梯大样图设计实例 2

面装修需要加以说明时，可绘制各个方向的内立面图，图中各种设施均应表示，而且需要明确隔断高度、设备安装高度、装修材料分格尺寸或标高以及选用材料的名称等。

**2）卫生间大样图设计实例**

卫生间大样图设计实例如图 7-7 所示。

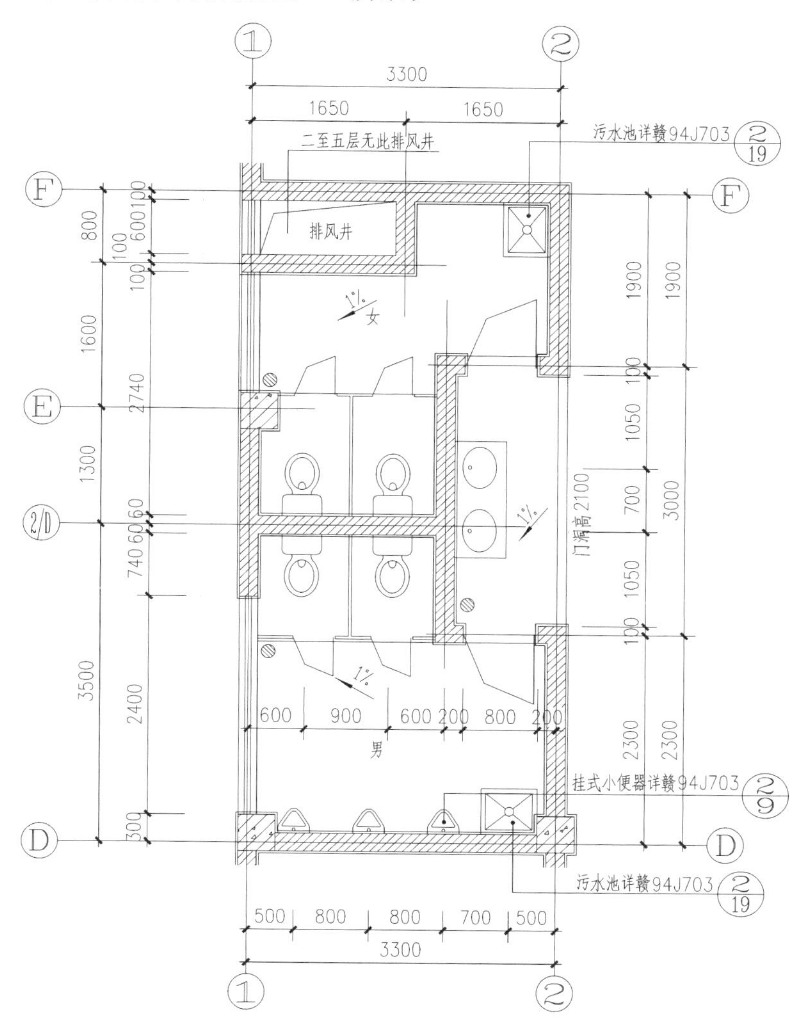


1#卫生间详图　1∶50

图 7-7　卫生间大样图设计实例(单位：mm)

## 7.3.4　厨房大样图

**1）厨房大样图的设计内容与深度**

在厨房设备布置已明确时应绘制厨房大样图，图中应表示炉灶、加工机械、工作台等的名称和定位尺寸、排烟罩位置和尺寸、排烟道位置和尺寸、地漏及隔油池位置、地面排水坡度及方向;有排水沟的地方应有水沟定位尺寸、长度、宽度和排水坡度、起始点标高、排水沟构造详图或详图索引等。

**2)厨房大样图的设计实例**

厨房大样图设计实例如图 7-8 所示。

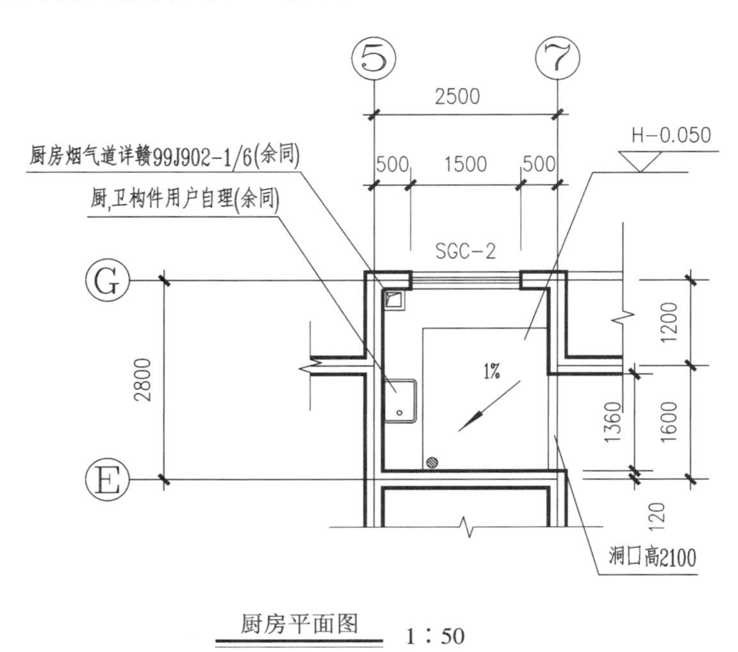


图 7-8 厨房大样图设计实例(图中标高单位为 m,其他单位为 mm)

## 7.4 门窗与幕墙大样图

因门窗在建筑上的大量使用,故各地都有标准门窗图集供设计者设计时选用。

出于造型、采光、条件限制等因素,仍有不少门窗不能采用标准门窗图集,此时应绘制门窗大样图,主要表示出门窗洞口尺寸、门窗的分格、开启扇位置及开启方式,说明窗框选用的材料、所必须满足的技术性能、材料尺寸要求等,根据墙面装修材料不同而调整门窗尺寸的要求,以保证门窗的安装和使用要求。

对幕墙同样应绘制立面分格大样图,开启扇位置应有剖面图,以表示出幕墙与结构构件的关系,为结构设计和生产厂家提供设计依据。幕墙还应明确材料品质、表面处理类型、玻璃品种和颜色、构造类型、防火及各种物理性能要求。

### 7.4.1 门窗大样图

**1）门窗立面图的绘制**

（1）门窗立面图均系外视图。旋转开启的门窗用实开启线表示外开，虚开启线表示内开。开启线交角处表示旋转轴的位置，以此可以判断门窗的开启形式，如平开、上悬、下悬、中悬、立转等；对于推拉开启的门窗，则在推拉窗扇上画箭头表示开启方向；而固定窗扇则只画窗樘不画窗扇。弧形窗及转折窗应绘制展开立面图。

（2）门窗立面图一般用粗实线画窗樘，用细实线画窗扇和开启线，做到简繁适度、樘扇分明。

（3）门窗开启扇的控制尺寸。

① 门窗扇的控制尺寸。由于受材料、构造、制作、运输、安装条件的限制，因此门窗立面的划分不能随心所欲，特别是开启扇的尺寸相应会受到约束。以铝合金门窗扇为例，其最大尺寸为：

平开窗扇——600 mm×1200 mm（1400 mm 慎用）

推拉窗扇——900 mm×1500 mm（1800 mm 慎用）

平开门扇——1000 mm×2400 mm（单扇），900 mm×2400 mm（双扇）

推拉门扇——900 mm×2100 mm（常用），1000 mm×2400 mm（慎用）

② 固定扇的控制尺寸，主要取决于玻璃的最大允许尺寸，而玻璃的最大允许尺寸因玻璃类别、品种和生产厂家的不同而有很大差异。现仅将常用玻璃尺寸介绍如下：

普通平板玻璃——2000 mm×2500 mm×（3～12）mm

浮法平板玻璃——1500 mm×2000 mm×3 mm（常备规格），2000 mm×2500 mm×（4、5、6）mm（常备规格），3000 mm×6000 mm×（3～12）mm（特殊订货）

镀膜玻璃——2400 mm×3300 mm×（6－10）mm

对建筑标准较高的门窗玻璃、玻璃幕墙用玻璃、镀膜玻璃均应采用浮法玻璃作为基片。不言而喻，门窗樘的分格越小，固定扇玻璃的厚度即可减薄，这样比较经济、安全和便于安装运输。至于玻璃的厚度则应根据固定扇所处的部位、受力面积的大小，通过抗风及抗震计算才能确定。此工作一般由制作厂家负责。

**2）门窗立面尺寸的标注**

在门窗高度和宽度方向应标注洞口尺寸和分格尺寸。

（1）弧形窗或转折窗的洞口尺寸应标注展开尺寸，并宜加画平面示意图，注出半径或分段尺寸。

（2）转折窗的制作总尺寸应分段标注，中间部分应标注窗轴线总尺寸。

（3）若对拼樘位置无明确要求时，分格尺寸可以仅表示立面划分，制作时由厂家调整和确定拼樘位置、节点构造，以方便加工和安装。

**3）门窗大样图说明**

说明最好直接写在相关的门窗图内或门窗表的附注内，也可以写在首页的设计说明中。设计说明应包括下列内容。

(1) 门窗立樘位置。

(2) 外门窗附纱与否,纱的材料与形式(平开、卷轴、固定挂纱等)。

(3) 玻璃的颜色[透明(白)色、宝蓝、翠绿、茶色等]与品种[浮法玻璃、净片、镀膜(低辐射镀膜玻璃)、钢化、夹胶、防火、中空等]。

(4) 窗框的材质与颜色、窗框的断面尺寸、玻璃厚度及构造节点,详见何种标准图册或由厂家确定。

(5) 对特殊构造节点的要求。如通窗在楼层或隔壁之间的防火、隔音处理,以及与主体结构的连接等。

(6) 外门窗的抗风压、气密、水密、保温、隔声性能要求。

(7) 其他制作及安装要求和注意事项。如门窗制作尺寸应放样并核实无误后方可加工。

**4) 门窗大样图的设计实例**

门窗大样图设计实例如图 7-9 所示。

### 7.4.2 玻璃幕墙

玻璃幕墙是一种现代的新型墙体，是由金属构件与玻璃板组成的建筑外围护结构。其主要构件应悬挂在主体结构上(斜玻璃幕墙可悬挂或支承在主体结构上)。

玻璃幕墙将建筑美学、建筑功能、建筑节能和建筑结构等因素有机地统一起来，使其在形式、性能、结构、材料、构造、制作、安装等方面要比一般门窗复杂而严格得多,因而必须由专业厂家进行设计、制作和安装,建筑师一般只绘制立面、剖面形式图,提出防火、保温、隔热节能等要求,并配合相应的设计工作。

**1) 玻璃幕墙的分类**

(1) 明框玻璃幕墙。

明框玻璃幕墙是金属框架构件显露在外表面的玻璃幕墙。它以特殊断面的铝合金型材为框架,玻璃面板全嵌入型材的凹槽内。其特点在于铝合金型材本身兼有骨架结构和固定玻璃的双重作用。

(2) 隐框玻璃幕墙。

隐框玻璃幕墙的金属框隐蔽在玻璃的背面,室外看不见金属框。隐框玻璃幕墙又可分为全隐框玻璃幕墙和半隐框玻璃幕墙两种,半隐框玻璃幕墙可以是横明竖隐,也可以是竖明横隐。隐框玻璃幕墙的构造特点是玻璃在铝框外侧,用硅酮结构密封胶进行玻璃与铝框黏接,幕墙的荷载主要靠密封胶承受。

(3) 点式玻璃幕墙。

点式玻璃幕墙有金属支承结构点式玻璃幕墙、全玻璃结构点式玻璃幕墙和拉杆(索)结构点式玻璃幕墙三种。

① 金属支承结构点式玻璃幕墙。它是用金属材料做支承结构体系,通过金属连

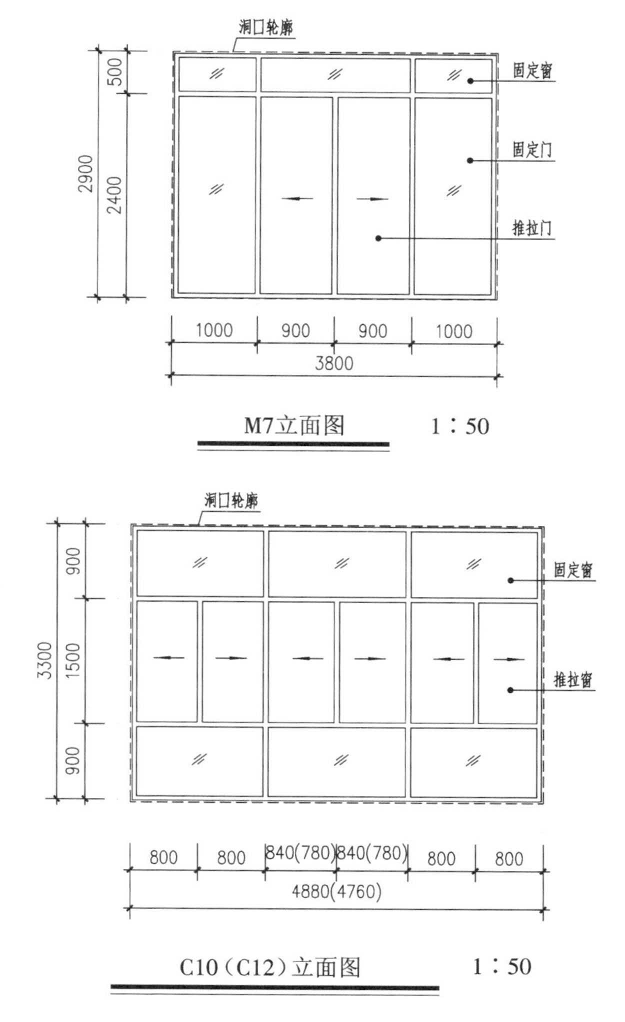


**图 7-9 门窗大样图设计实例(单位:mm)**

接件和紧固件将玻璃牢固地固定在它上面,十分安全可靠。这种体系灵活多变,可以满足建筑造型的需要,人们可以透过玻璃清楚地看到支承玻璃的整个结构体系。玻璃的晶莹剔透和金属结构的坚固结实,“美”与“力”的体现,增强了“虚”“实”对比的效果。

② 全玻璃结构点式玻璃幕墙。它是通过金属连接件及紧固件将玻璃支承结构(玻璃肋)与玻璃面连成整体,成为建筑围护结构。这种体系施工简便、造价低,玻璃面和玻璃肋构成开阔的视野,令人赏心悦目,使建筑物室内、外空间达到最大程度的视觉交融。

③ 拉杆(索)结构点式玻璃幕墙。它是采用不锈钢拉杆或用与玻璃分缝相对应的拉索做成幕墙的支承结构,玻璃通过金属连接件与其固定。在建筑中充分运用机

械加工的精度,使构件均为受拉杆件,因此,施工时要构件施加预应力。这种柔性连接可降低建筑震动时玻璃的破损率。

**2)玻璃幕墙的立面分格**

(1)幕墙的立柱位置应与室内空间平面分隔相协调;幕墙的横档位置应与楼板、吊顶及窗台(或踢脚板)的位置相对应;

(2)玻璃分格应考虑玻璃的成品尺寸,出材率应大于80%。常用宽度为1100～1300 mm(1500 mm慎用),常用高度为1500～1800 mm,宽高比例宜控制在1∶1.2～1∶1.5之间,不建议采用正方形和1∶2以上的狭长矩形;

(3)开启扇部分的面积不宜大于幕墙面积的15%,其主要功能是火灾发生时排烟。开启扇宜为上悬式或滑撑式,尺寸宜为1100～1300 mm(宽)×1500～1800 mm(高)。因为推拉窗在关闭时幕墙面不平整,影响美观;而平开窗及中旋窗的受力和安全性较差。

**3)玻璃幕墙尺寸的标注**

玻璃幕墙尺寸的标注与普通门窗立面尺寸的标注基本相同。有时因无相邻墙体,所以无洞口尺寸和安装尺寸可标注。但最好应增加与平面轴线和楼层标高之间的定位关系尺寸,使图意表达明确,方便施工。

**4)玻璃幕墙的剖面设计**

主要是交代幕墙与主体结构、室内装修配件的关系,在楼层间和幕墙上下两端的处理,以及相关尺寸。一般均在墙身大样中交代或示意,具体构造节点由制作厂家确定方案和绘图。但必须满足楼层间防火、隔音及美观的要求,上下两端满足防水及保温要求。

**5)玻璃幕墙设计的安全要求**

该安全要求除防火、防雷外,主要是防止幕墙玻璃碎后伤人。因此对玻璃的选用、室外设施布置、安装护栏等均有规定,可详见《玻璃幕墙工程技术规范》(JGJ 102—2003)第4.4条。

**6)擦窗设备**

当玻璃幕墙高度大于40 m时应设擦窗机。擦窗机分为轨道式、轮载式、吊篮式三种。设计时应根据选用的形式,将需要擦窗的建筑立面、剖面、高度尺寸以及建筑物上可供安装擦窗机的楼层平面图、剖面图提供给制作单位。此外,设计单位还应提供轨道预埋件基础图、设备荷载及电容量等技术资料,以便相关专业人员进行设计和绘图。如尚无条件确定擦窗机选型,则也应估计相关荷载和电容量,并作为遗留问题写入设计说明中。

**7)玻璃幕墙的建筑设计说明**

(1)制作厂家的资质要求及设计分工范围。

(2)玻璃幕墙的选型:可分为明框、半隐框、隐框或全玻幕墙。如为全玻幕墙应确定连接形式。

(3)玻璃的品种:可分为退火、吸热、钢化、半钢化、夹层、镀膜(低辐射镀膜玻璃)、彩釉钢化、中空、防火等各种玻璃。

(4) 露明框料的颜色。

(5) 有无擦窗设备:清洗机的形式、位置和要求。

(6) 对特殊构造节点的制作与安装要求及注意事项。

**8) 建筑设计人员与制作单位的配合工作**

(1) 确定和检测幕墙的风压变形、空气渗透、雨水渗透的性能值。

(2) 确定幕墙的保温、隔声、层间变形、耐撞击、热量吸收与热断裂的性能值。

(3) 确定幕墙的防火、防雷的安全措施和构造要求及其性能值。

(4) 向施工单位提供幕墙安装所需要的预埋件尺寸与位置。

**9) 关于混合幕墙**

混合幕墙是指在同一幕墙骨架上,根据立面和功能的要求,分区安装玻璃板、金属板、石板等外围护材料。显然其结构、性能、构造、制作、安装比玻璃幕墙更加复杂,因此混合幕墙的设计更趋专业化,建筑设计所提供的资料和要求基本上与玻璃幕墙相同,但更强调与厂家的配合与协作。

**10) 玻璃幕墙大样图的设计实例**

玻璃幕墙大样图设计实例如图 7-10 所示。

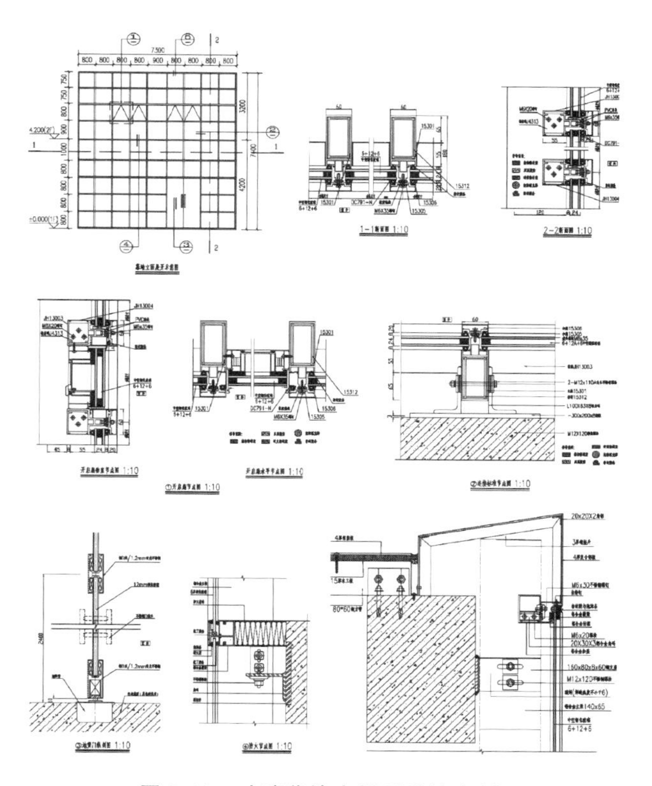

图 7-10 玻璃幕墙大样图设计实例

## 7.5 建筑详图设计中常见通病

**1) 楼梯设计**

(1) 梯段踏步级数。违反不应超过 18 步,亦不小于 3 步的规定;出入口平台过道处净高(平台梁底至平台梁正下方踏步或楼地面上边缘的垂直距离)不满足大于等于 2.0 m 的规定,梯段净高不满足大于等于 2.2 m 的规定;楼梯平台净宽违反不小于梯段宽度,并不得小于 1.20 m 的规定。

(2) 有儿童使用的建筑。楼梯梯井大于 0.2 m 时,未设安全防护措施;住宅、托儿所、幼儿园、中小学校及少年儿童专用活动场所、文化娱乐建筑、商业服务建筑、体育建筑、园林景观等允许儿童进入的活动场所,楼梯竖向立杆间距违反了不大于 0.11 m 的规定。

(3) 需设防烟楼梯间的建筑。室外辅助防烟楼梯,在楼梯周围 2 m 范围内的墙上开设窗洞口,不满足规范要求。

(4) 封闭楼梯间及防烟楼梯间前室的内墙上,开设有其他门洞;或封闭楼梯间门采用一般胶合门板等,未采用乙级防火门。

(5) 需设封闭楼梯间建筑的首层楼梯间,将走道和门厅等包括在楼梯间内形成扩大的封闭楼梯间,但未采用乙级防火门等防火措施与其他走道和房间隔开。

(6) 儿童使用场合的栏杆防攀登的措施存在不同程度的问题。

(7) 疏散门采用了卷帘门,而不是采用向疏散方向开启的平开门。

**2) 电梯设计**

(1) 消防电梯的一些构造要求不能满足。特别突出的问题如下:消防电梯井、机房与相邻其他电梯井、机房之间未采用耐火极限不低于 2 h 的墙隔开;隔墙上开设门时,未按规定开设甲级防火门;常见消防电梯前室未按规定设消火栓。

(2) 消防电梯井道底部应考虑排水,但往往未设计排水设施和贮水的空间。

**3) 建筑构配件**

(1) 防火墙设在转道附近时,内转角两侧墙上的门窗洞口之间的最近边缘水平距离不满足大于等于 4 m 的要求,同时也没有采取相应的防火措施;紧靠防火墙两侧窗的水平距离不满足大于等于 2 m 的要求,同时也没有采取相应的防火措施。

(2) 分别独立设置的电缆井、管道井、排烟道、排气道、垃圾道等竖向管道井和井壁上开设了检查门,但检查门未采用丙级防火门。

(3) 阳台、外廊、室内回廊、上人屋面及室外楼梯等临空栏杆(栏板)、女儿墙等安全防护(包括高度、防攀登、防坠落和竖杆间距等),不满足规范要求(防护栏杆高度应从可踏面算起)。

(4) 无直接对外开窗的卫生间需设排气道,并需设有进风口,但设计时(住宅)缺排气道或进风口。

**4）建筑无障碍设计**

在《工程建设标准强制性条文》中下列建筑必须进行无障碍设计(在工程建筑强制性条文中)：办公、科研建筑；商业服务建筑；文化、纪念建筑；观演、体育建筑；交通、医疗建筑；学校、园林建筑；高层、中层住宅及公寓建筑等以及需设计无障碍设计的范围。业主往往认为，本单位无残疾人员，不必作无障碍设计；有些设计人员一味迁就业主，不进行无障碍设计，有的仅在入口处设计坡道，漏设计无障碍厕所及无障碍电梯等。

针对这些问题，有待于设计人员和全社会提高认识，重视无障碍设计，以体现社会对残疾人的关怀和人性化设计。

# 8 建筑设计计算书

## 8.1 建筑设计计算书的类型

建筑设计计算书是设计人员根据工程性质特点进行热工、视线、防护、安全疏散等方面的计算。计算书应作为技术文件归档。通常,建筑设计计算书有以下几种类型。

(1) 有关视线、安全疏散、防护方面的计算,这部分多由建筑设计人员编写。

大型商店应进行安全疏散计算。剧场、电影院、会堂、体育馆、体育场应进行视线和安全疏散计算。计算方法和标准,可查阅相应的建筑设计规范、防火规范及其他相关资料;医院、工厂、实验室等建筑内有射线产生的部位,应进行防护设计,可参照相应的建筑设计规范和《电离辐射防护与辐射源安全基本标准》(GB 18871—2002)进行计算。

(2) 复杂的声学、防护、音响计算,可由相应的专业人员另行编写,但建筑设计人员应提供基础资料(如平面、剖面及尺寸,用料及构造的初步方案,使用情况与要求等),并进行配合协调。

(3) 关于建筑热工计算(主要是外围护结构的保温和隔热),建筑设计人员首先应在建筑朝向、体形、门窗洞口尺寸及选型、外墙与屋面的选材和构造等方面考虑节能因素,并将基础资料提供给暖通工种进行热工计算(或由建筑设计人员承担)。计算书除内部归档备查外,还应按照当地主管部门的规定,上报审查批示是否达到节能指标,以便业主办理施工许可、竣工验收以及固定资产投资方向调节税零税率等手续。

建筑热工及节能计算的依据可参看本书第3章3.4.1节中的内容。鉴于我国已颁发实施《中华人民共和国节约能源法》,因此建筑设计人员作为主导专业人员,在建筑设计中应充分重视和全面贯彻执行。

## 8.2 建筑节能计算书

### 8.2.1 概述

关于建筑节能计算书,《深度规定》4.3.9节中有以下规定。

(1) 严寒地区A区、严寒地区B区及寒冷地区需计算体形系数,夏热冬冷地区与夏热冬暖地区公共建筑不需计算体形系数。

(2) 各单一朝向窗墙面积比计算(包括天窗屋面比),设计外窗包括玻璃幕墙的可视部分的热工性能满足规范的限制要求。

(3) 设计外墙(包括玻璃幕墙的非可视部分)、屋面、与室外接触的架空(或外挑楼板)、地面、地下室外墙、外门、采暖与非采暖房间的隔墙和楼板、分户墙等的热工性能计算。

当规范允许的个别限值超过要求时,通过围护结构热工性能的权衡判断,使围护结构总体热工性能满足节能要求。

### 8.2.2 建筑节能计算书的内容

建筑节能计算书在各省由于地域特点的不同有其各自的格式,但通常包含以下几方面的内容。

**1)项目介绍**

该工程项目的基本信息介绍,如项目名称、建设地点、总建筑面积、建筑高度、层数、建筑类型、建设单位、该项目相关批号等。这部分内容常常在节能计算书的封面中表述。

**2)设计依据**

(1) 建筑小区、单体节能设计基本情况及气候条件介绍。

例如:江西处于南岭以北、长江以南,纬度偏低,夏季多受副热带高压控制,盛行偏南风;冬季常受西伯利亚(或蒙古)高压影响,盛行偏北风,阴冷,气温低,但霜冻期短。江西属亚热带湿润季风气候,属于夏热冬冷地区。

这就通过设计背景简介说明了设计项目套用规范标准的依据。

(2) 设计依据性文件、规范、标准。

这部分内容与设计总说明中节能设计部分的内容相同,在此不再赘述。

(3) 典型单体(栋号)节能设计规定性指标有以下几点。

① 建筑体形系数的计算值。

② 窗墙面积比计算值及设计选用窗的传热系数值。

③ 屋面典型构造层次(或构造设计节点图)及平均传热系数设计值。

④ 外墙典型构造层次(或构造设计节点图)及平均传热系数设计值。

**3)建筑围护结构组成**

介绍本项目围护结构的选用材料以及外墙、楼板、内墙(分户墙)、屋面、窗扇、入户门等类型。可通过列表或分类的方式列出。

**4)建筑热工节能分析**

这部分内容是整个计算书的重点,着重阐明围护结构各部分的热工性能指标(热阻、传热系数、导热系数等),通过计算证明该热工设计是满足节能设计要求的。

这部分的内容常常通过列表的方式表达,清晰明了,详见本章的设计实例介绍。

**5)结论**

通过以上计算过程,得出结论:建筑物各围护结构是否符合节能设计要求。

### 8.2.3 设计实例

某实验室工程项目的建筑节能计算报告书如下。

# 节能计算报告书

一、节能设计依据

1.《民用建筑热工设计规范》(GB 50176—2016)。

2.《公共建筑节能设计标准》(GB 50189—2015)。

3.《建筑外门窗气密、水密、抗风压性能检测方法》(GB/T 7106—2019)。

4.《工程建筑标准强制性条文》(建标〔2000〕219 号)。

5.《AJ 膨胀玻化微珠外墙外保温建筑构造》(赣 07ZJ105)。

6. 其他相关标准、规范。

二、建筑概况

建筑概况如表 8-1 所示。

**表 8-1　建筑概况**

| 城市名称 | 南昌(东经 115.9°，北纬 28.6°，海拔 27.15 km) | | |
|---|---|---|---|
| 结构类型 | 框架结构 | 建筑面积 | 1737.6 $m^2$ |
| 建筑楼层数 | 主体 3 层，局部 4 层 | 建筑高度 | 主体 12 m，局部 15.2 m |

三、总平面设计节能措施

总体布局：一字形排布。

朝向：东西朝向。

间距：北面与原有两层高建筑间距 0.5 m，西面局部与原有两层高建筑间距 1.3 m。

通风组织：充分利用自然风。

绿化系统：乔木、灌木、花草等高矮搭配。

四、围护结构节能措施

1. 屋顶

1）有保温层上人屋面如表 8-2 所示。

**表 8-2　有保温层上人屋面**

| 材　　料 | 厚度 $\delta$ /m | 修正后导热系数 $\lambda$ /[W/(m·K)] | 热阻值 $R=\delta/\lambda$ /[($m^2$·K)/W] |
|---|---|---|---|
| 1. 面层：30～40 厚预制轻质隔热板面层 | 0.040 | 0.09 | 0.4444 |
| 2. 结合层：25 厚粗砂垫层 | 0.025 | 0.93 | 0.0269 |
| 3. 防水层：1.5 厚 TBL(聚乙烯膜)卷材二道 | 0.030 | | |
| 4. TBL 清洁剂涂刷一道 | | | |
| 5. 找平层：20 厚 1:3干水泥砂浆 | 0.02 | 0.93 | 0.0215 |

续表

| 材　　料 | 厚度 $\delta$ /m | 修正后导热系数 $\lambda$ /[W/(m·K)] | 热阻值 $R=\delta/\lambda$ /[(m²·K)/W] |
|---|---|---|---|
| 6. 保温层:30 厚挤塑聚苯乙烯泡沫塑料板 | 0.03 | 0.042 | 0.7143 |
| 7. 找坡层:1∶8水泥陶粒(最薄处 30) | 0.08 | 0.44 | 0.1818 |
| 8. 隔汽层:刷 TBL 涂料二道 | | | |
| 9. 找平层:20 厚 1∶3干水泥砂浆 | 0.020 | 0.93 | 0.0215 |
| 10. 结构层:100 厚现浇钢筋混凝土屋面板 | 0.10 | 1.74 | 0.0575 |
| 11. 粉刷层:20 厚水泥石灰砂浆 | 0.02 | 0.93 | 0.02 |

① 屋顶热阻 $R_O$($R_i=0.11$, $R_e=0.04$)

$$R_O = R_i + R_e + R$$
$$=0.11+0.04+0.4444+0.0269+0.0215+0.7143+0.1818+0.0215+0.0575+0.02$$
$$=1.6379$$

② 屋顶传热系数 $K$

$$K=1/R_O=1\times 1.6379^{-1}\ \mathrm{W/(m^2\cdot K)}=0.6105\ \mathrm{W/(m^2\cdot K)}$$

2）有保温层不上人屋面如表 8-3 所示。

**表 8-3　有保温层不上人屋面**

| 材　　料 | 厚度 $\delta$ /m | 修正后导热系数 $\lambda$ /[W/(m·K)] | 热阻值 $R=\delta/\lambda$ /[(m²·K)/W] |
|---|---|---|---|
| 1. 面层:1.5 厚 TBL 卷材一道 | 0.015 | | |
| 2. 找平层:20 厚 1∶3干水泥砂浆 | 0.02 | 0.93 | 0.0215 |
| 3. 保温层:50 厚挤塑聚苯乙烯泡沫塑料板 | 0.05 | 0.042 | 1.191 |
| 4. 找平层:20 厚 1∶3干水泥砂浆 | 0.020 | 0.93 | 0.0215 |
| 5. 找坡层:1∶8水泥陶粒(最薄处 30) | 0.08 | 0.44 | 0.1818 |
| 6. 结构层:100 厚现浇钢筋混凝土屋面板 | 0.10 | 1.74 | 0.0575 |
| 7. 粉刷层:20 厚水泥石灰砂浆 | 0.02 | 0.93 | 0.02 |

① 屋顶热阻 $R_O$($R_i=0.11$, $R_e=0.04$)

$$R_O=R_i+R_e+R$$
$$=0.11+0.04+0.0215+1.191+0.0215+0.1818+0.0575+0.02$$
$$=1.6433$$

② 屋顶传热系数 $K$

$$K=1/R_O=1\times1.6433^{-1}\ \mathrm{W/(m^2\cdot K)}=0.6085\ \mathrm{W/(m^2\cdot K)}$$

2. 外墙

外墙内容如表 8-4 所示。

**表 8-4 外墙**

| 材料 | 厚度 $\delta$ /m | 修正后导热系数 $\lambda$ /[W/(m·K)] | 热阻值 $R=\delta/\lambda$ /[(m²·K)/W] |
|---|---|---|---|
| 1. 粉墙层:20 厚水泥砂浆 | 0.02 | 0.93 | 0.022 |
| 2. 结构层:240 厚黏土多空砖(P 型) | 0.24 | 0.58 | 0.414 |
| 3. 保温层:40 厚 AJ 保温砂浆 | 0.04 | 0.007 | 0.497 |
| 4. 保护层:10 厚抗裂砂浆 | 0.00 | 0.93 | 0.004 |

① 外墙热阻 $R_O$(外墙保温做法选用省标图集,详见赣 07ZJ105—1c/11),查得

$$R_O=R_i+R_e+R=1.087$$

② 外墙传热系数 $K$

$$K=1/R_O=1\times1.087^{-1}\ \mathrm{W/(m^2\cdot K)}=0.92\ \mathrm{W/(m^2\cdot K)}$$

3. 底层接触室外空气的架空楼板(二层以上无架空楼板)

4. 地面

地面内容如表 8-5 所示。

**表 8-5 地面**

| 材料 | 厚度 $\delta$ /m | 修正后导热系数 $\lambda$ /[W/(m·K)] | 热阻值 $R=\delta/\lambda$ /[(m²·K)/W] |
|---|---|---|---|
| 1. 8 厚玻化地砖面层,干水泥擦缝 | 0.008 | 1.74 | 0.0046 |
| 2. 刷素水泥浆一道 | | | |
| 3. 20 厚 1∶2水泥砂浆结合层 | 0.02 | 0.059 | 0.3389 |
| 4. 刷素水泥浆一道 | | | |
| 5. 40 厚细石混凝土保护层 | 0.10 | 1.74 | 0.0575 |
| 6. 20 厚胶粉聚苯颗粒浆料保温层 | 0.02 | 0.042 | 0.4762 |
| 7. 刷素水泥浆一道 | | | |
| 8. 隔离层:石油沥青油毡 | | | |
| 9. 15 厚 1∶3水泥砂浆找平层 | 0.015 | 0.93 | 0.0161 |
| 10. 60 厚混凝土垫层 | | | |
| 11. 素土夯实 | 0.50 | 1.16 | 0.431 |

① 地面热阻 $R_O$($R_i=0.11$, $R_e=0.04$)

$$R_O=R_i+R_e+R$$

$=0.11+0.04+0.0046+0.3389+0.0575+0.4762+0.0161+0.431$
$=1.4743$

② 地面传热系数 $K$

$$K=1/R_O=1\times1.4743^{-1}\ \mathrm{W/(m^2\cdot K)}=0.678\ \mathrm{W/(m^2\cdot K)}$$

5. 地下室外墙：无

6. 外门窗

① 外门窗汇总表如表 8-6 所示。

**表 8-6　外门窗汇总表**

| 类别 | 编号 | 门窗面积/m² | | 数量 | 材料 | | 开启方式 | 传热系数/$K$ | 遮阳系数/SC | 玻璃可见光透射比 |
|---|---|---|---|---|---|---|---|---|---|---|
| | | 洞口面积 | 可开启面积 | | 框料 | 玻璃 | | | | |
| 外窗 | LC—1 | 9.92 | 0.8 | 4 | 中空断热铝合金框料 | 单框中空玻璃窗(5+6+5) | 外悬 | 2.38 | 0.473 | 0.78 |
| | LC—2 | 4.56 | 1.56 | 18 | | | 推拉 | 2.38 | 0.425 | 0.78 |
| | LC—3 | 4.75 | 1.69 | 2 | | | 推拉 | 2.38 | 0.425 | 0.78 |
| | LC—4 | 10.24 | 0.85 | 1 | | | 外悬 | 2.38 | 0.473 | 0.78 |
| | LC—5 | 3.42 | 1.2 | 1 | | | 推拉 | 2.38 | 0.212 | 0.78 |
| | LC—6 | 1.2 | 0.6 | 4 | | | 推拉 | 2.38 | 0.467 | 0.78 |
| | LC—7 | 4.65 | 2.32 | 6 | | | 推拉 | 2.38 | 0.357 | 0.78 |
| | LC—8 | 7.6 | 2.34 | 2 | | | 推拉 | 2.38 | 0.471 | 0.78 |
| | LC—9 | 3.4 | 1.1 | 4 | | | 外悬 | 2.38 | 0.5 | 0.78 |
| | LC—10 | 3.4 | — | 4 | | | 固定 | 2.38 | 0.5 | 0.78 |
| | LC—11 | 3.78 | 1.35 | 6 | | | 推拉 | 2.38 | 0.5 | 0.78 |
| | LC—12 | 12.24 | — | 1 | | | 固定 | 2.38 | 0.5 | 0.78 |
| | LC—13 | 4.14 | 1.03 | 1 | | | 推拉 | 2.38 | 0.5 | 0.78 |
| | LC—14 | 5.58 | 0.93 | 2 | | | 推拉 | 2.38 | 0.5 | 0.78 |
| | LC—15 | 6.48 | 1.08 | 1 | | | 推拉 | 2.38 | 0.5 | 0.78 |
| | LC—16 | 2.85 | 1 | 3 | | | 推拉 | 2.38 | 0.496 | 0.78 |
| | LC—17 | 4.2 | 1.05 | 1 | | | 外悬 | 2.38 | 0.5 | 0.78 |
| | LC—18 | 3 | 1 | 2 | | | 推拉 | 2.38 | 0.5 | 0.78 |
| | LC—19 | 7.44 | 1.92 | 1 | | | 推拉 | 2.38 | 0.448 | 0.78 |
| 外门 | BM—1 | 12.96 | 4.05 | 1 | 中空断热铝合金框料 | 单框中空玻璃门(5+6+5) | 平开 | 3.1 | 0.487 | 0.78 |
| | BM—2 | 11.16 | 4.05 | 1 | | | 平开 | 3.1 | 0.473 | 0.78 |
| | BM—3 | 9.92 | 4.05 | 1 | | | 平开 | 3.1 | 0.473 | 0.78 |

续表

| 类别 | 编号 | 门窗面积/m² | | 数量 | 材料 | | 开启方式 | 传热系数/K | 遮阳系数/SC | 玻璃可见光透射比 |
|---|---|---|---|---|---|---|---|---|---|---|
| | | 洞口面积 | 可开启面积 | | 框料 | 玻璃 | | | | |
| 点支玻璃窗 | DC—1 | 25.08 | 2.88 | 1 | 中空断热铝合金框料 | 单框中空玻璃窗(5+6+5) | 外悬 | 3.1 | 0.485 | 0.78 |
| 彩钢门窗 | CGC—1 | 4.2 | 1.688 | 1 | | | 平开 | 3.1 | 0.5 | 0.78 |

② 外门窗安装时,门窗框与洞口之间应采用发泡填充剂堵塞,以避免形成冷桥。

③ 外窗气密性不应低于《建筑外门窗气密、水密、抗风压性能检测方法》(GB/T 7106—2019)规定的4级。

④ 以上所用各种材料,须在材料和安装工艺上把好关,并经过必要的抽样检测,方可正式制作安装。

7.屋顶透明部分(天窗):无

五、节点大样做法(或图集索引编号)

节点大样做法如表8-7所示。

表8-7 节点大样做法

| 设计部位 | 构造做法(或图集索引编号) |
|---|---|
| 檐口 | 赣07ZJ105 第45页 |
| 女儿墙 | 赣07ZJ105 3/45或者4/45 |
| 外墙阴、阳角 | 赣07ZJ105 第26页 |
| 热桥 | 赣07ZJ105 第30页、第32页 |
| 外门洞口 | 赣07ZJ105 4/28或者3/30 |
| 外窗洞口 | 赣07ZJ105 2/30或者5/30 |
| 凸窗洞口 | 赣07ZJ105 第35页 |
| 阳台 | 赣07ZJ105 1/36 |
| 雨篷 | 赣07ZJ105 1/40 |
| 空调室外机搁板 | 赣07ZJ105 2/40 |
| 变形缝 | 赣07ZJ105 4/41 |
| 分格缝 | 赣07ZJ105 5/41 |
| 勒脚 | 赣07ZJ105 6/28 |
| 穿墙管 | 赣07ZJ105 4/40 |

六、建筑节能设计汇总表

建筑节能设计汇总表如表8-8所示。

**表 8-8 建筑节能设计汇总表**

<table>
<tr><th colspan="2">设计部位</th><th colspan="2">规定性指标</th><th colspan="2">计算数值</th><th colspan="4">保温材料及节能措施</th><th>备注</th></tr>
<tr><td rowspan="4">屋　顶</td><td rowspan="2">实体部分</td><td colspan="2" rowspan="2">K≤0.7</td><td>上人屋面</td><td>0.6105</td><td colspan="4">30 厚挤塑聚苯乙烯泡沫塑料板</td><td rowspan="17"></td></tr>
<tr><td>不上人屋面</td><td>0.6085</td><td colspan="4">50 厚挤塑聚苯乙烯泡沫塑料板</td></tr>
<tr><td rowspan="2">透明部分</td><td rowspan="2">面积≤20%</td><td>K≤3.0</td><td rowspan="2">面积=</td><td>K=</td><td colspan="4" rowspan="2"></td></tr>
<tr><td>SC≤0.4</td><td>SC=</td></tr>
<tr><td colspan="2">外　墙</td><td colspan="2">K≤1.0</td><td colspan="2">0.92</td><td colspan="4">40 厚 AJ 保温砂浆保温层</td></tr>
<tr><td colspan="2">架空楼板</td><td colspan="2">K≤1.0</td><td colspan="2">—</td><td colspan="4">—</td></tr>
<tr><td colspan="2">外挑楼板</td><td colspan="2">K≤1.0</td><td colspan="2">—</td><td colspan="4">—</td></tr>
<tr><td colspan="2">地　面</td><td colspan="2">R≥1.2</td><td colspan="2">1.4743</td><td colspan="4">20 厚胶粉聚苯颗粒浆料保温层</td></tr>
<tr><td colspan="2">地下室外墙</td><td colspan="2">R≥1.2</td><td colspan="2">—</td><td colspan="4"></td></tr>
<tr><td rowspan="8">单一朝向外窗（包括透明幕墙部分）</td><td>窗墙面积比</td><td>K</td><td>SC（东西南向/北向）</td><td colspan="2" rowspan="2">窗墙面积比</td><td rowspan="2">K</td><td rowspan="2">SC</td><td rowspan="2">可开启面积≥30%</td><td rowspan="2">可见光透射比≥0.4</td></tr>
<tr><td>≤0.2</td><td>≤4.7</td><td>—</td></tr>
<tr><td>>0.2<br>≤0.3</td><td>≤3.5</td><td>≤0.55/—</td><td>南</td><td>0.184</td><td>2.38</td><td>0.5</td><td>27.5%</td><td>0.78</td></tr>
<tr><td>>0.3<br>≤0.4</td><td>≤3.0</td><td>≤0.50/<br>≤0.60</td><td>北</td><td>0.113</td><td>2.38</td><td>0.5</td><td>18.3%</td><td>0.78</td></tr>
<tr><td>>0.4<br>≤0.5</td><td>≤2.8</td><td>≤0.45/<br>≤0.55</td><td>东</td><td>0.348</td><td>2.38</td><td>0.5</td><td>23.8%</td><td>0.78</td></tr>
<tr><td>>0.5<br>≤0.7</td><td>≤2.5</td><td>≤0.40/<br>≤0.50</td><td>西</td><td>0.161</td><td>2.38</td><td>0.5</td><td>28.6%</td><td>0.78</td></tr>
<tr><td rowspan="2">气密性等级</td><td>外窗</td><td>≥4 级</td><td></td><td></td><td rowspan="2">外窗材料</td><td colspan="3" rowspan="2">单框双层中空铝合金玻璃窗（5+6+5）型材组合采用节能断桥工艺</td></tr>
<tr><td>透明幕墙</td><td>—</td><td></td><td></td></tr>
</table>

注：K 为传热系数[W/($m^2$ · K)]，R 为热阻[($m^2$ · K)/W]；SC 为遮阳系数，能耗单位：kW · h，单位面积能耗单位：kW · h/m。

七、结论

① 外窗的传热系数满足标准要求。

② 外墙的传热系数满足标准要求。

③ 屋顶的传热系数满足标准要求。

④ 地面的传热系数满足标准要求。

根据计算，该工程能满足《公共建筑节能设计标准》(GB 50189—2015)的相应要求。

# 9　建筑施工图设计审查

## 9.1　概述

### 9.1.1　施工图设计审查制度的产生背景

施工图设计文件审查制度是从20世纪90年代开始以抗震审查为依托，在结构安全性审查试点的基础上建立起来的，是国家建设行政主管部门于2004年推出并在全国范围内逐步落实的一项强制性建设程序（即《房屋建筑和市政基础设施工程施工图设计文件审查管理办法》中华人民共和国住房和城乡建设部令第13号，见本书附录），是一项集政策性和技术性于一体的工作。

施工图设计文件审查制度产生的背景如下。

(1) 经济体制改革的深入和与国际接轨的形势，改变了勘察设计单位的性质，设计单位逐步从计划经济时代的事业单位向企业过渡，企业固有的追逐经济利益的天性对勘察设计成果产生了很大影响。

(2) 勘察设计成果对工程建设的方方面面具有极大的决定作用，政府若不对其实施积极、有效的管理，尤其是涉及公共利益、公共安全的内容，后果将是灾难性的。

因此，在勘察设计行业内选出了经验相对丰富、水平相对较高的人员和机构组建审查单位，并代表政府、协助政府实现其公共管理职能。在此制度下，工程管理中的技术管理和行政审批也得到了正确有效的分工：技术管理以审查单位为主，政府在行政审批时，可不再予以过多考虑。

### 9.1.2　施工图设计审查的分类

施工图设计文件审查分行政政策性审查和技术性审查。

**1) 行政政策性审查**

行政政策性审查包括是否符合基建程序、勘察设计单位资质、从业人员资格及设计成果是否合法、有效，合同是否备案，是否执行行业收费标准。

**2) 技术性审查**

技术性审查主要包括工程的安全性和是否符合公众利益，审查内容逐步扩展到消防、人防、环保、通信管线、燃气、节能、幕墙等专项设计审查。

### 9.1.3 施工图设计审查的依据

**1)《建设工程质量管理条例》**

《建设工程质量管理条例》(国务院第279号令)第十一条:"建设单位应当将施工图设计文件报县级以上人民政府建设行政主管部门或者其他有关部门审查。""施工图设计文件未经审查批准的,不得使用。"

**2)《建设工程勘察设计管理条例》**

《建设工程勘察设计管理条例》(国务院第293号令)第三十三条:"县级以上人民政府交通运输等有关部门应当对施工图设计文件中涉及公共利益、公众安全、工程建设强制性标准的内容进行审查。"

**3)《房屋建筑和市政基础设施工程施工图设计文件审查管理办法》**

《房屋建筑和市政基础设施工程施工图设计文件审查管理办法》(中华人民共和国住房和城乡建设部令第13号令)第三条:"国家实施施工图设计文件(含勘察文件,以下简称施工图)审查制度。""本办法所称施工图审查,是指施工图审查机构(以下简称审查机构)按照有关法律、法规,对施工图涉及公共利益、公众安全和工程建设强制性标准的内容进行的审查。""施工图未经审查合格的,不得使用。"

### 9.1.4 施工图设计审查的范围

除法律、法规另有规定外,一般施工图设计文件重点审查以下范围的项目。

(1) 住宅小区、工厂生活区、地下工程,三层及以上的住宅工程(含建制镇、集镇规划建设用地范围)。

(2) 建筑面积在300平方米及以上的一般公共建筑工程,国家民用建筑工程设计等级分类标准规定的特殊公共建筑。

(3) 工程投资额在30万元及以上的工业建筑工程,乙级及乙级以上资质的设计单位方可承接的构筑物。

(4) 工程投资额在50万元以上的给水、排水、燃气、道路、桥隧、热力等市政基础设施工程。

(5) 涉及城镇生命线的低于30万元或小于300平方米的建筑物和构筑物。

(6) 国家民用建筑工程设计等级分类标准规定的二级及以上民用建筑工程的装饰装修,工程投资额在50万元及以上的建筑智能化、建筑幕墙、轻型钢结构等专项工程。

### 9.1.5 施工图设计审查的内容

施工图设计审查的内容包括以下几方面。

(1) 是否符合工程建设强制性标准,包括节能设计是否符合国家和地方的节能建筑设计标准和节能要求。

(2) 建筑物及构筑物的稳定性和安全性,包括地基基础和主体结构的安全性。

(3) 是否按照经批准的初步设计文件进行施工图设计,施工图是否达到规定的设计深度标准要求。

(4) 是否损害公众利益。

(5) 是否执行了超限高层建筑工程抗震设防专项审查意见。

(6) 勘察、设计企业和注册执业人员以及相关人员的行为是否符合国家和地方有关法律、法规、规章的规定。

(7) 其他法律、法规及规章规定的必须审查的内容。

### 9.1.6 施工图设计审查的材料

**1) 行政政策性审查需提交的材料**

(1) 建设单位关于施工图审查的申请。

(2) 项目立项批准文件。

(3) 城市规划部门的规划意见(复印件)。

(4) 建设工程初步设计批准文件(复印件)。

(5) 建设工程勘察、设计合同。

(6) 勘察设计招投标备案表(复印件)。

**2) 技术性审查需提交的材料**

(1) 设计单位资质证书(复印件)。

(2) 设计合同(复印件)(外省单位需办理进省核验手续)。

(3) 建筑设计红线图(复印件)。

(4) 有关部门对勘察报告及消防、人防、环保的专项审查意见。

(5) 完整的施工图(加盖出图专用章、注册建筑师及注册结构师的印章,注册师本人应签字)。

(6) 注明计算软件名称与版本的结构专业计算书。

(7) 节能审查备案登记表及民用建筑工程节能设计计算书(注明计算软件名称)。

(8) 其他资料(根据工程的具体情况和审查需要确定)。

### 9.1.7 施工图设计审查的程序

**1) 施工图审查流程**

施工图审查流程图如图 9-1 所示。

**2) 办理程序**

(1) 审查受理手续。建设单位提供施工图及相关资料经初步审查符合要求后,审查机构方可办理审查受理手续。施工图审查分两阶段进行,先期进行工程勘察文件审查,审查通过后,建设单位方可申报其他专业施工图审查。

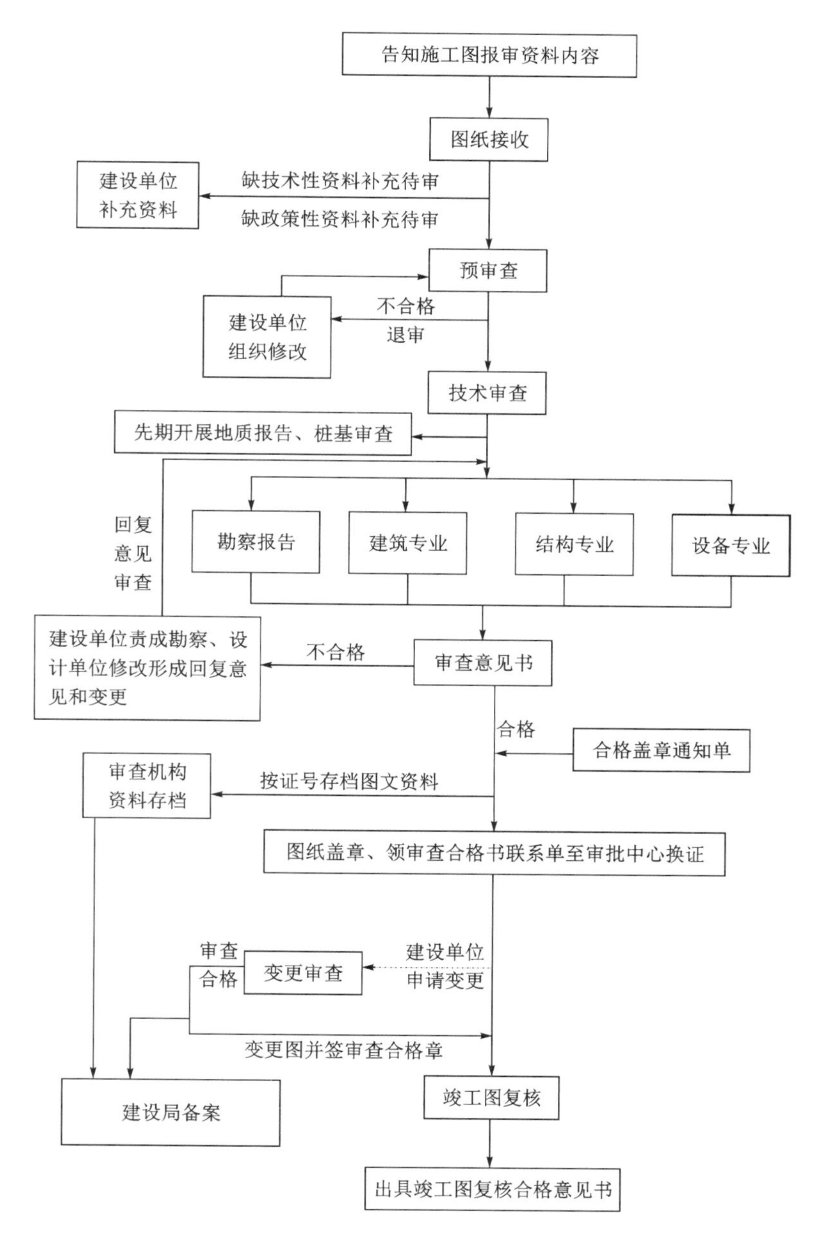


图 9-1　施工图审查流程图

(2) 接收审查资料。建设单位按规定将施工图及相关资料送达后,受理人员应查验图纸、资料是否齐全。

(3) 安排审查任务。当施工图审查资料齐备后,审查机构应安排技术人员进行审查。

(4) 审查施工图。审查人员按有关规定进行审查,对结构专业除审查全套施工图纸外,还应审查结构计算书;对建筑和设备专业除审查相应的施工图外,还应审查节能计算书和相关计算资料。

(5) 提出审查意见。施工图审查后,审查机构出具审查意见书,由建设单位责成勘察设计企业根据审查意见书对施工图进行修改。

(6) 办理合格证书。施工图审查合格或修改图纸和回复意见经复审通过后,由施工图审查机构负责给建设单位办理审查合格书。

(7) 变更图纸目录。凡修改的图纸和回复意见复审通过后,应把修改图纸和回复意见编入施工图纸总目录中,同时撤换存在违反强制性条文的图纸资料。

(8) 返还施工图纸。经审查合格的施工图或复审通过的修改图纸和回复意见,由施工图审查机构加盖审查专用章后,返还给建设单位。

(9) 审查资料存档。审查机构应将审查的全套资料(审查受理手续、审查主要结构施工图、审查合格书复印件、审查意见书、审查勘察设计企业的修改图纸和回复意见、审查相关计算资料等)分类存档,妥善保管。

## 9.2 建筑专业施工图设计的审查要点

### 9.2.1 编制依据

建设、规划、消防、人防等主管部门对本工程的审批文件是否得到落实,如人防工程平战结合用途及规模、室外出口等是否符合人防批件的规定,现行国家及地方有关本建筑设计的工程建设规范、规程是否齐全、正确,是否为有效版本。

### 9.2.2 规划要求

本建筑工程设计是否符合规划批准的建设用地位置,建筑面积及控制高度是否在规划的范围内。

### 9.2.3 施工图深度

**1) 设计说明基本内容**

(1) 编制依据:主管部门的审批文件、工程建设标准。

(2) 工程概况:建设地点、用地概况、建筑等级、设计使用年限、抗震设防烈度、结构类型、建筑布局、建筑面积、建筑层数与高度。

(3) 主要部位材料做法,如墙体、屋面、门窗等(属于民用建筑节能设计范围的工程可与节能设计部位合并)。

(4) 节能设计。

① 对严寒和寒冷地区居住建筑应说明建筑物的体形系数、耗热量指标及主要部

位围护结构材料做法、传热系数等。

② 对夏热冬冷地区居住建筑应说明建筑物体形系数及主要部位围护结构材料做法、传热系数、热惰性指标等。

(5) 防水设计。

① 地下工程防水等级及设防要求,选用防水卷材或涂料的材质及厚度、变形缝构造及其他给水、排水措施。

② 屋面防水等级及设防要求、选用防水卷材或涂料的材质及厚度、屋面排水方式及雨水管类型。

③ 潮湿积水房间楼面、地面防水及墙身防潮层做法、防渗漏措施。

(6) 建筑防火。

① 防火分区及安全疏散。

② 消防设施及措施:如墙体、金属承重构件、幕墙、管井、防火门、防火卷帘、消防电梯、消防水池、消防泵房及消防控制中心的设置、构造与防火处理等。

(7) 人防工程:人防工程所在部位、防护等级、平战用途、防护面积、室内外入口及进、排风口的布置。

(8) 室内外装修做法。

(9) 需由专业部门设计、生产、安装的建筑设备、建筑构件的技术要求,如电梯、自动扶梯、排风口的布置。

(10) 其他需特殊说明的情况,如安全防护、环境保护等。

**2) 图纸基本要求**

① 总平面图:标示建设用地范围、道路及建筑红线位置、用地及四邻有关地形、地物、周边市政道路的控制标高;明确新建工程(包括隐蔽工程)的位置及室内外设计标高、场地道路、广场、停车位布置及地面雨水排除方向。

② 平面图、立面图、剖面图完整、表达准确。其中屋顶平面应包含下述内容:屋面检修口、管沟、设备基座及变形缝构造;屋面排水设计、落水口构造及雨水管选型等。

③ 关键部位的节点、大样不能遗漏,如楼梯、电梯、汽车坡道、墙身、门窗等。其中楼梯、上人屋面、中庭回廊、低窗等安全防护设施应交代清楚。

④ 对建筑物中留待专业设计完善的变配电室、锅炉间、热交换间、中水处理间及餐饮厨房等,应提供合理组织流程的条件和必要的辅助设施。

### 9.2.4 强制性条文

《工程建设标准强制性条文》(房屋建筑部分)2013 版中有关建筑设计、建筑防火等建筑专业的强制性条文(详见《工程建设标准强制性条文》)。

### 9.2.5 建筑设计基本规定

**1) 建筑设施安全与卫生的主要技术要求**

(1) 楼梯安全性要求:楼梯是垂直交通的主要空间,具体要求如下。

① 供日常主要交通用的楼梯的梯段宽度应根据建筑物使用特征,按每股人流宽度为 0.55+(0～0.15) m 的人流股数确定,并不应少于两股人流(《民用建筑设计统一标准》(GB 50352—2019)第 6.8.3 条)。

② 住宅楼梯梯段净宽不应小于 1.1 m。六层及六层以下住宅,一边设有栏杆的梯段净宽不应小于 1 m(《住宅建筑规范》(GB 50368—2005)第 5.2.3 条)。

③ 楼梯平台过道处净高(平台梁底至平台梁正下方踏步或楼地面上边缘的垂直距离)不应小于 2 m;梯段净高不应小于 2.2 m(《民用建筑通用规范》(GB 55031—2022)第 5.3.7 条)。梯段净高为自踏步前缘(包括最低和最高一级踏步前缘线以外 0.30 m 范围内)量至上方突出物下缘间的垂直高度。

④ 当梯段改变方向时,楼梯休息平台的最小宽度不应小于梯段净宽,并不应小于 1.20 m;当中间有实体墙时,扶手转向端处的平台净宽不应小于 1.30 m。直跑楼梯的中间平台宽度不应小于 0.90 m(《民用建筑通用规范》(GB 55031—2022)第 5.3.5 条)。

⑤ 每个梯段的踏步不应超过 18 级,亦不应少于 2 级(《民用建筑通用规范》(GB 55031—2022)第 5.3.8 条)。踏步的高与宽则随建筑的性质定。如住宅的踏步宽不应小于 0.26 m,踏步高不应大于 0.175 m(《民用建筑通用规范》(GB 55031—2022)第 5.3.9 条)。

⑥ 为了保护少年儿童生命安全,中小学校、幼儿园等少年儿童专用活动场所的楼梯,其梯井净宽大于 0.20 m(少儿胸背厚度),必须采取防止少年儿童坠落措施;楼梯扶手上应加装防止少年儿童溜滑的设施,防止其在楼梯扶手上做滑梯游戏,产生跌落楼梯井底事故;楼梯栏杆应采用不易攀登的构造和花饰;杆件或花饰的镂空处净距不得大于 0.11 m。少年儿童活动频繁的其他公共场所也应参照执行(《民用建筑通用规范》(GB 55031—2022)第 5.3.11 条)。

(2) 阳台、外廊、室内回廊、内天井、上人屋面及室外楼梯等临空处应设置防护栏杆,并应符合下列规定(《民用建筑设计统一标准》(GB 50352—2019)第 6.7.3 条)。

① 栏杆应以坚固、耐久的材料制作,并能承受荷载规范规定的水平荷载。

② 临空高度在 24 m 以下时,栏杆高度不应低于 1.05 m,临空高度在 24 m 及 24 m 以上(包括中高层住宅)时,栏杆高度不应低于 1.10 m。栏杆高度应从楼地面或屋面至栏杆扶手顶面垂直高度计算,如底部有宽度大于或等于 0.22 m,且高度低于或等于 0.45 m 的可踏部位,应从可踏部位顶面起计算。

③ 栏杆离楼面或屋面 0.10 m 高度内不宜留空。

④ 住宅、托儿所、幼儿园、中小学及少年儿童专用活动场所的栏杆必须采用防止少年儿童攀登的构造,当采用垂直杆件做栏杆时,其杆件净距不应大于 0.11 m。

⑤ 文化娱乐建筑、商业服务建筑、体育建筑、园林景观建筑等允许少年儿童进入

活动的场所，当采用垂直杆件做栏杆时，其杆件净距也不应大于 0.11 m。

(3) 窗台的安全性要求：窗台也是临空边缘的安全保护构件，具体要求如下。

① 临空的窗台低于 0.80 m 时，应采取防护措施，防护高度由楼地面起计算不应低于 0.80 m(《民用建筑设计统一标准》(GB 50352—2019)第 6.11.6 条(3))。

② 外窗窗台距楼、地面的净高低于 0.90 m 时，应设防护设施(《住宅建筑规范》(GB 50368—2005)第 5.2.3 条)。这与《民用建筑设计统一标准》(GB 50352—2019)的规定一致，特别要注意的是，在住宅设计中，多采用外飘窗，低窗台，防护栏杆的高度，如从楼地面起计算，则只需加 0.40 m 左右即可，但是这显然是不安全的，因为 0.50 m 左右的低窗台，小孩很容易爬上去，窗台的净高或防护栏杆的高度均应从可踏面起算，保证净高 0.9 m。

(4) 存放食品、食料、种子或药物等的房间，其存放物与楼地面直接接触时，严禁采用有毒性的材料作为楼地面，材料的毒性应经有关卫生防疫部门鉴定。存放吸味较强的食物时，应防止采用散发异味的楼地面材料(《民用建筑设计统一标准》(GB 50352—2019)第 6.13.5 条)。

(5) 管道井、烟道、通风道应分别独立设置，不得共用(《民用建筑设计统一标准》(GB 50352—2019)第 6.16.1 条)。

**2) 保障公众利益的主要技术要求**

"除城市规划确定的永久性空地外，紧接基地边界线的建筑不得向邻地方向设洞口、门窗、阳台、挑檐、废气排出以及排泄雨水设施"。紧接基地边界建造房屋应保护各业主的权利这是保护人身基本权利所必需的，以免引起邻里纠纷。

## 9.2.6 建筑设计重要内容

**1) 室内环境设计**

(1) 依据当地民用建筑节能设计标准实施细则，结合本地区节能实施细则规定的实施范围，确定建筑耗热量指标和采暖耗煤量指标。

(2)《民用建筑设计统一标准》(GB 50352—2019)第 6.6.1 条：厕所、卫生间、盥洗室和浴室的位置应符合下列规定。

①厕所、卫生间、盥洗室和浴室应根据功能合理布置，位置选择应方便使用、相对隐蔽，并应避免所产生的气味、潮气、噪声等影响或干扰其他房间。室内公共厕所的服务半径应满足不同类型建筑的使用要求，不宜超过 50.0 m。

②在食品加工与贮存、医药及其原材料生产与贮存、生活供水、电气、档案、文物等有严格卫生、安全要求房间的直接上层，不应布置厕所、卫生间、盥洗室、浴室等有水房间；在餐厅、医疗用房等有较高卫生要求用房的直接上层，应避免布置厕所、卫生间、盥洗室、浴室等有水房间，否则应采取同层排水和严格的防水措施。

③除本套住宅外，住宅卫生间不应布置在下层住户的卧室、起居室、厨房和餐厅的直接上层。

(3) 各类建筑物中重点噪声源,如空调机房、通风机房、电梯井道等的隔音、减振措施。

**2) 防水设计**

(1) 地下工程防水。

①《地下工程防水技术规范》(GB 50108—2008)第 3.2.1 条:地下工程的防水等级应分为四级,各等级防水标准应符合表 9-1 的规定。

**表 9-1 地下工程防水标准**

| 防水等级 | 防 水 标 准 |
| --- | --- |
| 一级 | 不允许渗水,结构表面无湿渍 |
| 二级 | 不允许漏水,结构表面可有少量湿渍;<br>工业与民用建筑:总湿渍面积不应大于总防水面积(包括顶板、墙面、地面)的 1/1000;任意 100 $m^2$ 防水面积上的湿渍不超过 2 处,单个湿渍的最大面积不大于 0.1 $m^2$<br>其他地下工程:总湿渍面积不应大于总防水面积的 2/1000,任意 100 $m^2$ 防水面积应不超过 3 处,单个湿渍的最大面积不大于 0.2 $m^2$;其中,隧道工程还要求平均渗水量不大于 0.05 L/($m^2$·d),任意 100 $m^2$ 防水面积上的渗水量不大于 0.15 L/($m^2$·d) |
| 三级 | 有少量漏水点,不得有线流和漏泥沙<br>任意 100 $m^2$ 防水面积上的漏水或湿渍点数不超过 7 处,单个漏水点的最大漏水量不大于 2.5 L/d,单个湿渍的最大面积不大于 0.3 $m^2$ |
| 四级 | 有漏水点,不得有线流和漏泥沙<br>整个工程平均漏水量不大于 2L/($m^2$·d);任意 100 $m^2$ 防水面积上的平均漏水量不大于 4 L/($m^2$·d) |

②《地下工程防水技术规程》(GB 50108—2008)第 3.2.2 条:地下工程不同防水等级的适用范围,应根据工程的重要性和使用中对防水的要求按表 9-2 选定。

**表 9-2 不同防水等级的适用范围**

| 防水等级 | 适 用 范 围 |
| --- | --- |
| 一级 | 人员长期停留的场所;因有少量湿渍会使物品变质、失效的贮物场所及严重影响设备正常运转和危及工程安全运营的部位;极重要的战备工程、地铁车站 |
| 二级 | 人员经常活动的场所;在有少量湿渍的情况下不会使物品变质、失效的贮物场所及基本不影响设备正常运转和工程安全运营的部位;重要的战备工程 |
| 三级 | 人员临时活动的场所;一般战备工程 |
| 四级 | 对渗漏水无严格要求的工程 |

③《地下工程防水技术规范》(GB 50108—2008)第 3.3.1 条:地下工程的防水设防要求,应根据使用功能、使用年限、水文地质、结构形式、环境条件、施工方法及材料性能等因素合理确定。

a. 明挖法地下工程的防水设防要求应按表 9-3 选用。

**表 9-3 明挖法地下工程防水设防要求**

| 工程部位 | | 主体结构 | | | | | | | 施工缝 | | | | | | | 后浇带 | | | | | 变形缝(诱导缝) | | | | | |
|---|---|---|---|---|---|---|---|---|---|---|---|---|---|---|---|---|---|---|---|---|---|---|---|---|---|---|
| 防水措施 | | 防水混凝土 | 防水砂浆 | 防水卷材 | 防水涂料 | 塑料防水板 | 金属防水板 | 膨润土防水材料 | 遇水膨胀止水条(胶) | 中埋式止水带 | 外贴式止水带 | 外抹防水砂浆 | 水泥基渗透结晶型防水涂料 | 预埋注浆管 | 外涂防水涂料 | 补偿收缩混凝土 | 遇水膨胀止水条(胶) | 外贴式止水带 | 预埋注浆管 | 防水密封材料 | 中埋式止水带 | 外贴式止水带 | 可卸式止水带 | 防水密封材料 | 外贴防水卷材 | 外涂防水涂料 |
| 防水等级 | 一级 | 应选 | 应选一至二种 | | | | | | 应选二种 | | | | | | | 应选 | 应选二种 | | | | 应选 | 应选一至二种 | | | | |
| | 二级 | 应选 | 应选一种 | | | | | | 应选一至二种 | | | | | | | 应选 | 应选一至二种 | | | | 应选 | 应选一至二种 | | | | |
| | 三级 | 应选 | 宜选一种 | | | | | | 宜选一至二种 | | | | | | | 应选 | 宜选一至二种 | | | | 应选 | 宜选一至二种 | | | | |
| | 四级 | 宜选 | — | | | | | | 宜选一种 | | | | | | | 应选 | 宜选一种 | | | | 应选 | 宜选一种 | | | | |

b. 暗挖法地下工程的防水设防要求应按表 9-4 选用。

**表 9-4 暗挖法地下工程防水设防要求**

| 工程部位 | | 衬砌结构 | | | | | | 内衬砌施工缝 | | | | | | 内衬砌变形缝(诱导缝) | | | | |
|---|---|---|---|---|---|---|---|---|---|---|---|---|---|---|---|---|---|---|
| 防水措施 | | 防土混凝土 | 塑料防水板 | 防水砂浆 | 防水涂料 | 防水卷材 | 金属防水层 | 外贴式止水带 | 遇水膨胀止水条(胶) | 防水密封材料 | 中埋式止水带 | 预埋注浆管 | 水泥基渗透结晶型防水涂料 | 中埋式止水带 | 外贴式止水带 | 可卸式止水带 | 防水密封材料 | 遇水膨胀止水条(胶) |
| 防水等级 | 一级 | 必选 | 应选一至二种 | | | | | 应选一至二种 | | | | | | 应选 | 应选一至二种 | | | |
| | 二级 | 应选 | 应选一种 | | | | | 应选一种 | | | | | | 应选 | 应选一种 | | | |
| | 三级 | 宜选 | 宜选一种 | | | | | 宜选一种 | | | | | | 应选 | 宜选一种 | | | |
| | 四级 | 宜选 | 宜选一种 | | | | | 宜选一种 | | | | | | 应选 | 宜选一种 | | | |

④《地下工程防水技术规范》(GB 50108—2008)第 4.1.4 条:防水混凝土的设计抗渗等级应符合表 9-5 的规定。

表 9-5 防水混凝土的设计抗渗等级

| 工程埋置深度 $H$/m | 设计抗渗等级 |
|---|---|
| $H<10$ | P6 |
| $10\leqslant H<20$ | P8 |
| $20\leqslant H<30$ | P10 |
| $H\geqslant 30$ | P12 |

注:1.本表适用于Ⅰ、Ⅱ、Ⅲ类围岩(土层及软弱围岩)。
2.山岭隧道防水混凝土的抗渗等级可按国家现行有关标准执行。

⑤《地下工程防水技术规范》(GB 50108—2008)第4.3.4条:防水卷材的品种规格和层数,应根据地下工程防水等级、地下水位高低及水压力作用状况、结构构造形式和施工工艺等因素确定。

⑥《地下工程防水技术规范》(GB 50108—2008)第4.4.6条:掺外加剂、掺合料的水泥基防水涂料厚度不得小于3.0 mm;水泥基渗透结晶型防水涂料的用量不应小于1.5 kg/m²,且厚度不应小于1.0 mm;有机防水涂料的厚度不得小于1.2 mm。

(2) 屋面工程防水设计。

①《屋面工程质量验收规范》(GB 50207—2012)第3.0.1条:屋面工程应根据建筑物的性质、重要程度、使用功能要求,按不同屋面防水等级进行设防,并应符合表9-6的要求。

表 9-6 屋面防水等级和设防要求

| 项目 | 屋面防水等级 | | | |
|---|---|---|---|---|
| | Ⅰ | Ⅱ | Ⅲ | Ⅳ |
| 建筑物类型 | 特别重要或对防水有特殊要求的建筑 | 重要的建筑和高层建筑 | 一般的建筑 | 非永久性的建筑 |
| 防水层合理使用年限 | 25年 | 15年 | 10年 | 5年 |

续表

| 项目 | 屋面防水等级 | | | |
|---|---|---|---|---|
| | Ⅰ | Ⅱ | Ⅲ | Ⅳ |
| 防水层选用材料 | 宜选用合成高分子防水卷材、高聚物改性沥青防水卷材、金属板材、合成高分子防水涂料、细石混凝土等材料 | 宜选用高聚物改性沥青防水卷材、合成高分子防水卷材、金属板材、合成高分子防水涂料、细石混凝土、平瓦、油毡瓦等材料 | 宜选用三毡四油沥青防水卷材、高聚物改性沥青防水卷材、合成高分子防水卷材、金属板材、高聚物改性沥青防水涂料、合成高分子防水涂料、细石混凝土、平瓦、油毡瓦等材料 | 可选用二毡三油沥青防水卷材、高聚物改性沥青防水涂料等材料 |
| 设防要求 | 三道或三道以上防水设防 | 二道防水设防 | 一道防水设防 | 一道防水设防 |

②《屋面工程质量验收规范》(GB 50207—2012)第 4.1.3 条:屋面找坡应满足设计排水坡度要求,结构找坡不应小于 3%,材料找坡宜为 2%;檐沟、天沟纵向找坡不应小于 1%,沟底水落差不得超过 200 mm。

③《屋面工程质量验收规范》(GB 50207—2012)第 6.1.1 条:本章适用于卷材防水层、涂膜防水层、复合防水层和接缝密封防水等分项工程的施工质量验收。

④《民用建筑设计统一标准》(GB 50352—2019)第 6.14.6 条:屋面构造应符合下列要求。

a. 设置保温隔热层的屋面应进行热工验算,应采取防结露、防蒸汽渗透等技术措施,且应符合现行国家标准《建筑设计防火规范》(GB 50016—2014)的相关规定;

b. 当屋面坡度较大时,应采取固定加强和防止屋面系统各个构造层及材料滑落的措施;

c. 强风地区的金属屋面和异形金属屋面,应在边区、角区、檐口、屋脊及屋面形态变化处采取构造加强措施;

d. 采用架空隔热层的屋面,架空隔热层的高度应按照屋面的宽度或坡度的大小变化确定,架空隔热层不得堵塞;

e. 屋面应设上人检修口;当屋面无楼梯通达,并低于 10 m 时,可设外墙爬梯,并应有安全防护和防止儿童攀爬的措施;大型屋面及异形屋面的上屋面检修口宜多于 2 个;

f. 闷顶应设通风口和通向闷顶的检修人孔,闷顶内应设防火分隔;

g. 严寒及寒冷地区的坡屋面,檐口部位应采取防止冰雪融化下坠和冰坝形成等措施;

h. 天沟、天窗、檐沟、檐口、雨水管、泛水、变形缝和伸出屋面管道等处应采取与工程特点相适应的防水加强构造措施,并应符合国家现行有关标准的规定。

(3) 潮湿积水房间楼面、地面及墙身、顶棚的防水、防潮措施。

**3) 无障碍设计**

为使老、弱、病、残等行动不方便者能方便、安全的使用城市道路和建筑物,在建筑设计中,必须按照《无障碍设计规范》(GB 50763—2012)中关于建筑物无障碍实施范围和建筑物无障碍设计的有关要求进行设计。

**4) 托儿所、幼儿园**

幼儿园、托儿所是对幼儿进行教育和培养的奠基工程,因此幼儿园、托儿所建筑设计的好坏,将对人一生的成长产生重要影响。幼儿园指接纳 3～6 周岁幼儿的场所;接纳不足 3 周岁幼儿的场所为托儿所。

幼儿园、托儿所建筑设计应满足幼儿生理、心理、行为特征的需要,创造舒适的室内外环境,以适应幼儿生活规律的要求;创造阳光充足、空气清新、满足卫生、防疫要求、利于幼儿成长的环境;创造安全、利于防护的环境,以保障幼儿的安全,同时适应幼儿园科学管理的需要。

**5) 中小学校**

学校是培养人才的特定环境,学校建筑设计的好坏是影响全面培养人才质量的重要因素。中小学校建筑设计,在总体环境规划布置,教学楼的平面与空间组合方式,以及材料、结构、构造、施工技术和设备的选用等多方面均应处理好功能、技术与艺术三者的关系,同时要考虑青少年好奇、好动和缺少经验的特点,中小学校建筑遵守《中小学校设计规范》(GB50099—2011)的要求。

(1)《中小学校设计规范》(GB50099—2011)第 5.2.2 条:普通教室内的课桌椅布置应符合下列规定。

① 中小学校普通教室课桌椅的排距不宜小于 0.90 m,独立的非完全小学可为 0.85 m。

② 最前排课桌的前沿与前方黑板的水平距离不宜小于 2.20 m。

③ 最后排课桌的后沿与前方黑板的水平距离应符合下列规定:小学不宜大于 8.00 m;中学不宜大于 9.00 m。

④ 教室最后排座椅之后应设横向疏散走道;自最后排课桌后沿至后墙面或固定家具的净距不应小于 1.10 m。

⑤ 中小学校普通教室内纵向走道宽度不应小于 0.60 m，独立的非完全小学可为 0.55 m。

⑥ 沿墙布置的课桌端部与墙面或壁柱、管道等墙面突出物的净距不宜小于0.15 m。

⑦ 前排边座座椅与黑板远端的水平视角不应小于 30°。

(2)《中小学校设计规范》(GB50099—2011)第 5.5.2 条：计算机教室的课桌椅布置应符合下列规定。

① 单人计算机桌平面尺寸不应小于 0.75 m×0.65 m。前后桌间距离不应小于 0.70 m。

② 学生计算机桌椅可平行于黑板排列；也可顺侧墙及后墙向黑板成半围合式排列。

③ 课桌椅排距不应小于 1.35 m。

④ 纵向走道净宽不应小于 0.70 m。

⑤ 沿墙布置计算机时，桌端部与墙面或壁柱、管道等墙面突出物间的净距不宜小于 0.15 m。

(3)《中小学校设计规范》(GB50099—2011)第 5.12.6 条：合班教室课桌椅的布置应符合下列规定。

① 每个座位的宽度不应小于 0.55 m，小学座位排距不应小于 0.85 m，中学座位排距不应小于 0.90 m。

② 教室最前排座椅前沿与前方黑板间的水平距离不应小于 2.50 m，最后排座椅的前沿与前方黑板间的水平距离不应大于 18.00 m。

③ 纵向、横向走道宽度均不应小于 0.90 m，当座位区内有贯通的纵向走道时，若设置靠墙纵向走道，靠墙走道宽度可小于 0.90 m，但不应小于 0.60 m。

④ 最后排座位之后应设宽度不小于 0.60 m 的横向疏散走道。

⑤前排边座座椅与黑板远端间的水平视角不应小于 30°。

(4)《中小学校设计规范》(GB50099—2011)第 5.12.7 条：当合班教室内设置视听教学器材时，宜在前墙安装推拉黑板和投影屏幕(或数字化智能屏幕)，并应符合下列规定。

①当小学教室长度超过 9.00 m，中学教室长度超过 10.00 m 时，宜在顶棚上或墙、柱上加设显示屏；学生的视线在水平方向上偏离屏幕中轴线的角度不应大于 45°，垂直方向上的仰角不应大于 30°。

② 当教室内，自前向后每 6.00～8.00 m 设 1 个显示屏时，最后排座位与黑板间的距离不应大于 24.00 m；学生座椅前缘与显示屏的水平距离不应小于显示屏对角线尺寸的 4～5 倍，并不应大于显示屏对角线尺寸的 10～11 倍。

③ 显示屏宜加设遮光板。

(5)《中小学校设计规范》(GB50099—2011)第6.2.5条:教学用建筑每层均应分设男、女学生卫生间及男、女教师卫生间。学校食堂宜设工作人员专用卫生间。当教学用建筑中每层学生少于3个班时,男、女生卫生间可隔层设置。

(6)《中小学校设计规范》(GB50099—2011)第6.2.7条:在中小学校内,当体育场地中心与最近的卫生间的距离超过90.00 m时,可设室外厕所。所建室外厕所的服务人数可依学校总人数的15%计算。室外厕所宜预留扩建的条件。

(7)《中小学校设计规范》(GB50099—2011)第6.2.8条:学生卫生间卫生洁具的数量应按下列规定计算。

① 男生应至少为每40人设1个大便器或1.20 m长大便槽;每20人设1个小便斗或0.60 m长小便槽;女生应至少为每13人设1个大便器或1.20 m长大便槽。

② 每40～45人设1个洗手盆或0.60 m长盥洗槽。

③ 卫生间内或卫生间附近应设污水池。

(8)《中小学校设计规范》(GB50099—2011)第6.2.24条:学生宿舍不得设在地下室或半地下室。

(9)《中小学校设计规范》(GB50099—2011)第6.2.25条:宿舍与教学用房不宜在同一栋建筑中分层合建,可在同一栋建筑中以防火墙分隔贴建。学生宿舍应便于自行封闭管理,不得与教学用房合用建筑的同一个出入口。

(10)《中小学校设计规范》(GB50099—2011)第6.2.29条:学生宿舍每室居住学生不宜超过6人。居室每生占用使用面积不宜小于3.00 $m^2$。当采用单层床时,居室净高不宜低于3.00 m;当采用双层床时,居室净高不宜低于3.10 m;当采用高架床时,居室净高不宜低于3.35 m。

注:居室面积指标未计入储藏空间所占面积。

(11)《中小学校设计规范》(GB50099—2011)第7.2.1条:中小学校主要教学用房的最小净高应符合表9-7的规定。

**表9-7 主要教学用房的最小净高** (单位:mm)

| 教室 | 小学 | 初中 | 高中 |
|---|---|---|---|
| 普通教室、史地、美术、音乐教室 | 3.00 | 3.05 | 3.10 |
| 舞蹈教室 | 4.50 | | |
| 科学教室、实验室、计算机教室<br>劳动教室、技术教室、合班教室 | 3.10 | | |
| 阶梯教室 | 最后一排(楼地面最高处)距顶棚或上方突出物最小距离为2.20 | | |

(12)《中小学校设计规范》(GB50099—2011)第8.1.5条:临空窗台的高度不应低于0.90 m。

(13)《中小学校设计规范》(GB50099—2011)第8.1.6条:上人屋面、外廊、楼梯、平台、阳台等临空部位必须设防护栏杆,防护栏杆必须牢固、安全,高度不应低于1.10 m。防护栏杆最薄弱处承受的最小水平推力应不小于1.5 kN/m。

(14)《中小学校设计规范》(GB50099—2011)第8.2.3条:中小学校建筑的安全出口、疏散走道、疏散楼梯和房间疏散门等处每100人的净宽度应按表9-8计算。同时,教学用房的内走道净宽度不应小于2.40 m,单侧走道及外廊的净宽度不应小于1.80 m。

**表9-8 安全出口、疏散走道、疏散楼梯和房间疏散门每100人的净宽** (单位:mm)

| 所在楼层位置 | 耐火等级 | | |
|---|---|---|---|
| | 一、二级 | 三级 | 四级 |
| 地上一、二层 | 0.70 | 0.80 | 1.05 |
| 地上三层 | 0.80 | 1.05 | — |
| 地上四、五层 | 1.05 | 1.30 | — |
| 地下一、二层 | 0.80 | — | — |

(15)《中小学校设计规范》(GB50099—2011)第8.5.1条:校园内除建筑面积不大于200 m²,人数不超过50人的单层建筑外,每栋建筑应设置2个出入口。非完全小学内,单栋建筑面积不超过500 m²,且耐火等级为一、二级的低层建筑可只设1个出入口。

(16)《中小学校设计规范》(GB50099—2011)第8.5.3条:教学用建筑物出入口净通行宽度不得小于1.40 m,门内与门外各1.50 m范围内不宜设置台阶。

(17)《中小学校设计规范》(GB50099—2011)第8.8.1条:每间教学用房的疏散门均不应少于2个,疏散门的宽度应通过计算;同时,每樘疏散门的通行净宽度不应小于0.90 m。当教室处于袋形走道尽端时,若教室内任一处距教室门不超过15.00 m,且门的通行净宽度不小于1.50 m时,可设1个门。

(18)《中小学校设计规范》(GB50099—2011)第9.2.1条:教学用房工作面或地面上的采光系数不得低于表9.2.1的规定和《建筑采光设计标准》(GB/T 50033—2013)的有关规定。在建筑方案设计时,其采光窗洞口面积应按不低于表9-9窗地面积比的规定估算。

表 9-9 教学用房工作面或地面上的采光系数标准和窗地面积比

| 房间名称 | 规定采光系数的平面 | 采光系数最低值/(%) | 窗地面积比 |
|---|---|---|---|
| 普通教室、史地教室、美术教室、书法教室、语言教室、音乐教室、合班教室、阅览室 | 课桌面 | 2.0 | 1:5.0 |
| 科学教室、实验室 | 实验桌面 | 2.0 | 1:5.0 |
| 计算机教室 | 机台面 | 2.0 | 1:5.0 |
| 舞蹈教室、风雨操场 | 地面 | 2.0 | 1:5.0 |
| 办公室、保健室 | 地面 | 2.0 | 1:5.0 |
| 饮水处、厕所、淋浴 | 地面 | 0.5 | 1:10.0 |
| 走道、楼梯间 | 地面 | 1.0 | — |

注:表中所列采光系数值适用于我国Ⅲ类光气候区,其他光气候区应将表中的采光系数值乘以相应的光气候系数。光气候系数应符合《建筑采光设计标准》(GB/T 50033—2013)的有关规定。

**6)商店**

(1)《商店建筑设计规范》(JGJ 48—2014)第 4.1.6 条:商店建筑的公用楼梯、台阶、坡道、栏杆应符合下列规定。

①楼梯梯段最小净宽、踏步最小宽度和最大高度应符合表 9-10 的规定。

表 9-10 楼梯梯段最小净宽、踏步最小宽度和最大高度

| 楼梯类别 | 梯段最小净宽/m | 踏步最小宽度/m | 踏步最大高度/m |
|---|---|---|---|
| 营业区的公用楼梯 | 1.40 | 0.28 | 0.16 |
| 专用疏散楼梯 | 1.20 | 0.26 | 0.17 |
| 室外楼梯 | 1.40 | 0.30 | 0.15 |

②室内外台阶的踏步高度不应大于 0.15 m 且不宜小于 0.10 m,踏步宽度不应小于 0.30 m;当高差不足两级踏步时,应按坡道设置,其坡度不应大于 1∶12。

③楼梯、室内回廊、内天井等临空处的栏杆应采用防攀爬的构造,当采用垂直杆件做栏杆时,其杆件净距不应大于 0.11 m;栏杆的高度及承受水平荷载的能力应符合现行国家标准《民用建筑设计统一标准》(GB 50352—2019)的规定。

④人员密集的大型商店建筑的中庭应提高栏杆的高度,当采用玻璃栏板时,应符合现行行业标准《建筑玻璃应用技术规程》(JGJ 113—2015)的规定。

(2)《商店建筑设计规范》(JGJ 48—2014)第 7.2.3 条:供暖通风及空气调节系统的设置应符合下列规定。

① 当设供暖设施时，不得采用有火灾隐患的采暖装置；

② 对于设有供暖的营业厅，当销售商品对防静电有要求时，宜设局部加湿装置；

③ 通风道、通风口应设消声、防火装置；

④ 营业厅与空气处理室之间的隔墙应为防火兼隔声构造，并不宜直接开门相通；

⑤ 平面面积较大、内外分区特征明显的商店建筑，宜按内外区分别设置空调风系统；

⑥ 大型商店建筑内区全年有供冷要求时，过渡季节宜采用室外自然空气冷却，供暖季节宜采用室外自然空气冷却或天然冷源供冷；

⑦ 对于设有空调系统的营业厅，当过渡季节自然通风不能满足室内温度及卫生要求时，应采用机械通风，并应满足室内风量平衡；

⑧ 空调及通风系统应设空气过滤装置，且初级过滤器对大于或等于 5 μm 的大气尘计数效率不应低于 60%，终极过滤器对大于或等于 1 μm 的大气尘计数效率不应低于 50%；

⑨ 当设有空调系统时，应按现行国家标准《公共建筑节能设计标准》（GB 50189—2015）的规定设置排风热回收装置，并应采取非使用期旁通措施；

⑩ 人员密集场所的空气调节系统宜采取基于 $CO_2$ 浓度控制的新风调节措施；

⑪ 严寒和寒冷地区带中庭的大型商店建筑的门斗应设供暖设施，首层宜加设地面辐射供暖系统。

（3）《商店建筑设计规范》（JGJ 48—2014）第 4.2.11 和 4.2.12 条：大型和中型商店建筑内连续排列店铺应符合下列规定。

① 饮食店的灶台不应面向公共通道，并应设置机械排烟通风设施。

② 各店铺的隔墙、吊顶等装修材料和构造，不得降低建筑设计对建筑构件及配件的耐火极限要求，并不得随意增加荷载。

（4）《商店建筑设计规范》（JGJ 48—2014）第 4.2.13 条：大型和中型商店应设置为顾客服务的设施，并应符合下列规定。

① 宜设置休息室或休息区，且面积宜按营业厅面积的 1%～1.40%计。

② 应设置为顾客服务的卫生间，并宜设服务问讯台。

（5）《商店建筑设计规范》（JGJ 48—2014）第 4.3.3 条：食品类商店仓储区尚应符合下列规定。

① 根据商品的不同保存条件，应分设库房或在库内采取有效隔离措施。

② 各用房地面、墙裙等均应为可冲洗的面层，并不得采用有毒和容易发生化学反应的涂料。

**7）饮食建筑**

为保证饮食建筑质量，使之符合适用、安全、卫生等基本要求，以保障人们的生活和身体健康。必须遵守《饮食建筑设计标准》（JGJ 64—2017）中的规定。

(1)《饮食建筑设计标准》(JGJ 64—2017)第 3.0.2 条:饮食建筑的选址应严格执行当地环境保护和食品药品安全管理部门对粉尘、有害气体、有害液体、放射性物质和其他扩散性污染源距离要求的相关规定。与其他有碍公共卫生的开敞式污染源的距离不应小于 25 m。

(2)《饮食建筑设计标准》(JGJ 64—2017)第 3.0.4 条:饮食建筑应采取有效措施防止油烟、气味、噪声及废弃物对邻近建筑物或环境造成污染。

(3)《饮食建筑设计标准》(JGJ 64—2017)第 4.2.5 条:公共区域的卫生间设计应符合下列规定。

① 公共卫生间宜设置前室,卫生间的门不宜直接开向用餐区域,卫生洁具应采用水冲式。

② 卫生间宜利用天然采光和自然通风,并应设置机械排风设施。

③ 未单独设置卫生间的用餐区域应设置洗手设施,并宜设儿童用洗手设施。

④ 卫生设施数量的确定应符合现行行业标准《城市公共厕所设计标准》(CJJ 14—2016)对餐饮类功能区域公共卫生间设施数量的规定及现行国家标准《无障碍设计规范》(GB 50763—2012)的相关规定。

⑤ 有条件的卫生间宜提供为婴儿更换尿布的设施。

(4)《饮食建筑设计标准》(JGJ 64—2017)第 4.3.8 条:厨房区域各加工场所的室内构造应符合下列规定。

① 楼地面应采用无毒、无异味、不易积垢、不渗水、易清洗、耐磨损的材料。

② 楼地面应处理好防水、排水,排水沟内阴角宜采用圆弧形。

③ 楼地面不宜设置台阶。

④ 墙面、隔断及工作台、水池等设施均应采用无毒、无异味、不透水、易清洁的材料,各阴角宜做成曲率半径为 3 cm 以上的弧形。

⑤ 厨房专间、备餐区等清洁操作区内不得设置排水明沟,地漏应能防止浊气逸出。

⑥ 顶棚应选用无毒、无异味、不吸水、表面光洁、耐腐蚀、耐湿的材料,水蒸气较多的房间顶棚宜有适当坡度,减少凝结水滴落。

⑦ 粗加工区(间)、细加工区(间)、餐用具洗消间、厨房专间等应采用光滑、不吸水、耐用和易清洗材料墙面。

(5)《饮食建筑设计标准》(JGJ 64—2017)第 5.2.4(二)、(三)条:通风排气应符合下列规定。

① 热加工区(间)宜采用机械排风,当措施可靠时,也可采用出屋面的排风竖井或设有挡风板的天窗等有效自然通风措施。

② 产生油烟的设备,应设机械排风系统,且应设油烟净化装置,排放的气体应满足国家有关排放标准的要求,排油烟系统不应采用土建风道。

(6)《饮食建筑设计标准》(JGJ 64—2017)第 4.4.1 条:饮食建筑辅助部分主要

由食品库房、非食品库房、办公用房、工作人员更衣间、淋浴间、卫生间、值班室及垃圾和清扫工具存放场所等组成，上述空间可根据实际需要选择设置。

**8）车库**

汽车是现代化主要交通和运输工具之一，为了解决群众性的大容量停车、存车问题，将修建大量汽车库。对于汽车库建筑，除了适用、经济以外，在安全、技术先进和环境保护等方面都有特殊的要求。为了保证人行与车行安全，汽车库内最小净高、汽车坡道纵坡、缓坡设置及汽车通道转弯半径应符合相关规定；楼地面应有排水坡度，并设置相应的排水系统；为减少地下汽车库废气对周边环境的污染，排风口应满足出地坪的高度要求。

(1)《车库建筑设计规范》(JGJ 100—2015)第 3.2.1 条：车库总平面可根据需要设置车库区、管理区、服务设施、辅助设施等。

(2)《民用建筑设计统一标准》(GB 50352—2019)第 5.2.4 条：建筑基地内地下机动车车库出入口与连接道路间宜设置缓冲段，缓冲段应从车库出入口坡道起坡点算起，并应符合下列规定。

①出入口缓冲段与基地内道路连接处的转弯半径不宜小于 5.5 m；

②当出入口与基地道路垂直时，缓冲段长度不应小于 5.5 m；

③当出入口与基地道路平行时，应设不小于 5.5 m 长的缓冲段再汇入基地道路；

④当出入口直接连接基地外城市道路时，其缓冲段长度不宜小于 7.5 m。

(3)《车库建筑设计规范》(JGJ 100—2015)第 3.2.8 条：地下车库排风口宜设于下风向，并应做消声处理。排风口不应朝向邻近建筑的可开启外窗；当排风口与人员活动场所的距离小于 10 m 时，朝向人员活动场所的排风口距人员活动地坪的高度不应小于 2.5 m。

(4)《车库建筑设计规范》(JGJ 100—2015)第 4.2.10(三)条：坡道的最大纵向坡度应符合表 9-11 的规定。

**表 9-11 坡道的最大纵向坡度**

<table>
<tr><th rowspan="3">车型</th><th colspan="4">通道形式</th></tr>
<tr><th colspan="2">直线坡道</th><th colspan="2">曲线坡道</th></tr>
<tr><th>百分比/(%)</th><th>比值(高∶长)</th><th>百分比/(%)</th><th>比值(高∶长)</th></tr>
<tr><td>微型车<br>小型车</td><td>15</td><td>1∶6.67</td><td>12</td><td>1∶8.3</td></tr>
<tr><td>轻型车</td><td>13.3</td><td>1∶7.50</td><td rowspan="2">10</td><td rowspan="2">1∶10</td></tr>
<tr><td>中型车</td><td>12</td><td>1∶8.3</td></tr>
<tr><td>大型客车<br>大型货车</td><td>10</td><td>1∶10</td><td>8</td><td>1∶12.5</td></tr>
</table>

注：曲线坡道坡度以车道中心线计。

(5)《车库建筑设计规范》(JGJ 100—2015)第 4.2.10(四)条:当坡道纵向坡度大于 10%时,坡道上、下端均应设缓坡地段,其直线缓坡段的水平长度不应小于 3.6 m,缓坡坡度应为坡道坡度的 1/2。曲线缓坡段的水平长度不应小于 2.4 m,曲率半径不应小于 20 m,缓坡段的中心为坡道原起点或止点(图 9-2);大型车的坡道应根据车型确定缓坡的坡度和长度。

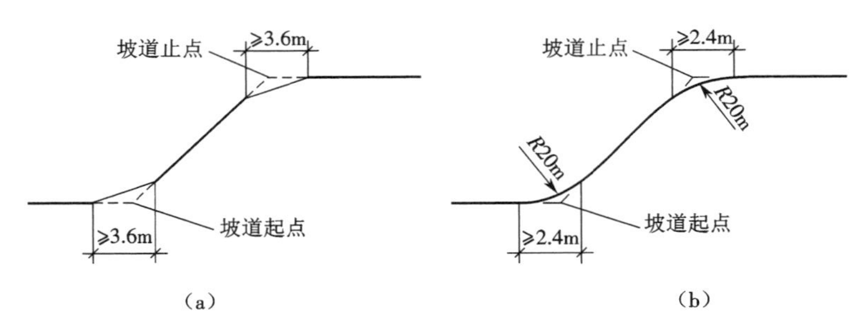


图 9-2　缓坡

(6)《车库建筑设计规范》(JGJ 100—2015)第 4.1.3 条:机动车最小转弯半径应符合表 9-12 的规定。

表 9-12　机动车最小转弯半径

| 车　　型 | 最小转弯半径/m |
|---|---|
| 微型车 | 4.50 |
| 小型车 | 6.00 |
| 轻型车 | 6.00～7.20 |
| 中型车 | 7.20～9.00 |
| 大型车 | 9.00～10.50 |

(7)《车库建筑设计规范》(JGJ 100—2015)第 4.2.5 条:车辆出入吸坡道的最小净高应符合表 9-13 的规定。

表 9-13　车辆出入吸坡道的最小净高

| 车　　型 | 最小净高/m |
|---|---|
| 微型车、小型车 | 2.20 |
| 轻型车 | 2.95 |
| 中型、大型客车 | 3.70 |
| 中型、大型货车 | 4.20 |

注:净高指楼地面面层(完成面)至吊顶、设备管道、梁或其他构件底面之间的有效使用空间的垂直高度。

(8)《车库建筑设计规范》(JGJ 100—2015)第 4.4.3 条:机动车库的楼地面应采用强度高、具有耐磨防滑性能的不燃材料,并应在各楼层设置地漏或排水沟等排水设施。地漏(或集水坑)的中距不宜大于 40 m。敞开式车库和有排水要求的停车区域应设不小于 0.5%的排水坡度和相应的排水系统。

(9)《车库建筑设计规范》(JGJ 100—2015)第 4.3.11 条:当机动车停车库内设有修理车位时,应集中布置,且应符合《汽车库、修车库、停车场设计防火规范》(GB 50067—2014)的规定。

(10)《车库建筑设计规范》(JGJ 100—2015)第 4.4.1 条:对于有防雨要求的出入口和坡道处,应设置不小于出入口和坡道宽度的截水沟和耐轮压沟盖板以及闭合的挡水槛。出入口地面的坡道外端应设置防水反坡。

**9)医院**

(1)《综合医院建筑设计规范》(GB 51039—2014)第 4.2.2 条:医院出入口不应小于 2 处,人员出入口不应兼作尸体或废弃物出口。

(2)《综合医院建筑设计规范》(GB 51039—2014)第 4.2.4 条:太平间、病理解剖室应设于医院隐蔽处。需设焚烧炉时,应避免风向影响,并应与主体建筑隔离。尸体运送路线应避免与出入院路线交叉。

(3)《综合医院建筑设计规范》(GB 51039—2014)第 5.1.4(一)条:二层医疗用房宜设电梯,三层及三层以上的医疗用房应设电梯,且不得少于 2 台。

(4)《综合医院建筑设计规范》(GB 51039—2014)第 5.1.5 条。

① 楼梯的位置应同时符合防火、疏散和功能分区的要求。

② 主楼梯宽度不得小于 1.65 m,踏步宽度不得小于 0.28 m,高度不应大于 0.16 m。

(5)《综合医院建筑设计规范》(GB 51039—2014)第 5.1.6 条:通行推床的通道,净宽不应小于 2.40 m。有高差者应用坡道相接,坡道坡度应按无障碍坡道设计。

(6)《综合医院建筑设计规范》(GB 51039—2014)第 3.1.13(三)条:厕所应设前室,并应设非手动开关的洗手盆。

(7)《综合医院建筑设计规范》(GB 51039—2014)第 5.5.12(五)条:窗和散热器等设施应采取安全防护措施。

(8)《综合医院建筑设计规范》(GB 51039—2014)第 5.7.6 条:手术室内基本设施设置应符合下列规定。

① 观片灯联数可按手术室大小类型配置,观片灯应设置在手术医生对面墙上;

② 手术台长向宜沿手术室长轴布置,台面中心点宜与手术室地面中心点相对应。患者头部不宜置于手术室门一侧;

③ 净高宜为 2.70～3.00 m;

④ 设置医用气体终端装置;

⑤ 采取防静电措施;

⑥ 不应有明露管线;

⑦ 吊顶及吊挂件应采取固定措施,吊顶上不应开设人孔;

⑧ 手术室内不应设地漏。

(9)《综合医院建筑设计规范》(GB 51039—2014)第 5.8.7 条:防护设计应符合国家现行有关医用 X 射线诊断卫生防护标准的规定。

(10)《综合医院建筑设计规范》(GB 51039—2014)第 5.11.1 条:核医学科位置与平面布置应符合下列要求。

① 应自成一区,并应符合国家现行有关防护标准的规定。放射源应设单独出入口。

② 平面布置应按“控制区、监督区、非限制区”的顺序分区布置。

③ 控制区应设于尽端,并应有贮运放射性物质及处理放射性废弃物的设施。

④ 非限制区进入监督区和控制区的出入口处均应设卫生通过。

(11)《综合医院建筑设计规范》(GB 51039—2014)第 5.11.2 条:用房设置应符合下列要求。

① 非限制区应设候诊、诊室、医生办公和卫生间等用房;

② 监督区应设扫描、功能测定和运动负荷试验等用房,以及专用等候区和卫生间;

③ 控制区应设计量、服药、注射、试剂配制、卫生通过、储源、分装、标记和洗涤等用房。

(12)《综合医院建筑设计规范》(GB 51039—2014)第 4.2.4 条:太平间、病理解剖室应设于医院隐蔽处。需设焚烧炉时,应避免风向影响,并应与主体建筑隔离。尸体运送路线应避免与出院路线交叉。

**10) 住宅及宿舍**

住宅建设量大面广,关系到广大城市居民的切身利益。同时,住宅建设要求投入大量资金、土地和材料等资源。因此,合理使用有限的资金和资源,提高住宅设计质量,使住宅设计符合适用、安全、卫生、经济等基本要求,必须遵循下列规定。

(1)《住宅设计规范》(GB50096—2011)第 5.1.1 条:住宅应按套型设计,每套住宅应设卧室、起居室(厅)、厨房和卫生间等基本空间。

(2)《住宅设计规范》(GB50096—2011)第 5.3.3 条:厨房应设置洗涤池、案台、炉灶及排油烟机、热水器等设施或为其预留位置。

(3)《住宅设计规范》(GB50096—2011)第 5.4.4 条:卫生间不应直接布置在下层住户的卧室、起居室(厅)、厨房和餐厅的上层。

(4)《住宅设计规范》(GB50096—2011)第5.5.2条:卧室、起居室(厅)的室内净高不应低于2.40 m,局部净高不应低于2.10 m,且局部净高的室内面积不应大于室内使用面积的1/3。

(5)《住宅设计规范》(GB50096—2011)第5.5.3条:利用坡屋顶内空间作卧室、起居室(厅)时,至少有1/2的使用面积的室内净高不应低于2.10 m。

(6)《住宅设计规范》(GB50096—2011)第5.6.2条:阳台栏杆设计必须采用防止儿童攀登的构造,栏杆的垂直杆件间净距不应大于0.11 m,放置花盆处必须采取防坠落措施。

(7)《住宅设计规范》(GB50096—2011)第5.6.3条:阳台栏板或栏杆净高,六层及六层以下不应低于1.05 m;七层及七层以上不应低于1.10 m。

(8)《住宅设计规范》(GB50096—2011)第5.8.1条:窗外没有阳台或平台的外窗,窗台距楼面、地面的净高低于0.90 m时,应设置防护设施。

(9)《住宅设计规范》(GB50096—2011)第6.1.1条:楼梯间、电梯厅等共用部分的外窗,窗外没有阳台或平台,且窗台距楼面、地面的净高小于0.90 m时,应设置防护设施;

(10)《住宅设计规范》(GB50096—2011)第6.1.2条:公共出入口台阶高度超过0.70 m并侧面临空时,应设置防护设施,防护设施净高不应低于1.05 m。

(11)《住宅设计规范》(GB50096—2011)第6.1.3条:外廊、内天井及上人屋面等临空处的栏杆净高,六层及六层以下不应低于1.05 m,七层及七层以上不应低于1.10 m。防护栏杆必须采用防止儿童攀登的构造,栏杆的垂直杆件间净距不应大于0.11 m。放置花盆处必须采取防坠落措施。

(12)《住宅设计规范》(GB50096—2011)第6.2.1条:十层以下的住宅建筑,当住宅单元任一层的建筑面积大于650 $m^2$,或任一套房的户门至安全出口的距离大于15 m时,该住宅单元每层的安全出口不应少于2个;

(13)《住宅设计规范》(GB50096—2011)第6.2.2条:十层及十层以上且不超过十八层的住宅建筑,当住宅单元任一层的建筑面积大于650 $m^2$,或任一套房的户门至安全出口的距离大于10 m时,该住宅单元每层的安全出口不应少于2个;

(14)《住宅设计规范》(GB50096—2011)第6.2.3条:十九层及十九层以上的住宅建筑,每层住宅单元的安全出口不应少于2个;

(15)《住宅设计规范》(GB50096—2011)第6.2.4条:安全出口应分散布置,两个安全出口的距离不应小于5 m;

(16)《住宅设计规范》(GB50096—2011)第6.2.5条:楼梯间及前室的门应向疏散方向开启。

(17)《住宅设计规范》(GB50096—2011)第6.3.1条:楼梯梯段净宽不应小于

1.10 m,不超过六层的住宅,一边设有栏杆的梯段净宽不应小于1.00 m。(注:楼梯梯段净宽系指墙面装饰面至扶手中心之间的水平距离);

(18)《住宅设计规范》(GB50096—2011)第6.3.2条:楼梯踏步宽度不应小于0.26 m,踏步高度不应大于0.175 m。扶手高度不应小于0.90 m。楼梯水平段栏杆长度大于0.50 m时,其扶手高度不应小于1.05 m。楼梯栏杆垂直杆件间净空不应大于0.11 m。

(19)《住宅设计规范》(GB50096—2011)第6.3.5条:楼梯井净宽大于0.11 m时,必须采取防止儿童攀爬的措施。

(20)《住宅设计规范》(GB50096—2011)第6.4.1条:属下列情况之一时,必须设置电梯:

①七层及七层以上住宅或住户入口层楼面距室外设计地面的高度超过16 m时;

②底层作为商店或其他用房的六层及六层以下住宅,其住户入口层楼面距该建筑物的室外设计地面高度超过16 m时;

③底层做架空层或贮存空间的六层及六层以下住宅,其住户入口层楼面距该建筑物的室外设计地面高度超过16 m时;

④顶层为两层一套的跃层住宅时,跃层部分不计层数,其顶层住户入口层楼面距该建筑物室外设计地面的高度超过16 m时。

(21)《住宅设计规范》(GB50096—2011)第6.4.7条:电梯不应紧邻卧室布置。当受条件限制,电梯不得不紧邻兼起居的卧室布置时,应采取隔声、减振的构造措施。

(22)《住宅设计规范》(GB50096—2011)第6.5.2条:位于阳台、外廊及开敞楼梯平台下部的公共出入口,应采取防止物体坠落伤人的安全措施。

(23)《住宅设计规范》(GB50096—2011)第6.6.1条:七层及七层以上的住宅,应对下列部位进行无障碍设计。

① 建筑入口;

② 入口平台;

③ 候梯厅;

④ 公共走道。

(24)《住宅设计规范》(GB50096—2011)第6.6.2条:住宅入口及入口平台的无障碍设计应符合下列规定。

①建筑入口设台阶时,应同时设置轮椅坡道和扶手;

②坡道的坡度应符合表9-14的规定。

**表9-14 坡道的坡度**

| 坡度 | 1:20 | 1:16 | 1:12 | 1:10 | 1:8 |
|---|---|---|---|---|---|
| 最大高度/m | 1.50 | 1.00 | 0.75 | 0.60 | 0.35 |

③供轮椅通行的门净宽不应小于 0.8 m；

④供轮椅通行的推拉门和平开门，在门把手一侧的墙面，应留有不小于 0.5 m 的墙面宽度；

⑤供轮椅通行的门扇，应安装视线观察玻璃、横执把手和关门拉手，在门扇的下方应安装高 0.35 m 的护门板；

⑥门槛高度及门内外地面高差不应大于 0.15 m，并应以斜坡过渡。

(25)《住宅设计规范》(GB50096—2011)第 6.6.3 条：七层及七层以上住宅建筑入口平台宽度不应小于 2.00 m，七层以下住宅建筑入口平台宽度不应小于 1.50 m。

(26)《住宅设计规范》(GB50096—2011)第 6.6.4 条：供轮椅通行的走道和通道净宽不应小于 1.20 m。

(27)《住宅设计规范》(GB50096—2011)第 6.7.1 条：新建住宅应每套配套设置信报箱。

(28)《住宅设计规范》(GB50096—2011)第 6.9.1 条：卧室、起居室(厅)、厨房不应布置在地下室；当布置在半地下室时，必须对采光、通风、日照、防潮、排水及安全防护采取措施，并不得降低各项指标要求。

(29)《住宅设计规范》(GB50096—2011)第 6.9.6 条：直通住宅单元的地下楼、电梯间入口处应设置乙级防火门，严禁利用楼、电梯间为地下车库进行自然通风。

(30)《住宅设计规范》(GB50096—2011)第 6.10.1 条：住宅建筑内严禁布置存放和使用甲、乙类火灾危险性物品的商店、车间和仓库，以及产生噪声、振动和污染环境卫生的商店、车间和娱乐设施。

(31)《住宅设计规范》(GB50096—2011)第 6.10.4 条：住户的公共出入口与附建公共用房的出入口应分开布置。

(32)《住宅设计规范》(GB50096—2011)第 7.1.1 条：每套住宅应至少有一个居住空间能获得冬季日照。

(33)《住宅设计规范》(GB50096—2011)第 7.1.3 条：卧室、起居室(厅)、厨房应有直接天然采光。

(34)《住宅设计规范》(GB50096—2011)第 7.1.5 条：卧室、起居室(厅)、厨房的采光窗洞口的窗地面积比不应低于 1/7。

(35)《住宅设计规范》(GB50096—2011)第 7.2.1 条：卧室、起居室(厅)、厨房应有自然通风。

(36)《住宅设计规范》(GB50096—2011)第 7.2.3 条：每套住宅的自然通风开口面积不应小于地面面积的 5%。

(37)《住宅设计规范》(GB50096—2011)第 7.3.1 条：卧室、起居室(厅)内噪声级，应符合下列规定。

① 昼间卧室内的等效连续 A 声级不应大于 45 dB;

② 夜间卧室内的等效连续 A 声级不应大于 37 dB;

③ 起居室(厅)的等效连续 A 声级不应大于 45 dB。

(38)《住宅设计规范》(GB50096—2011)第 7.3.2 条:分户墙和分户楼板的空气声隔声性能应符合下列规定。

① 分隔卧室、起居室(厅)的分户墙和分户楼板,空气声隔声评价量($R_W+C$)应大于 45 dB;

②分隔住宅和非居住用途空间的楼板,空气声隔声评价量($R_W+C_{tr}$)应大于51 dB。

(39)《住宅设计规范》(GB50096—2011)第 7.4.1 条:住宅的屋面、地面、外墙、外窗应采取防止雨水和冰雪融化水侵入室内的措施。

(40)《住宅设计规范》(GB50096—2011)第 7.4.2 条:住宅的屋面和外墙的内表面在设计的室内温度、湿度条件下不应出现结露。

(41)《宿舍建筑设计规范》(JGJ 36—2016)第 4.2.5 条: 居室不应布置在地下室。

(42)《宿舍建筑设计规范》(JGJ 36—2016)第 7.3.4 条:供中小学使用的宿舍、必须采用安全型电源插座。

(43)《中小学校设计规范》(GB 50099—2011)第 8.7.3 条:中小学校楼梯每个梯段的踏步级数不应少于 3 级,且不应多于 18 级,并应符合下列规定。

① 各类小学楼梯踏步的宽度不得小于 0.26 m, 高度不得大于 0.15 m;

② 各类中学楼梯踏步的宽度不得小于 0.28 m, 高度不得大于 0.16 m;

③ 楼梯的坡度不得大于 30°。

(44)《宿舍建筑设计规范》(JGJ 36—2016)第 4.5.4 条:六层及六层以上宿舍或居室最高入口层楼面距室外设计地面的高度大于 15 m 时,宜设置电梯;高度大于 18 m时,应设置电梯,并宜有一部电梯供担架平入。

### 9.2.7 建筑防火重要内容

**1) 多层建筑防火**

(1)《建筑设计防火规范》(GB 50016—2014)第 5.3.2 条:建筑内设置自动扶梯、敞开楼梯等上、下层相连通的开口时,其防火分区的建筑面积应按上、下层相连通的建筑面积叠加计算;当其叠加计算后的建筑面积大于本规范第 5.3.1 条的规定时,应划分防火分区。

(2)《建筑设计防火规范》(GB 50016—2014)第 5.3.2 条:建筑内设置中庭时,其防火分区面积应按上、下层相连通的面积叠加计算;当叠加计算后的建筑面积大于本规范第 5.3.1 条的规定时,应符合下列规定。

① 与周围连通空间应进行防火分隔:采用防火隔墙时,其耐火极限不应低于

1.00 h;采用防火玻璃墙时,其耐火隔热性和耐火完整性不应低于1.00 h,采用耐火完整性不低于1.00 h的非隔热性防火玻璃墙时,应设置自动喷水灭火系统进行保护;采用防火卷帘时,其耐火极限不应低于3.00 h,并应符合本规范第6.5.3条的规定;与中庭相连通的门、窗,应采用火灾时能自行关闭的甲级防火门、窗;

② 高层建筑内的中庭回廊应设置自动喷水灭火系统和火灾自动报警系统;

③ 中庭应设置排烟设施;

④ 中庭内不应布置可燃物。

(3)《建筑设计防火规范》(GB 50016—2014)第5.2.3条:民用建筑与单独建造的变电站的防火间距应符合本规范第3.4.1条有关室外变、配电站的规定,但与单独建造的终端变电站的防火间距,可根据变电站的耐火等级按本规范第5.2.2条有关民用建筑的规定确定。

民用建筑与10 kV及以下的预装式变电站的防火间距不应小于3 m。

民用建筑与燃油、燃气或燃煤锅炉房的防火间距应符合本规范第3.4.1条有关丁类厂房的规定,但与单台蒸汽锅炉的蒸发量不大于4 t/h或单台热水锅炉的额定热功率不大于2.8 MW的燃煤锅炉房的防火间距,可根据锅炉房的耐火等级按本规范第5.2.2条有关民用建筑的规定确定。

(4)《建筑设计防火规范》(GB 50016—2014)第7.1.1条:街区内的道路应考虑消防车的通行,其道路中心线间的距离不宜大于160 m。

当建筑物沿街道部分的长度大于150 m或总长度大于220 m时,应设置穿过建筑物的消防车道。确有困难时,应设置环形消防车道。

(5)《建筑设计防火规范》(GB 50016—2014)第6.1.1条:防火墙应直接设置在建筑的基础或框架、梁等承重结构上,框架、梁等承重结构的耐火等级不应低于防火墙的耐火极限。

防火墙应从楼地面基层隔断至梁、楼板或屋面板的底面基层。当高层厂房(仓库)屋顶承重结构和屋面板的耐火极限低于1.00 h,其他建筑屋顶承重结构和屋面板的耐火极限低于0.50 h时,防火墙应高出屋面0.5 m以上。

(6)《建筑设计防火规范》(GB 50016—2014)第6.1.4条:建筑物内的防火墙不宜设置在转角处。确需设置时,内转角两侧墙上的门、窗、洞口之间最近边缘的水平距离不应小于4 m;采取设置乙级防火墙等防火灾水平蔓延的措施时,该距离不限。

**2)高层建筑防火**

(1)《建筑设计防火规范》(GB 50016—2014)第5.1.1条:民用建筑根据其建筑高度和层数可分为单、多层民用建筑和高层民用建筑。高层民用建筑根据其建筑高度、使用功能和楼层的建筑面积可分为一类和二类。民用建筑的分类应符合表9-15的规定。

表 9-15 民用建筑的分类

<table>
<tr><th rowspan="2">名称</th><th colspan="2">高层民用建筑</th><th rowspan="2">单、多层<br>民用建筑</th></tr>
<tr><th>一 类</th><th>二 类</th></tr>
<tr><td>住宅<br>建筑</td><td>建筑高度大于 54 m 的住宅建筑(包括设置商业服务网点的住宅建筑)</td><td>建筑高度大于 27 m,但不大于 54 m 的住宅建筑(包括设置商业服务网点的住宅建筑)</td><td>建筑高度不大于 27 m的住宅建筑(包括设置商业服务网点的住宅建筑)</td></tr>
<tr><td>公共<br>建筑</td><td>1.建筑高度大于 50 m 的公共建筑;<br>2.建筑高度大于 24 m 以上部分任一楼层建筑面积大于 1000 m² 的商店、展览、电信、邮政、财贸金融建筑和其他多种功能组合的建筑;<br>3.医疗建筑、重要公共建筑、独立建造的老年人照料设施;<br>4.省级及以上的广播电视和防灾指挥调度建筑、网局级和省级电力调度建筑;<br>5.藏书超过 100 万册的图书馆、书库</td><td>除一类高层公共建筑外的其他高层公共建筑</td><td>1.建筑高度大于 24 m 的单层公共建筑;<br>2.建筑高度不大于 24 m 的其他公共建筑</td></tr>
</table>

注:1. 表中未列入的建筑,其类别应根据本表类比确定。
2. 除本规范另有规定外,宿舍、公寓等非住宅类居住建筑的防火要求,应符合本规范有关公共建筑的规定。
3. 除本规范另有规定外,裙房的防火要求应符合本规范有关高层民用建筑的规定。

(2)《建筑设计防火规范》(GB 50016—2014)第 6.2.6 条:建筑幕墙应在每层楼板外沿处采取符合本规范第 6.2.5 条规定的防火措施,幕墙与每层楼板、隔墙处的缝隙应采用防火封堵材料封堵。

(3)《建筑设计防火规范》(GB 50016—2014)第 8.1.7 条:设置火灾自动报警系统和需要联动控制的消防设备的建筑(群)应设置消防控制室。消防控制室的设置应符合下列规定。

① 单独建造的消防控制室,其耐火等级不应低于二级;

② 附设在建筑内的消防控制室,宜设置在建筑内首层或地下一层,并宜布置在靠外墙部位;

③ 不应设置在电磁场干扰较强及其他可能影响消防控制设备正常工作的房间附近;

④ 疏散门应直通室外或安全出口;

⑤ 消防控制室内的设备构成及其对建筑消防设施的控制与显示功能以及向远程监控系统传输相关信息的功能,应符合现行国家标准《火灾自动报警系统设计规范》(GB 50116—2013)和《消防控制室通用技术要求》(GB 25506—2010)的规定。

(4)《建筑设计防火规范》(GB 50016—2014)第 8.3.3 条:除本规范另有规定和

不宜用水保护或灭火的场所外，下列高层民用建筑或场所应设置自动灭火系统，并宜采用自动喷水灭火系统。

① 一类高层公共建筑(除游泳池、溜冰场外)及其地下、半地下室；

② 二类高层公共建筑及其地下、半地下室的公共活动用房、走道、办公室和旅馆的客房、可燃物品库房、自动扶梯底部；

③ 高层民用建筑内的歌舞娱乐放映游艺场所；

④ 建筑高度大于 100 m 的住宅建筑。

(5)《建筑设计防火规范》(GB 50016—2014)第 7.1.2 条：高层民用建筑，超过 3000 个座位的体育馆，超过 2000 个座位的会堂，占地面积大于 3000 $m^2$ 的商店建筑、展览建筑等单、多层公共建筑应设置环形消防车道，确有困难时，可沿建筑的两个长边设置消防车道；对于高层住宅建筑和山坡地或河道边临空建造的高层民用建筑，可沿建筑的一个长边设置消防车道，但该长边所在建筑立面应为消防车登高操作面。

(6)《建筑设计防火规范》(GB 50016—2014)第 6.1.4 条：建筑内的防火墙不宜设置在转角处。确需设置时，内转角两侧墙上的门、窗、洞口之间最近边缘的水平距离不应小于 4.00 m；采取乙级防火窗等防止火灾水平蔓延的措施时，该距离可不限。

(7)《建筑设计防火规范》(GB 50016—2014)第 6.1.5 条：防火墙上不应开设门、窗、洞口，确需开设时，应设置不可开启或火灾时能自动关闭的甲级防火门、窗。

(8)《建筑设计防火规范》(GB 50016—2014)第 5.3.3 条：防火分区之间应采用防火墙分隔，确有困难时，可采用防火卷帘等防火分隔设施分隔。采用防火卷帘分隔时，应符合本规范第 6.5.3 条的规定。

(9)《建筑设计防火规范》(GB 50016—2014)第 5.5.3 条：建筑的楼梯宜通至屋面，通向屋面的门或窗应向外开启。

(10) 根据《建筑设计防火规范》(GB 50016—2014)第 7.3 条中相关条文，消防电梯的设置应符合下列规定。

① 消防电梯宜分别设在不同的防火分区内。

② 消防电梯间应设前室，其面积：居住建筑不应小于 6 $m^2$。当与防烟楼梯间合用前室时，其面积：居住建筑不应小于 6.00 $m^2$；公共建筑不应小于 10 $m^2$。

③ 消防电梯间前室宜靠外墙设置，并应在首层直通室外或经过长度不大于 30 m 的通道通向室外。

④ 消防电梯间前室的门，应采用乙级防火门，不应设置卷帘。

⑤ 消防电梯的载重量不应小于 800 kg。

⑥ 消防电梯井、机房与相邻其他电梯井、机房之间，应设置耐火极限不低于 2.00 h 的防火隔墙，隔墙上的门应采用甲级防火门。

⑦ 消防电梯的行驶速度，应按从首层到顶层的运行时间不宜大于 60 s。

⑧ 消防电梯轿厢的内装修应采用不燃材料。

⑨ 电梯轿厢内应设专用消防对讲电话,并应在首层设供消防队员专用的操作按钮。

⑩ 消防电梯间前室门口宜设排水设施。消防电梯的井底应设排水设施,排水井容量不应小于 2.00 $m^3$,排水泵的排水量不应小于 10 L/s。

(11)《建筑设计防火规范》(GB 50016—2014)第 8.1.6 条:消防水泵房的设置应符合下列规定。

① 单独建造的消防水泵房,其耐火等级不应低于二级;

② 附设在建筑内的消防水泵房,不应设置在地下三层及以下或室内地面与室外出入口地坪高差大于 10 m 的地下楼层;

③ 疏散门应直通室外或安全出口。

(12)《建筑设计防火规范》(GB 50016—2014)第 8.1.8 条:消防水泵房和消防控制室应采取防水淹的技术措施。

**3)内装修防火**

《建筑内部装修设计防火规范》(GB 50222—2017)第 5.3.1 条:地下民用建筑内部各部位装修材料的燃烧性能等级,不应低于表 9-16 所示的规定。

**表 9-16 地下民用建筑内部各部位装修材料的燃烧性能等级**

| 序号 | 建筑物及场所 | 装修材料燃烧性能等级 | | | | | | |
|---|---|---|---|---|---|---|---|---|
| | | 顶棚 | 墙面 | 地面 | 隔断 | 固定家具 | 装饰织物 | 其他装修装饰材料 |
| 1 | 观众厅、会议厅、多功能厅、等候厅等,商店的营业厅 | A | A | A | $B_1$ | $B_1$ | $B_1$ | $B_2$ |
| 2 | 宾馆、饭店的客房及公共活动用房等 | A | $B_1$ | $B_1$ | $B_1$ | $B_1$ | $B_1$ | $B_2$ |
| 3 | 医院的诊疗区、手术区 | A | A | $B_1$ | $B_1$ | $B_1$ | $B_1$ | $B_2$ |
| 4 | 教学场所、教学实验场所 | A | A | $B_1$ | $B_2$ | $B_2$ | $B_1$ | $B_2$ |
| 5 | 纪念馆、展览馆、博物馆、图书馆、档案馆、资料馆等的公众活动场所 | A | A | $B_1$ | $B_1$ | $B_1$ | $B_1$ | $B_1$ |
| 6 | 存放文物、纪念展览物品、重要图书、档案、资料的场所 | A | A | A | A | A | $B_1$ | $B_1$ |
| 7 | 歌舞娱乐游艺场所 | A | A | $B_1$ | $B_1$ | $B_1$ | $B_1$ | $B_1$ |
| 8 | A、B 级电子信息系统机房及装有重要机器、仪器的房间 | A | A | $B_1$ | $B_1$ | $B_1$ | $B_1$ | $B_1$ |
| 9 | 餐饮场所 | A | A | A | $B_1$ | $B_1$ | $B_1$ | $B_2$ |

续表

| 序号 | 建筑物及场所 | 装修材料燃烧性能等级 | | | | | | |
|---|---|---|---|---|---|---|---|---|
| | | 顶棚 | 墙面 | 地面 | 隔断 | 固定家具 | 装饰织物 | 其他装修装饰材料 |
| 10 | 办公场所 | A | $B_1$ | $B_1$ | $B_1$ | $B_1$ | $B_2$ | $B_2$ |
| 11 | 其他公共场所 | A | $B_1$ | $B_1$ | $B_2$ | $B_2$ | $B_2$ | $B_2$ |
| 12 | 汽车库、修车库 | A | A | $B_1$ | A | A | — | — |

注：地下民用建筑系指单层、多层、高层民用建筑的地下部分，单独建造在地下的民用建筑以及平战结合的地下人防工程。

**4）汽车库、修车库、停车场**

（1）《汽车库、修车库、停车场设计防火规范》（GB 50067—2014）第5.3.3条：除敞开式汽车库、斜楼板式汽车库外，其他汽车库的汽车坡道两侧应采用防火墙与停车区隔开，坡道的出入口应采用水幕、防火卷帘或甲级防火门等与停车区隔开；但当汽车库和汽车坡道上均设置自动灭火系统时，坡道的出入口可不设置水幕、防火卷帘或甲级防火门。

（2）《汽车库、修车库、停车场设计防火规范》（GB 50067—2014）第6.0.13条：汽车疏散坡道的净宽度，单车道不应小于3 m，双车道不应小于5.5 m。

（3）《汽车库、修车库、停车场设计防火规范》（GB 50067—2014）第6.0.14条：除室内无车道且无人员停留的机械式汽车外，相邻两个汽车疏散出口之间的水平距离不应小于10 m；毗邻设置的两个汽车坡道应采用防火隔墙分隔。

**5）中小学校**

《中小学校设计规范》（GB 50099—2011）第8.2.3条：中小学校建筑的安全出口、疏散走道、疏散楼梯和房间疏散门等处每100人的净宽度应按表8.2.3计算。同时，教学用房的内走道净宽度不应小于2.40 m，单侧走道及外廊的净宽度不应小于1.80 m。

**6）图书馆**

《图书馆建筑设计规范》（JGJ 38—2015）第6.2.6条：除电梯外，书库内部提升设备的井道井壁应为耐火极限不低于2.00 h的不燃烧体，井壁上的传递洞口应安装不低于乙级的防火闸门。

**7）剧场**

（1）《建筑设计防火规范》（GB 50016—2014）第8.3.6（一）条：特等、甲等剧场、超过1500个座位的其他等级的剧场、超过2000个座位的会堂或礼堂和高层民用建筑内超过800个座位的剧场或礼堂的舞台口及上述场所内与舞台相连的侧台、后台的洞口。

(2)《建筑设计防火规范》(GB 50016—2014)第 8.3.6(三)条:需要防护冷却的防火卷帘或防火幕的上部。

(3)《剧场建筑设计规范》(JGJ 57—2016)第 8.1.5 条:舞台与后台的隔墙及舞台下部台仓的周围墙体的耐火极限不应低于 2.5 h。

(4)《剧场建筑设计规范》(JGJ 57—2016)第 8.1.6 条:舞台内的天桥、渡桥码头、平台板、栅顶应采用不燃烧材料,耐火极限不应低于 0.5 h。

(5)《剧场建筑设计规范》(JGJ 57—2016)第 8.1.7 条:当高、低压配电室与主舞台、侧舞台、后舞台相连时,必须设置面积不小于 6 $m^2$ 的前室,高、低压配电室应设甲级防火门。

(6)《剧场建筑设计规范》(JGJ 57—2016)第 8.1.8 条:剧场应设消防控制室,并应有对外的单独出入口,使用面积不应小于 12 $m^2$。大型、特大型剧场应设舞台区专用消防控制间,专用消防控制间宜靠近舞台,使用面积不应小于 12 $m^2$。

(7)《剧场建筑设计规范》(JGJ 57—2016)第 8.1.10 条:观众厅和乐池的顶棚、墙面、地面等装修材料宜为不燃材料,当采用难燃性装修材料时,应设置相应的消防设施,并应符合本规范第 8.4.1 条和第 8.4.2 条的规定。

(8)《剧场建筑设计规范》(JGJ 57—2016)第 8.1.11 条:剧场检修马道应采用不燃材料。

(9)《剧场建筑设计规范》(JGJ 57—2016)第 8.1.12 条:观众厅及舞台内的灯光控制室、面光桥及耳光室的各界面构造均应采用不燃材料。

(10)《剧场建筑设计规范》(JGJ 57—2016)第 8.1.13 条:舞台内严禁设置燃气设备,当后台使用燃气设备时,应采用耐火极限不低于 3.0 h 的隔墙和甲级防火门分隔,且不应靠近服装室、道具间。

(11)《剧场建筑设计规范》(JGJ 57—2016)第 8.1.14 条:当剧场建筑与其他建筑合建或毗连时,应形成独立的防火分区,并应采用防火墙隔开,且防火墙不得开窗洞;当设门时,应采用甲级防火门。防火分区上下楼板耐火极限不应低于 1.5 h。

(12)《剧场建筑设计规范》(JGJ 57—2016)第 8.2.2 条:观众厅的出口门、疏散外门及后台疏散门应符合下列规定。

① 应设双扇门,净宽不应小于 1.40 m,并向疏散方向开启。

② 靠门处不应设门槛和踏步,踏步应设置在距门 1.40 m 以外。

③ 不应采用推拉门、卷帘门、吊门、转门、折叠门、铁栅门。

④ 应采用自动门闩,门洞上方应设疏散指示标志。

**8)商店**

《建筑设计防火规范》(GB 50016—2014)第 5.5.21(七)条:商店的疏散人数应按每层营业厅的建筑面积乘以表 9-17 规定的人员密度计算。对于建材商店、家具和灯饰展示建筑,其人员密度可按表 9-17 规定值的 30%确定。

表 9-17 商店营业厅内的人员密度 (单位:人/$m^2$)

| 楼层位置 | 地下第二层 | 地下第一层 | 地上第一、二层 | 地上第三层 | 地上第四层及以上各层 |
|---|---|---|---|---|---|
| 人员密度 | 0.56 | 0.60 | 0.43～0.60 | 0.39～0.54 | 0.30～0.42 |

### 9.2.8 国家及地方法令、法规

**1) 国家法令、法规**

(1)《中华人民共和国建筑法》第五十七条:建筑设计单位对设计文件选用的建筑材料、建筑构配件和设备,不得指定生产厂、供应商。

(2)《中华人民共和国大气污染防治法》第八十一条:排放油烟的餐饮服务业经营者应当安装油烟净化设施并保持正常使用,或者采取其他油烟净化措施,使油烟达标排放,并防止对附近居民的正常生活环境造成污染。

禁止在居民住宅楼、未配套设立专用烟道的商住综合楼以及商住综合楼内与居住层相邻的商业楼层内新建、改建、扩建产生油烟、异味、废气的餐饮服务项目。

任何单位和个人不得在当地人民政府禁止的区域内露天烧烤食品或者为露天烧烤食品提供场地。

(3) 关于建设领域推广应用的新技术、新产品,严禁采用淘汰的技术与产品的《技术与产品公告》。

**2) 地方法令、法规**

各省市自行补充的法令、法规。

## 9.3 建筑节能施工图设计的编制深度与审查要点

### 9.3.1 建筑节能施工图设计文件建筑专业编制深度

**1) 一般规定**

(1) 工程概况应包括建设工程所在城市、其城市所在的气候分区,建筑物朝向,建筑物节能计算面积等内容。

(2) 设计依据应主要包括。

①《民用建筑热工设计规范》(GB 50176—2016)。

②《公共建筑节能设计标准》(GB 50189—2015)。

③《夏热冬冷地区居住建筑节能设计标准》(JGJ 134—2010)。

④ 各省市自行制订的居住建筑与公共建筑节能设计标准。

**2) 围护结构的规定性指标**

(1) 体形系数。

居住建筑及寒冷地区公共建筑设计说明中应给出建筑物外表面积、体积、体形系数。

(2) 门窗(含透明幕墙)、天窗。

① 居住建筑应分别给出各朝向的窗墙面积比、传热系数或传热阻、遮阳系数或遮阳率、气密性等级等设计指标。

② 公共建筑应分别给出各朝向的窗墙面积比、传热系数或传热阻、遮阳系数或遮阳率、可见光投射比、可开启面积比、气密性等级等设计指标。设置天窗时,应给出屋面透明部分与屋面面积比、传热系数或传热阻、遮阳系数或遮阳率、气密性等级等设计指标。

(3) 屋面、外墙(含非透明幕墙)。

应给出传热系数或传热阻、居住建筑的热惰性指标。

(4) 接触室外空气的架空或挑空楼板。

应给出传热系数或传热阻。

(5) 地下室。

① 地下室为采暖、空调空间时,应给出地下室外墙、地面的热阻。

② 地下室为非采暖、空调空间时,应给出地下室与采暖、空调空间间隔的墙体、顶板传热系数或传热阻。

(6) 各种冷桥、其他与节能有关的楼板、墙体。

应给出传热系数或传热阻

(7) 以上规定性指标(包括但不仅限于)均应按如下格式给出:

标准要求值为________;设计控制指标为__________。

**3) 性能性指标设计**

(1) 居住建筑当采用性能性指标设计时,设计文件中应包括以下内容。

① 主要计算参数,包括体形系数、围护结构构造与指标、总建筑面积与采暖空调面积、采暖空调平面图、气候条件等。

② 夏季空调与冬季采暖的耗冷(热)量、耗电量。

(2) 公共建筑当采用性能性指标设计时,设计文件中应包括以下内容。

① 参照建筑与所设计建筑的形状、大小、内部的空间划分和使用功能;参照建筑与所设计建筑的体形系数、外窗(透明幕墙)的窗墙面积比、屋顶透明部分的面积占屋顶总面积的百分比等指标;各围护结构的传热系数及其他热工性能。

② 规定的计算条件,包括采暖空调要求、气候条件。

③ 所设计建筑的全年采暖和空气调节能耗;参照建筑的全年采暖和空气调节能耗。

(3) 居住建筑与公共建筑在进行性能性指标设计时,必须符合以下基本要求。

① 当因体形系数超标而进行性能性指标设计时,屋面、墙体、窗户的传热系数或传热阻、居住建筑的热惰性指标应满足相近体形系数达标时规定性指标的要求。

② 当因窗墙面积比超标而进行性能性指标设计时,屋面、墙体的传热系数或传热阻、居住建筑的热惰性指标应满足规定性指标的要求,窗户的传热系数或传热阻

应满足相近窗墙面积比达标时规定性指标的要求。

③ 当因窗传热系数或传热阻不达标而进行性能性指标设计时，屋面和墙的传热系数或传热阻应满足规定性指标的要求，居住建筑的热惰性指标应满足规定性指标的要求。

④ 当因外墙传热系数或传热阻不达标而进行性能性指标设计时，屋面和窗的传热系数或传热阻应满足规定性指标的要求。

⑤ 当因窗的遮阳不达标而进行性能性指标设计时，屋面、墙和窗的传热系数或传热阻、居住建筑的热惰性指标应满足规定性指标的要求。

⑥ 当因分户楼板、隔墙或因采暖空调与非采暖空调区间构件不达标而进行性能性指标设计时，外围护结构的传热系数或传热阻、居住建筑的热惰性指标应满足规定性指标的要求。

⑦ 以下情况不得进行性能性指标设计。

a. 屋面的传热系数或传热阻不达标。

b. 窗和外墙的传热系数或传热阻同时不达标。

c. 窗的遮阳和传热系数或传热阻同时不达标。

**4）节能设计构造做法**

（1）施工图设计中应明确围护结构的构造做法，包括屋面，墙体（含非透明幕墙），楼板、接触室外空气的架空或挑空楼板，采暖空调地下室的外墙、地面或非采暖空调地下室与采暖、空调空间间隔的墙体、顶板，其他围护墙、楼板，冷桥等。构造做法应包括主要构造图、关键保温材料的主要性能指标要求和厚度要求。如引用标准图，应标明图集号、图号。

（2）施工图设计中应明确外窗、透明幕墙、屋面透明部分等部位的构造做法。构造做法应包括主要构造图，型材和玻璃（或其他透明材料）的品种和主要性能指标要求，中空层厚度，开启方式与做法、密封措施等。如引用标准图，应标明图集号、图号。

（3）施工图设计中应明确外窗、透明幕墙、屋面透明部分等的遮阳构造做法。构造做法应包括主要构造图，材料或配件的品种和主要性能指标要求，安装节点等。如引用标准图，应标明图集号、图号。

（4）施工图设计中应明确分户门的类型和节能构造做法或要求。

**5）计算书与计算软件**

（1）民用建筑节能工程设计计算书的编制应能反映所计算的主要指标的原始计算参数取值、计算过程及计算结果与结论。

（2）当采用有关节能设计软件计算时，应选用通过省建设行政主管部门论证的计算软件。生成的计算书除应符合（1）规定的要求外，尚应注明软件名称、计算时间等软件使用信息。

### 9.3.2 居住建筑节能审查内容及要点

《夏热冬冷地区居住建筑节能设计标准》（JGJ 134—2010）的审查内容及要点如表 9-18 所示。

表 9-18 《夏热冬冷地区居住建筑节能设计标准》(JGJ 134—2010)的审查内容及要点

<table>
<tr><th>序号</th><th>项目</th><th>审 查 内 容</th></tr>
<tr><td rowspan="2">1</td><td>设计标准条文</td><td>《建筑工程施工图设计文件技术审查要点》设计说明基本内容</td></tr>
<tr><td>审查要点</td><td>① 建筑节能专项说明应为建筑节能设计专篇或在建筑设计说明中的建筑节能设计专项章节,是建筑施工图中必不可少的组成部分;<br>② “节能做法”栏目中一般应填写围护结构各部分的分层构造、保温层材料及厚度;外墙保温还应填写应用的保温系统名称;<br>③ 应有热工计算书(A4),计算书应有设计人、校对人、审核人签字并有设计单位盖章;<br>④ 门窗表应备注说明门窗的传热系数、气密性要求</td></tr>
<tr><td rowspan="2">2</td><td>设计标准条文</td><td>《建筑节能与可再生能源利用通用规范》(GB55015—2021)<br>3.1.2 居住建筑体形系数应符合表 3.1.2 的规定。<br>表 3.1.2 居住建筑体形系数限值
<table>
<tr><th rowspan="2">热工区划</th><th colspan="2">建筑层数</th></tr>
<tr><th>≤3 层</th><th>>3 层</th></tr>
<tr><td>严寒地区</td><td>≤0.55</td><td>≤0.30</td></tr>
<tr><td>寒冷地区</td><td>≤0.57</td><td>≤0.33</td></tr>
<tr><td>夏热冬冷 A 区</td><td>≤0.60</td><td>≤0.40</td></tr>
<tr><td>温和 A 区</td><td>≤0.60</td><td>≤0.45</td></tr>
</table></td></tr>
<tr><td>审查要点</td><td>① 体形系数对建筑物的耗热量指标有重要影响,应明确体形系数的定义,准确计算;<br>② 体形系数计算时应注意:a. 以整栋建筑居住部分的最下一层的地面或楼面为计算基面;b. 外表面积中应包括凸(飘)窗的展开面积;<br>③ 不符合本标准要求时应进行相应的节能设计判定</td></tr>
<tr><td rowspan="2">3</td><td>设计标准条文</td><td>《公共建筑节能设计标准》(GB 50189—2015)<br>3.3.5 建筑外门、外窗的气密性分级应符合国家标准《建筑外门窗气密、水密、抗风压性能分级及检测方法》(GB/T 7106—2008)中第 4.1.2 条的规定,并应满足下列要求。<br>① 10 层及以上建筑外窗的气密性不应低于 7 级;<br>② 10 层以下建筑外窗的气密性不应低于 6 级;<br>③ 严寒和寒冷地区外门的气密性不应低于 4 级</td></tr>
<tr><td>审查要点</td><td>① 应在设计说明、门窗表和民用建筑节能设计审查表中明确外窗及阳台门的气密性,并符合规定的限值;<br>② 门窗立面图中的开启方式应符合气密性要求;<br>③ 4 级对应的性能指标是:$2.0\ m^3/(m\cdot h) < q_1 \leqslant 2.5\ m^3/(m\cdot h)$,$6.0\ m^3/(m^2\cdot h) < q_2 \leqslant 7.5\ m^3/(m^2\cdot h)$;<br>④ 6 级对应的性能指标是:$0.5\ m^3/(m\cdot h) < q_1 \leqslant 1.5\ m^3/(m\cdot h)$,$1.5\ m^3/(m^2\cdot h) < q_2 \leqslant 4.5\ m^3/(m^2\cdot h)$</td></tr>
</table>

续表

<table>
<tr><th>序号</th><th>项目</th><th>审查内容</th></tr>
<tr><td rowspan="2">4</td><td>设计标准条文</td><td>
《夏热冬冷地区居住建筑节能设计标准》(JGJ 134—2010)<br>
4.0.4 建筑围护结构各部分的传热系数和热惰性指标不应大于表4.0.4规定的限值。当设计建筑的围护结构中的屋面、外墙、架空或外挑楼板、外窗不符合表4.0.4的规定时,必须按照本标准第5章的规定进行建筑围护结构热工性能的综合判断。<br>
表4.0.4 建筑围护结构各部分的传热系数(K)和热惰性指标(D)的限值
<table>
<tr><th colspan="2" rowspan="2">维护结构部位</th><th colspan="2">传热系数 K/[W/(m²·K)]</th></tr>
<tr><th>热惰性指标 D≤2.5</th><th>热惰性指标 D>2.5</th></tr>
<tr><td rowspan="7">体形系数≤0.4</td><td>屋面</td><td>0.8</td><td>1.0</td></tr>
<tr><td>外墙</td><td>1.0</td><td>1.5</td></tr>
<tr><td>底面接触室外空气的架空或外挑楼板</td><td colspan="2">1.5</td></tr>
<tr><td>分户墙、楼板、楼梯间隔墙、外走廊隔墙</td><td colspan="2">2.0</td></tr>
<tr><td>户门</td><td colspan="2">3.0(通往封闭空间)<br>2.0(通往非封闭空间或户外)</td></tr>
<tr><td>外窗(含阳台门透明部分)</td><td colspan="2">应符合本标准表4.0.5-1、表4.0.5-2的规定</td></tr>
<tr><td rowspan="6">体形系数>0.4</td><td>屋面</td><td>0.5</td><td>0.6</td></tr>
<tr><td>外墙</td><td>0.8</td><td>1.0</td></tr>
<tr><td>底面接触室外空气的架空或外挑楼板</td><td colspan="2">1.0</td></tr>
<tr><td>分户墙、楼板、楼梯间隔墙、外走廊隔墙</td><td colspan="2">2.0</td></tr>
<tr><td>户门</td><td colspan="2">3.0(通往封闭空间)<br>2.0(通往非封闭空间或户外)</td></tr>
<tr><td>外窗(含阳台门透明部分)</td><td colspan="2">应符合本标准表4.0.5-1、表4.0.5-2的规定</td></tr>
</table>
</td></tr>
<tr><td>审查要点</td><td>
① 应在设计说明和民用建筑节能设计审查表中明确围护结构的传热系数,并符合规定的限值,外墙的传热系数应是平均传热系数;<br>
② 在设计说明的节能措施中明确外墙采用的外(内)保温体系,并明确保温材料及厚度。外墙外保温层材料最小厚度应符合相关标准要求;<br>
③ 在设计说明的节能措施中明确屋顶、架空楼板采用的保温措施,并明确保温材料及厚度。屋顶保温层材料的最小厚度应视形式不同,应符合相关标准要求;<br>
④ 楼板的保温材料最小厚度应符合相关标准要求;<br>
⑤ 应在设计说明的节能措施和门窗表中明确分户门保温措施,并明确保温材料及厚度;<br>
⑥ 屋面、外墙、外窗(含阳台门透明部分)不能满足规定限值,应提供进行权衡判断的节能计算书
</td></tr>
</table>

续表

<table>
<tr><th>序号</th><th>项目</th><th>审查内容</th></tr>
<tr><td rowspan="2">5</td><td>设计标准条文</td><td>
《夏热冬冷地区居住建筑节能设计标准》(JGJ 134—2010)<br>
4.0.5　不同朝向外窗(包括阳台门的透明部分)的窗墙面积比不应大于表4.0.5-1规定的限值。不同朝向、不同窗墙面积比的外窗传热系数不应大于表4.0.5-2规定的限值;综合遮阳系数应符合表4.0.5-2的规定。当外窗为凸窗时,凸窗的传热系数限值应比表4.0.5-2规定的限值小10%;计算窗墙面积比时,凸窗的面积应按洞口面积计算。当设计建筑的窗墙面积比或传热系数、遮阳系数不符合表4.0.5-1和表4.0.5-2的规定时,必须按照本标准第5章的规定进行建筑围护结构热工性能的综合判断。<br>
表4.0.5-1　不同朝向外窗的窗墙面积比限值
<table>
<tr><th>朝向</th><th>窗墙面积比</th></tr>
<tr><td>北</td><td>0.4</td></tr>
<tr><td>东、西</td><td>0.35</td></tr>
<tr><td>南</td><td>0.45</td></tr>
<tr><td>每套房间允许一个房间(不分朝向)</td><td>0.6</td></tr>
</table>
表4.0.5-2　不同朝向、不同窗墙面积比的外窗传热系数和综合遮阳系数限值
<table>
<tr><th>建筑</th><th>窗墙面积比</th><th>传热系数/$K$ [$W/(m^2 \cdot K)$]</th><th>外窗综合遮阳系数 $SC_w$ (东、西向/南向)</th></tr>
<tr><td rowspan="5">体形系数≤0.4</td><td>窗墙面积比≤0.20</td><td>4.7</td><td>—/—</td></tr>
<tr><td>0.20<窗墙面积比≤0.30</td><td>4.0</td><td>—/—</td></tr>
<tr><td>0.30<窗墙面积比≤0.40</td><td>3.2</td><td>夏季≤0.40/夏季≤0.45</td></tr>
<tr><td>0.40<窗墙面积比≤0.45</td><td>2.8</td><td>夏季≤0.35/夏季≤0.40</td></tr>
<tr><td>0.45<窗墙面积比≤0.60</td><td>2.5</td><td>东、西、南向设置外遮阳<br>夏季≤0.25　冬季≥0.60</td></tr>
<tr><td rowspan="5">体形系数>0.4</td><td>窗墙面积比≤0.20</td><td>4.0</td><td>—/—</td></tr>
<tr><td>0.20<窗墙面积比≤0.30</td><td>3.2</td><td>—/—</td></tr>
<tr><td>0.30<窗墙面积比≤0.40</td><td>2.8</td><td>夏季≤0.40/夏季≤0.45</td></tr>
<tr><td>0.40<窗墙面积比≤0.45</td><td>2.5</td><td>夏季≤0.35/夏季≤0.40</td></tr>
<tr><td>0.45<窗墙面积比≤0.60</td><td>2.3</td><td>东、西、南向设置外遮阳<br>夏季≤0.25,冬季≥0.60</td></tr>
</table>
注:①表中的“东,西”代表从东或西偏北30°(含30°)至偏南60°(含60°)的范围;“南”代表从南偏东30°至偏西30°的范围。<br>
②楼梯间、外走廊的窗不按本表规定执行。
</td></tr>
<tr><td>审查要点</td><td>
① 应在设计说明、门窗表和民用建筑节能设计审查表中明确外窗及阳台门的传热系数,并符合规定的限值;<br>
② 在设计说明的节能措施和门窗表中明确门窗的型材、玻璃材料及空气层厚度;门窗的材料应符合传热系数的要求;<br>
③ 门窗表中的分户门应明确保温措施;<br>
④ 不能满足规定限值,应提供进行权衡判断的节能计算书
</td></tr>
</table>

续表

| 序号 | 项目 | 审查内容 |
|---|---|---|
| 6 | 设计标准条文 | 《夏热冬冷地区居住建筑节能设计标准》(JGJ 134—2010)<br>5.0.1 当设计建筑不符合本标准第 4.0.3、第 4.0.4 和第 4.0.5 条中的各项规定时，应按本章的规定对设计建筑进行围护结构热工性能的综合判断。<br>5.0.5 设计建筑和参照建筑在规定条件下的采暖和空调年耗电量应采用动态方法计算，并应采用同一版本计算软件。 |
| | 审查要点 | ① 屋顶、外墙、楼板、隔墙的保温层材料及厚度与构造做法应与施工图一致；<br>② 外墙应计算平均传热系数，其计算应符合《夏热冬冷地区居住建筑节能设计标准》(JGJ 134—2010)附录 B 的计算公式；<br>③ 外门窗的窗墙比、传热系数、气密性应与施工图设计说明和门窗表一致；<br>④ 分户门应有保温措施；<br>⑤ 节能计算书应提供采暖年耗电量和按空调度日数列出的空调年耗电量限值之和，并符合规定的限值；<br>⑥ 应注明节能计算软件名称及版本；<br>⑦ 计算书应有计算人、校对人、审核人签字，并应有设计院盖章 |
| 7 | 设计标准条文 | 建筑设计不满足规定性指标，采用 DEST 能耗评估软件，用对比法进行权衡判断的节能计算书 |
| | 审查要点 | ① 屋顶、外墙、楼板、隔墙的保温层材料及厚度与构造做法应与施工图一致；<br>② 外墙应计算平均传热系数，其计算应符合《夏热冬冷地区居住建筑节能设计标准》(JGJ 134—2010)附录 B 的计算公式；<br>③ 外门窗的窗墙比、传热系数、气密性应与施工图设计说明和门窗表一致；<br>④ 参照建筑物的外形和朝向应与设计建筑物相同，并在计算书中进行说明；<br>⑤ 参照建筑物的热工性能取值应符合相应标准的规定指标，并在计算书中进行说明；<br>⑥ 权衡判断结果：设计建筑物的能耗指标不应大于参照建筑物的能耗指标；<br>⑦ 计算书应有计算人、校对人、审核人签字，并应有设计院盖章 |
| 8 | 设计标准条文 | 建筑设计满足各项规定的节能指标的热工计算书 |
| | 审查要点 | ① 围护结构保温层的最小厚度满足国家标准图集《外墙外保温建筑构造》(10J 121)、《外墙内保温建筑构造》(11J 122)、《平屋面建筑构造》(12J 201)、《坡屋面建筑构造(一)》(09J 202—1)中的最小厚度，可不进行外墙、屋顶的热工计算；<br>② 围护结构保温层的最小厚度不满足有关图集的要求，应提供围护结构的热工计算书；<br>③ 外窗的传热系数和材料应选用国家标准图集《铝合金门窗》(22J603—1)，传热系数与门窗型号一致；<br>④ 分户门的做法应选用国家标准图集《特种门窗(一)》(17J610—1)，传热系数≤3.0 W/($m^2$·K)；<br>⑤ 计算书应有计算人、校对人、审核人签字，并应有设计院盖章 |

## 9.3.3 公共建筑节能审查内容及要点

公共建筑节能审查内容及要点如表 9-19 所示。

表 9-19 《公共建筑节能设计标准》(GB 50189—2015)的审查内容及要点

<table>
<tr><th>序号</th><th>项目</th><th>审查内容</th></tr>
<tr><td rowspan="2">1</td><td>设计标准条文</td><td>《建筑工程施工图设计文件技术审查要点》设计说明基本内容<br>3.2.1 严寒和寒冷地区居住建筑应说明建筑物的体形系数、耗热量指标及主要部位围护结构材料做法、传热系数等<br>夏热冬冷地区居住建筑应说明建筑物体形系数及主要部位围护结构材料做法、传热系数、热惰性指标等</td></tr>
<tr><td>审查要点</td><td>① 建筑节能专项说明应为建筑节能设计专篇或在建筑设计说明中的建筑节能设计专项章节，是建筑施工图中必不可少的组成部分；<br>② 当设计建筑的体型系数、窗墙面积比、屋面透明部分面积比及各部分围护结构的热工参数符合本标准要求时，可直接判定为公共建筑节能设计。“做法说明”栏目中一般应填写围护结构各部分的分层构造、保温层材料及厚度；外墙保温还应填写应用的保温系统名称；<br>③ 当设计建筑的体型系数、窗墙面积比、屋面透明部分面积比及各部分围护结构的热工参数中的任何一条不满足本标准的规定时：a. 单体建筑面积小于或等于 20000 $m^2$，大于 300 $m^2$，且不全面设置空气调节系统的公共建筑，可采用简化的权衡判断；b. 单体建筑面积大于 300 $m^2$，且全面设置空气调节系统的公共建筑与单体建筑面积大于 20000 $m^2$ 的公共建筑，应采用软件，进行动态的权衡判断。应注明围护结构各部分的分层构造、保温层材料及厚度；外墙保温还应注明应用的保温系统名称；<br>④ 应有热工计算书(A4 规格)，计算书应有设计人、校对人、审核人签字并有设计单位盖章</td></tr>
<tr><td rowspan="2">2</td><td>设计标准条文</td><td>《公共建筑节能设计标准》(GB 50189—2015)<br>3.2.1 严寒和寒冷地区公共建筑体形系数应符合表 3.2.1 的规定。<br>表 3.2.1 严寒和寒冷地区公共建筑体形系数<table><tr><th>单栋建筑面积 $A/m^2$</th><th>建筑体形系数</th></tr><tr><td>$300 \lt A \leqslant 800$</td><td>$\leqslant 0.50$</td></tr><tr><td>$A \gt 800$</td><td>$\leqslant 0.40$</td></tr></table></td></tr>
<tr><td>审查要点</td><td>① 体型系数对建筑物的耗热量指标有重要影响，应明确体形系数的定义，准确计算，并符合规定的限值；<br>② 不能满足规定限值，应提供进行权衡判断的节能计算书</td></tr>
</table>

续表

| 序号 | 项目 | 审查内容 |
|---|---|---|
| 3 | 设计标准条文 | 《公共建筑节能设计标准》(GB 50189—2015)<br>3.2.2 严寒地区甲类公共建筑各单一立面的窗墙面积比(包括透光幕墙)均不宜大于0.60。甲类公共建筑单一立面窗墙面积比(包括透光幕墙)均不宜大于0.70 |
|  | 审查要点 | ① 应准确计算不同朝向的窗墙面积比;<br>② 不符合本标准强条要求时应进行权衡判断 |
| 4 | 设计标准条文 | 《公共建筑节能设计标准》(GB 50189—2015)<br>3.2.7 甲类公共建筑的屋顶透光部分面积不应大于屋面总面积的20%,当不能满足本条的规定时,必须按本标准规定的方法进行权衡判断 |
|  | 审查要点 | ① 应准确计算屋面透明部分面积比;<br>② 不符合本标准强条要求时应进行权衡判断 |
| 5 | 设计标准条文 | 《公共建筑节能设计标准》(GB 50189—2015)<br>3.3.1 根据建筑热工设计的气候分区,甲类公共建筑的围护结构热工性能应分别符合表3.3.1-1～表3.3.1-6的规定。当不能满足本条的规定时,必须按本标准规定的方法进行权衡判断 |
|  | 审查要点 | ① 围护结构各部位保温设计应符合经济合理、安全可靠等原则,其热工性能应符合本条文规定;<br>② 不符合本标准强条要求时应进行权衡判断 |
| 6 | 设计标准条文 | 《公共建筑节能设计标准》(GB 50189—2015)<br>3.3.4 屋面、外墙和地下室的热桥部位的内表面温度不应低于室内空气露点温度 |
|  | 审查要点 | 屋面、外墙和地下室等热桥部位应加强保温隔热措施,以减少围护结构热桥部位的传热热损失 |
| 7 | 设计标准条文 | 《公共建筑节能设计标准》(GB 50189—2015)<br>3.2.8 单一立面外窗(包括透光幕墙)的有效通风换气面积应符合下列规定。<br>① 甲类公共建筑外窗(包括透光幕墙)应设可开启窗扇,其有效通风换气面积不宜小于所在房间外墙面积的10%;当透光幕墙受条件限制无法设置可开启窗扇时,应设置通风换气装置。<br>② 乙类公共建筑外窗有效通风换气面积不宜小于窗面积的30% |
|  | 审查要点 | ① 外窗可开启的面积是否不小于外墙总面积(包括窗面积)的10%;<br>② 当外窗可开启面积小于外墙总面积的10%时,外窗是否全部可开启;<br>③ 透明幕墙是否设置了可开启部分,或设有通风换气装置 |
| 8 | 设计标准条文 | 《公共建筑节能设计标准》(GB 50189—2015)<br>3.2.10 严寒地区建筑的外门应设置门斗;寒冷地区建筑面向冬季主导风向的外门应设门斗或双层外门,其他外门宜设置门斗或采取其他减少冷风渗透的措施;夏热冬冷、夏热冬暖和温和地区建筑的外门应采取保温隔热措施 |
|  | 审查要点 | 严寒地区人员频繁出入的外门是否设置了门斗或其他避风设施 |
| 9 | 审查要点 | 节能表、节能专篇或专项章节的内容应与施工图中的相关做法说明、大样一致 |

# 附　　录

中华人民共和国住房和城乡建设部令

第　13　号

《房屋建筑和市政基础设施工程施工图设计文件审查管理办法》已经第 95 次部常务会议审议通过，现予发布，自 2013 年 8 月 1 日起施行。

部　长　姜伟新

2013 年 4 月 27 日

## 房屋建筑和市政基础设施工程施工图设计文件审查管理办法

第一条　为了加强对房屋建筑工程、市政基础设施工程施工图设计文件审查的管理，提高工程勘察设计质量，根据《建设工程质量管理条例》、《建设工程勘察设计管理条例》等行政法规，制定本办法。

第二条　在中华人民共和国境内从事房屋建筑工程、市政基础设施工程施工图设计文件审查和实施监督管理的，应当遵守本办法。

第三条　国家实施施工图设计文件（含勘察文件，以下简称施工图）审查制度。

本办法所称施工图审查，是指施工图审查机构（以下简称审查机构）按照有关法律、法规，对施工图涉及公共利益、公众安全和工程建设强制性标准的内容进行的审查。施工图审查应当坚持先勘察、后设计的原则。

施工图未经审查合格的，不得使用。从事房屋建筑工程、市政基础设施工程施工、监理等活动，以及实施对房屋建筑和市政基础设施工程质量安全监督管理，应当以审查合格的施工图为依据。

第四条　国务院住房城乡建设主管部门负责对全国的施工图审查工作实施指导、监督。

县级以上地方人民政府住房城乡建设主管部门负责对本行政区域内的施工图审查工作实施监督管理。

第五条　省、自治区、直辖市人民政府住房城乡建设主管部门应当按照本办法规定的审查机构条件，结合本行政区域内的建设规模，确定相应数量的审查机构。具体办法由国务院住房城乡建设主管部门另行规定。

审查机构是专门从事施工图审查业务，不以营利为目的的独立法人。

省、自治区、直辖市人民政府住房城乡建设主管部门应当将审查机构名录报国务院住房城乡建设主管部门备案，并向社会公布。

第六条　审查机构按承接业务范围分两类，一类机构承接房屋建筑、市政基础设施工程施工图审查业务范围不受限制；二类机构可以承接中型及以下房屋建筑、市政基础设施工程的施工图审查。

房屋建筑、市政基础设施工程的规模划分，按照国务院住房城乡建设主管部门的有关规定执行。

第七条　一类审查机构应当具备下列条件：

（一）有健全的技术管理和质量保证体系。

（二）审查人员应当有良好的职业道德；有15年以上所需专业勘察、设计工作经历；主持过不少于5项大型房屋建筑工程、市政基础设施工程相应专业的设计或者甲级工程勘察项目相应专业的勘察；已实行执业注册制度的专业，审查人员应当具有一级注册建筑师、一级注册结构工程师或者勘察设计注册工程师资格，并在本审查机构注册；未实行执业注册制度的专业，审查人员应当具有高级工程师职称；近5年内未因违反工程建设法律法规和强制性标准受到行政处罚。

（三）在本审查机构专职工作的审查人员数量：从事房屋建筑工程施工图审查的，结构专业审查人员不少于7人，建筑专业不少于3人，电气、暖通、给排水、勘察等专业审查人员各不少于2人；从事市政基础设施工程施工图审查的，所需专业的审查人员不少于7人，其他必须配套的专业审查人员各不少于2人；专门从事勘察文件审查的，勘察专业审查人员不少于7人。

承担超限高层建筑工程施工图审查的，还应当具有主持过超限高层建筑工程或者100米以上建筑工程结构专业设计的审查人员不少于3人。

（四）60岁以上审查人员不超过该专业审查人员规定数的1/2。

（五）注册资金不少于300万元。

第八条　二类审查机构应当具备下列条件：

（一）有健全的技术管理和质量保证体系。

（二）审查人员应当有良好的职业道德；有10年以上所需专业勘察、设计工作经历；主持过不少于5项中型以上房屋建筑工程、市政基础设施工程相应专业的设计或者乙级以上工程勘察项目相应专业的勘察；已实行执业注册制度的专业，审查人员应当具有一级注册建筑师、一级注册结构工程师或者勘察设计注册工程师资格，并在本审查机构注册；未实行执业注册制度的专业，审查人员应当具有高级工程师职称；近5年内未因违反工程建设法律法规和强制性标准受到行政处罚。

（三）在本审查机构专职工作的审查人员数量：从事房屋建筑工程施工图审查的，结构专业审查人员不少于3人，建筑、电气、暖通、给排水、勘察等专业审查人员各不少于2人；从事市政基础设施工程施工图审查的，所需专业的审查人员不少于4人，其他必须配套的专业审查人员各不少于2人；专门从事勘察文件审查的，勘察专业审查人员不少于4人。

(四)60岁以上审查人员不超过该专业审查人员规定数的1/2。

(五)注册资金不少于100万元。

第九条　建设单位应当将施工图送审查机构审查,但审查机构不得与所审查项目的建设单位、勘察设计企业有隶属关系或者其他利害关系。送审管理的具体办法由省、自治区、直辖市人民政府住房城乡建设主管部门按照"公开、公平、公正"的原则规定。

建设单位不得明示或者暗示审查机构违反法律法规和工程建设强制性标准进行施工图审查,不得压缩合理审查周期、压低合理审查费用。

第十条　建设单位应当向审查机构提供下列资料并对所提供资料的真实性负责:

(一)作为勘察、设计依据的政府有关部门的批准文件及附件;

(二)全套施工图;

(三)其他应当提交的材料。

第十一条　审查机构应当对施工图审查下列内容:

(一)是否符合工程建设强制性标准;

(二)地基基础和主体结构的安全性;

(三)是否符合民用建筑节能强制性标准,对执行绿色建筑标准的项目,还应当审查是否符合绿色建筑标准;

(四)勘察设计企业和注册执业人员以及相关人员是否按规定在施工图上加盖相应的图章和签字;

(五)法律、法规、规章规定必须审查的其他内容。

第十二条　施工图审查原则上不超过下列时限:

(一)大型房屋建筑工程、市政基础设施工程为15个工作日,中型及以下房屋建筑工程、市政基础设施工程为10个工作日。

(二)工程勘察文件,甲级项目为7个工作日,乙级及以下项目为5个工作日。

以上时限不包括施工图修改时间和审查机构的复审时间。

第十三条　审查机构对施工图进行审查后,应当根据下列情况分别作出处理:

(一)审查合格的,审查机构应当向建设单位出具审查合格书,并在全套施工图上加盖审查专用章。审查合格书应当有各专业的审查人员签字,经法定代表人签发,并加盖审查机构公章。审查机构应当在出具审查合格书后5个工作日内,将审查情况报工程所在地县级以上地方人民政府住房城乡建设主管部门备案。

(二)审查不合格的,审查机构应当将施工图退建设单位并出具审查意见告知书,说明不合格原因。同时,应当将审查意见告知书及审查中发现的建设单位、勘察设计企业和注册执业人员违反法律、法规和工程建设强制性标准的问题,报工程所在地县级以上地方人民政府住房城乡建设主管部门。

施工图退建设单位后，建设单位应当要求原勘察设计企业进行修改，并将修改后的施工图送原审查机构复审。

第十四条　任何单位或者个人不得擅自修改审查合格的施工图；确需修改的，凡涉及本办法第十一条规定内容的，建设单位应当将修改后的施工图送原审查机构审查。

第十五条　勘察设计企业应当依法进行建设工程勘察、设计，严格执行工程建设强制性标准，并对建设工程勘察、设计的质量负责。

审查机构对施工图审查工作负责，承担审查责任。施工图经审查合格后，仍有违反法律、法规和工程建设强制性标准的问题，给建设单位造成损失的，审查机构依法承担相应的赔偿责任。

第十六条　审查机构应当建立、健全内部管理制度。施工图审查应当有经各专业审查人员签字的审查记录。审查记录、审查合格书、审查意见告知书等有关资料应当归档保存。

第十七条　已实行执业注册制度的专业，审查人员应当按规定参加执业注册继续教育。

未实行执业注册制度的专业，审查人员应当参加省、自治区、直辖市人民政府住房城乡建设主管部门组织的有关法律、法规和技术标准的培训，每年培训时间不少于 40 学时。

第十八条　按规定应当进行审查的施工图，未经审查合格的，住房城乡建设主管部门不得颁发施工许可证。

第十九条　县级以上人民政府住房城乡建设主管部门应当加强对审查机构的监督检查，主要检查下列内容：

（一）是否符合规定的条件；

（二）是否超出范围从事施工图审查；

（三）是否使用不符合条件的审查人员；

（四）是否按规定的内容进行审查；

（五）是否按规定上报审查过程中发现的违法违规行为；

（六）是否按规定填写审查意见告知书；

（七）是否按规定在审查合格书和施工图上签字盖章；

（八）是否建立健全审查机构内部管理制度；

（九）审查人员是否按规定参加继续教育。

县级以上人民政府住房城乡建设主管部门实施监督检查时，有权要求被检查的审查机构提供有关施工图审查的文件和资料，并将监督检查结果向社会公布。

第二十条　审查机构应当向县级以上地方人民政府住房城乡建设主管部门报审查情况统计信息。

县级以上地方人民政府住房城乡建设主管部门应当定期对施工图审查情况进

行统计，并将统计信息报上级住房城乡建设主管部门。

第二十一条　县级以上人民政府住房城乡建设主管部门应当及时受理对施工图审查工作中违法、违规行为的检举、控告和投诉。

第二十二条　县级以上人民政府住房城乡建设主管部门对审查机构报告的建设单位、勘察设计企业、注册执业人员的违法违规行为，应当依法进行查处。

第二十三条　审查机构列入名录后不再符合规定条件的，省、自治区、直辖市人民政府住房城乡建设主管部门应当责令其限期改正；逾期不改的，不再将其列入审查机构名录。

第二十四条　审查机构违反本办法规定，有下列行为之一的，由县级以上地方人民政府住房城乡建设主管部门责令改正，处3万元罚款，并记入信用档案；情节严重的，省、自治区、直辖市人民政府住房城乡建设主管部门不再将其列入审查机构名录：

(一)超出范围从事施工图审查的；

(二)使用不符合条件审查人员的；

(三)未按规定的内容进行审查的；

(四)未按规定上报审查过程中发现的违法违规行为的；

(五)未按规定填写审查意见告知书的；

(六)未按规定在审查合格书和施工图上签字盖章的；

(七)已出具审查合格书的施工图，仍有违反法律、法规和工程建设强制性标准的。

第二十五条　审查机构出具虚假审查合格书的，审查合格书无效，县级以上地方人民政府住房城乡建设主管部门处3万元罚款，省、自治区、直辖市人民政府住房城乡建设主管部门不再将其列入审查机构名录。

审查人员在虚假审查合格书上签字的，终身不得再担任审查人员；对于已实行执业注册制度的专业的审查人员，还应当依照《建设工程质量管理条例》第七十二条、《建设工程安全生产管理条例》第五十八条规定予以处罚。

第二十六条　建设单位违反本办法规定，有下列行为之一的，由县级以上地方人民政府住房城乡建设主管部门责令改正，处3万元罚款；情节严重的，予以通报：

(一)压缩合理审查周期的；

(二)提供不真实送审资料的；

(三)对审查机构提出不符合法律、法规和工程建设强制性标准要求的。

建设单位为房地产开发企业的，还应当依照《房地产开发企业资质管理规定》进行处理。

第二十七条　依照本办法规定，给予审查机构罚款处罚的，对机构的法定代表人和其他直接责任人员处机构罚款数额5%以上10%以下的罚款，并记入信用档案。

第二十八条　省、自治区、直辖市人民政府住房城乡建设主管部门未按照本办法规定确定审查机构的,国务院住房城乡建设主管部门责令改正。

第二十九条　国家机关工作人员在施工图审查监督管理工作中玩忽职守、滥用职权、徇私舞弊,构成犯罪的,依法追究刑事责任;尚不构成犯罪的,依法给予行政处分。

第三十条　省、自治区、直辖市人民政府住房城乡建设主管部门可以根据本办法,制定实施细则。

第三十一条　本办法自2013年8月1日起施行。原建设部2004年8月23日发布的《房屋建筑和市政基础设施工程施工图设计文件审查管理办法》(建设部令第134号)同时废止。

# 参考文献


[1] 中国建筑标准设计研究院.民用建筑工程建筑施工图设计深度图样(09J801)[M].北京:中国计划出版社,2005.

[2]《建筑设计资料集》编委会.建筑设计资料集 1[M].2 版.北京:中国建筑工业出版社,1994.

[3] 杜宽.土建施工图设计(内容·深度·绘图)[M].2 版.北京:中国建筑工业出版社,2008.

[4] 黎志涛.幼儿园建筑施工图设计[M].南京:东南大学出版社,2002.

[5] 中国建筑西北设计研究院,建设部建筑设计院,中国泛华工程有限公司设计部.建筑施工图示例图集[M].北京:中国建筑工业出版社,2000.

[6] 王彦惠,李宗惠,骆中钊,等.建筑工程施工读图常识[M].北京:化学工业出版社,2006.

[7] 中元国际工程设计研究院.建筑工程设计编制深度实例范本(建筑)[M].北京:中国建筑工业出版社,2005.

[8] 中国建筑标准设计研究院.民用建筑工程常见问题分析及图示——建筑专业[M].北京:中国计划出版社,2006.

[9] 谈小华.建筑工程施工图设计审查技术问答[M].北京:中国建筑工业出版社,2008.

[10] 建设部门工程质量安全监督与行业发展司.2003 全国民用建筑工程设计技术措施:规划·建筑[M].北京:中国计划出版社,2003.

[11] 中华人民共和国住房和城乡建设部.房屋建筑制图统一标准:GB/T 50001—2017[S].北京:中国建筑工业出版社,2018.

[12] 中华人民共和国住房和城乡建设部.建筑制图标准:GB/T 50104—2010[S].北京:中国计划出版社,2010.

[13] 中华人民共和国住房和城乡建设部.总图制图标准:GB/T 50103—2010[S].北京:中国计划出版社,2010.